Où sont les autres ?

OUVRAGES DE DOMINIQUE PROUST

Les Étoiles
(en collaboration avec Jacques Breysacher)
Seuil, coll. « Points Sciences », 1996

Les Galaxies et la structure de l'Univers
(en collaboration avec Christian Vanderriest)
Seuil, coll. « Points Sciences », 1997
Prix du livre d'astronomie Haute-Maurienne / Vanoise

L'Harmonie des sphères
(préface d'Hubert Reeves)
Seuil, coll. « Science ouverte », 2001

Dominique PROUST
et Jean SCHNEIDER

Où sont les autres ?

À LA RECHERCHE DE LA VIE DANS L'UNIVERS

Ouvrage publié avec le concours du ministère de la Culture et de la Communication (Centre national du livre et Cité des sciences et de l'industrie), dans le cadre du Fonds Jules-Verne

ÉDITIONS DU SEUIL
27 rue Jacob, Paris VIe

ISBN 978-2-02-081712-7

www.seuil.com

Prélude

Après 15 milliards d'années d'évolution depuis le Big Bang, l'Univers contient dans de nombreux recoins toutes les conditions favorables au développement de la vie. Ces foyers sont suffisamment tempérés, suffisamment âgés et suffisamment stables pour accueillir la fragile biochimie génératrice du vivant. Les lois de la nature permettent aux étoiles de fabriquer toutes sortes d'éléments, à ceux-ci de s'assembler en molécules, et aux molécules de se répliquer par le truchement des acides nucléiques, dans un cadre assez étroit de constantes et de paramètres en dehors duquel notre imagination se perd en conjectures. Une conséquence évidente est la présence sur la Terre, après 4 milliards d'années d'évolution, d'une très grande variété d'espèces, dont l'homme et la femme sont supposés représenter un sommet. Mais puisque l'Univers observable semble posséder en bien des endroits les mêmes caractéristiques physiques que sur Terre et dans son environnement planétaire, il est tout naturel de se tourner vers le ciel et d'appeler : « Y a-t-il quelqu'un ? » Cette interrogation défie le temps, et oppose historiquement les partisans d'une humanité solitaire dans l'Univers aux défenseurs d'une vie multiple hors de la Terre.

*

Ce livre propose un état des lieux sur nos connaissances en matière d'exobiologie et de recherche de formes de vie dans l'Univers à l'aube du XXIe siècle. Vingt ans après la parution des *Enfants d'Uranie* d'Evry Schatzman, dans la même collection, nous en reprenons les thèmes essentiels. Evry Schatzman fut le père fondateur de l'astrophysique en France dans les années 1950 ; ce livre est un hommage qui lui est rendu par deux de ses anciens étudiants. Au cours des deux décennies qui ont suivi la parution de son livre, la recherche de la vie extraterrestre est heureusement devenue une science à part entière, l'exobiologie, cherchant aussi bien à comprendre quand et comment le vivant est apparu et s'est développé sur Terre, que l'évolution de la matière organique vers une complexité croissante, et les possibilités de vie dans l'Univers. L'exobiologie n'est plus un sujet tabou ; elle est intimement liée non seulement à la chimie et à la biologie, mais aussi aux progrès de la recherche spatiale, de l'astronomie et de l'astrophysique à haute résolution. Elle rassemble ainsi les spécialités les plus diverses, allant de l'étude des processus physiques ayant engendré la vie sur Terre, aux détections de planètes extrasolaires, effectuées avec les télescopes au sol et dans l'espace, en passant par les possibilités de synthèse des molécules organiques en milieu hostile, comme sur Vénus, Mars ou les planètes plus lointaines.

Le premier chapitre de ce livre, « Existe-t-il d'autres mondes ? », passe en revue les récits, les fictions et les réflexions historiques liés à l'idée même de vie hors de la Terre. De la haute Antiquité à nos jours, nous suivons l'évolution de la pensée des scientifiques, des philosophes et des écrivains dans le contexte socioculturel de leur époque, indissociable de leur cheminement intellectuel. Nous soulignons les conséquences dommageables de l'intégrisme religieux, du Moyen Âge au siècle des Lumières, et comment les progrès scientifiques viennent stimuler le jaillissement des idées exobiologistes dès la période contemporaine.

Rechercher la vie extraterrestre consiste d'abord à essayer de définir ce qu'est la vie. Une bactérie peut-elle être considérée comme une entité vivante ? Une réponse peut être apportée en essayant de définir la ligne de partage entre l'inerte et le vivant, et comment on peut envisager simultanément la structure et le fonctionnement d'un organisme. À ce niveau, les « modèles de vie » s'appuient sur des notions de structures dissipatives, d'auto-organisation sous flux d'énergie, et en tenant compte de l'existence d'un « monde ARN ». L'étape suivante consiste à savoir quand et comment a jailli le vivant sur la Terre, en remontant les échelles de temps et en faisant intervenir tout ensemble les travaux des paléontologues, des chimistes et des biologistes. L'environnement primitif terrestre est la source à laquelle les formes les plus rudimentaires de la vie ont puisé pour se développer. Sur la Terre, des micro-organismes, les extrémophiles, ont été découverts dans des environnements particulièrement hostiles (fonds et cratères volcaniques sous-marins). Ces formes de vie primitives semblent avoir été celles de la Terre primordiale, dès l'instant où celle-ci était suffisamment refroidie pour que l'eau s'étende sous sa forme liquide. En procédant par imitation, la recherche de conditions initiales analogues hors du milieu terrestre conduit à imaginer les foyers potentiels où d'autres formes de vie peuvent se développer dans le cosmos. Ces aspects sont présentés dans le deuxième chapitre : « Les idées claires ».

Une étape importante mettant en jeu notre Galaxie et les matériaux qui la composent, étoiles, gaz et poussières, pose la question des apports du milieu interstellaire. Celui-ci évolue au cours du temps, récupérant çà et là les atomes et les molécules issus des réactions thermonucléaires des vieilles étoiles, en particulier les éléments lourds qu'elles ont synthétisés. Ce tissu enrichi a joué un rôle prépondérant dans la nébuleuse protostellaire à partir de laquelle se sont formés le Soleil et les planètes. La connaissance de ces conditions initiales est une des clés fondamentales pour comprendre quand et comment peut se former et évoluer un système planétaire. La chimie spatiale est à l'origine des premières briques du vivant, support élémentaire de l'information biologique. Le vivant utilise en outre les atomes les plus répandus dans l'espace, hydrogène, oxygène, carbone et azote ; c'est l'objet du troisième chapitre : « Un groupe d'univers ».

Si la charité bien ordonnée commence par soi-même, la recherche de la vie commence dans notre proche environnement.

Les processus aboutissant à la chimie du vivant ont-ils pu se développer sur d'autres planètes et / ou d'autres satellites du Système solaire ? La vie pourrait y être présente sous des formes très primitives, que ce soit sur Mars, planète hautement mythique où l'eau a été détectée, sur Europe ou Titan, sur lequel semble se dérouler une chimie complexe pouvant favoriser l'éclosion d'un monde prébiotique. Il faut aussi ajouter les vecteurs favorables à un ensemencement des différents corps du Système solaire, telles les comètes et les météorites. Le quatrième chapitre, « Horizons planétaires », passe en revue ces différents corps du Système solaire, sans oublier les planètes lointaines récemment détectées bien au-delà de Pluton.

Nous savons maintenant que plusieurs dizaines d'étoiles sont entourées de planètes dont certaines peuvent abriter la vie ; celles-ci sont situées dans la « zone d'habitabilité », là où l'eau existe à l'état liquide. Cette recherche de systèmes planétaires est d'autant plus prometteuse que, depuis 1995, le nombre de planètes extrasolaires connues ne cesse de croître, leurs dimensions s'approchant petit à petit de celles de la Terre en fonction à la fois des progrès accomplis par l'instrumentation au sol et dans l'espace, et de la ténacité des astronomes. Cette passionnante recherche est relatée dans le cinquième chapitre : « Signes de vie ».

Enfin, le dernier chapitre, « Les extraterrestres croient-ils aux humains ? », aborde la recherche de la vie dans l'Univers d'abord par les tentatives de réception de signaux radio pouvant provenir de lointaines civilisations, et inversement par la possibilité de pouvoir signaler l'existence des Terriens à l'aide de nos émissions radioélectriques. La recherche de messages cohérents à l'aide des grands radiotélescopes n'a pas donné à ce jour de résultats probants ; c'est pourquoi nous mettons en perspective un « point de vue de Sirius » afin de voir dans quelles conditions les humains seraient détectables d'une étoile située à quelques dizaines d'années-lumière. Nous discutons ensuite les estimations probabilistes s'appuyant sur la formule de Drake, les interrogations généralistes de Fermi, et la perspective des voyages spatiaux depuis et en direction de la Terre. Nous analysons également la fiabilité des observations aériennes suspectes relevées depuis une soixantaine d'années, et la vraisemblance des visites de la Terre par des extraterrestres au cours du temps. Enfin, si la vie s'éteint sur Terre, outre quelques dizaines d'engins spatiaux errant dans le Système solaire, plusieurs modules et quelques carcasses métalliques déposées sur des planètes et des satellites, les sondes *Pioneer* et *Voyager* portent sur leurs flancs nos appels tangibles vers d'autres mondes habités.

Faute de preuves indiscutables, ce livre ne répond pas à l'interrogation récurrente en affirmant si « oui » ou « non » la vie est présente ailleurs que sur la Terre. Sans pour autant nous contenter d'un « peut-être » banal, nous avons clairement opté pour une approche optimiste en donnant indiscutablement plus de poids à la vraisemblance de la vie extraterrestre. Nous espérons simplement que les progrès accomplis par la recherche scientifique pourront apporter une réponse dans un avenir pas trop éloigné.

« Du sein de quel univers me distinguait-elle ? Il m'eût été aussi difficile de le dire que, lorsque certaines particularités nous apparaissent grâce au télescope, dans un astre voisin, il est malaisé de conclure d'elles que des humains y habitent, qu'ils nous voient, et quelles idées cette vue a pu éveiller en eux. »

Marcel Proust, *À l'ombre des jeunes filles en fleurs*
(Gallimard, « Bibliothèque de la Pléiade », 1954, p. 794)

La rédaction de ce livre n'aurait pu se faire sans de nombreux échanges, aussi bien lors des conférences internationales qu'au cours des séjours dans les grands observatoires.

C'est pourquoi nous tenons à remercier globalement tous ceux qui nous ont, d'une manière ou d'une autre, apporté leurs connaissances et leurs compétences dans la recherche des signes de vie, notamment à l'Observatoire de Paris-Meudon.

Dominique Proust remercie tout particulièrement les équipes et le personnel de l'Observatoire de Haute-Provence, de l'Observatoire européen austral (ESO) à La Silla et à Paranal (Chili), le Departamento de Astronomia de la Pontificia Universidad Católica de Santiago du Chili, l'Instituto Astronômico e Geofisico de l'Universidade de São Paulo (Brésil), ainsi que Jean-Marc Lévy-Leblond de sa patience. Il dédie ce livre à quatre Terriens toujours verts, Michel Verdenet, Bertrand Dufourmantelle, Daniel Abbou et Alain Bouvet.

CHAPITRE 1

Existe-t-il d'autres mondes?

« Existe-t-il d'autres mondes, ou n'y en a-t-il qu'un seul? C'est une des plus nobles et exaltantes questions dans l'étude de la Nature. »

Albert le Grand (1206-1280)

L'idée d'une vie ailleurs que sur Terre vient inéluctablement à l'esprit dès que notre œil contemple la voûte céleste par une belle nuit étoilée. L'esprit s'évade vers les objets qui brillent dans notre Galaxie, étoiles individuelles, systèmes multiples, amas stellaires ouverts ou globulaires, jusqu'à l'immensité de l'Univers. La science explique le cosmos qui nous environne suivant des emboîtements à la manière des poupées russes, les matriochkas. *Dans les ordres supérieurs, la Terre appartient au Système solaire, infime composante de notre Galaxie ; celle-ci fait partie du Groupe local de galaxies, un des membres de l'Amas local, composant le Superamas local. La réunion de telles structures gigantesques disséminées dans l'espace constitue le tissu baryonique (matière visible) de l'Univers. En partant de l'homme, la réduction du vivant en sous-ensembles d'ordre inférieur, cellules, molécules, atomes et particules, s'effectue suivant une hiérarchisation inverse.*

Dans la recherche vers l'infiniment petit, le vivant disparaît au cours d'une des étapes de ce zoom à répétition, sans qu'il soit actuellement possible de préciser véritablement laquelle. Dans la recherche vers l'infiniment grand, le vivant « ailleurs » appartient encore au domaine des présomptions, mais la simple question « Sommes-nous seuls dans l'Univers ? » justifie les efforts déployés depuis plusieurs dizaines d'années par les scientifiques.

Le vivant a beau être le domaine du biologiste, aucun n'est actuellement parvenu à définir clairement la frontière, sans doute bien ténue, séparant l'inerte du vivant, surtout quand la composition chimique est a priori *homogène : les organismes vivants contiennent essentiellement du carbone, de l'hydrogène et de l'oxygène, et bien des composés inertes sont constitués des mêmes ingrédients. Les biologistes ont par ailleurs une perception aiguë des hasards de l'évolution, et, pour beaucoup d'entre eux, il est loin d'être évident qu'une structure multicellulaire doive systématiquement évoluer vers une entité intelligente, même si des conditions favorables s'y prêtent. À leurs doutes s'oppose fréquemment l'optimisme des astronomes. Depuis plusieurs décennies, ils ont repoussé les limites de l'Univers, découvrant autour d'une centaine d'étoiles des systèmes planétaires à des stades d'évolution différents, et dont certains d'entre eux présentent toutes les potentialités pour abriter la vie. En outre, de nombreuses molécules de complexité croissante ont été mises en évidence dans l'espace interstellaire, souvent baignées dans un rayonnement ultraviolet intense provenant des étoiles jeunes, susceptible de déclencher toute une panoplie de réactions chimiques aboutissant à des composés organiques identiques aux briques du vivant. Enfin, les timides tentatives de communication intersidérale par l'envoi de messages à l'aide des radiotélescopes sont autant de bouteilles lancées dans la mer cosmique, dans l'espoir raisonnable d'une possible réponse, même si la probabilité est bien faible, vu le nombre de paramètres inconnus mis en jeu.*

Même si la recherche de la vie autour des étoiles et dans les galaxies est un domaine astronomique passionnant mais encore spéculatif sous bien des aspects, une collaboration croissante entre les biologistes et les astronomes est née, aboutissant à une science nouvelle : l'exobiologie. Cependant, de là à pouvoir mettre la vie en évidence sur telle ou telle planète ou autour de telle ou telle étoile, il y a encore un pas immense à franchir, mais la rapidité des progrès instrumentaux, au sol et dans l'espace, laisse augurer des découvertes nombreuses et stimulantes dans un avenir assez proche.

L'idée même d'exobiologie n'est pas récente ; de la haute Antiquité jusqu'à nos jours, de nombreux penseurs, astronomes, écrivains, philosophes se sont interrogés sur la possibilité d'autres mondes habités, parfois au péril de leur vie comme l'infortuné Giordano Bruno. La compréhension de l'unité des lois de la physique par les atomistes de la Grèce antique, associée à la perception progressive de l'immensité de l'Univers, est à l'origine du concept de la « pluralité des mondes », terres lointaines plus ou moins semblables à la nôtre, et où la vie sous une forme plus ou moins analogue peut tout naturellement être présente.

L'ouverture des cieux du monde grec

Les observations célestes faites par les anciennes civilisations de l'époque prébabylonienne ont essentiellement pour but des prévisions astrologiques liées à des conceptions religieuses, se manifestant par une divinisation des astres, Lune, Soleil et planètes. Il est probable qu'à une époque reculée, les grands prêtres de Mésopotamie, qui sont également des ministres au service des étoiles, ont le statut d'intermédiaires entre des entités pensantes extraterrestres et le monde des mortels terriens. Ces prêtres établissent des rapports entre certains évènements humains et différents phénomènes célestes, et croient tout naturellement découvrir dans leurs correspondances certaines régularités aboutissant progressivement à l'élaboration d'un art des prédictions auquel les rois et les populations manifestent une foi aveugle. C'est vraisemblablement ainsi que naît l'astrologie babylonienne, où les prêtres développent un déterminisme issu d'un parnasse de démiurges gouvernant les mouvements célestes et réglant la marche du monde[1]. Cette astrologie antique a pour effet

1. David Brown, *Mesopotamian Astronomy-Astrology*, Syx Publications, Groningen, 2000.

bénéfique non seulement de multiplier les observations astronomiques afin d'avoir de meilleures prédictions, mais aussi de poser pour la première fois l'idée qu'au moins une entité consciente peut exister ailleurs que sur Terre. Les Babyloniens ne cherchent dans les observations qu'à confronter et conforter l'interprétation astrologique, et n'ont pas, même dans les temps plus récents, la préoccupation de découvrir la constitution de l'Univers.

Chez les Grecs, l'existence d'autres mondes fait l'objet d'un débat, sans doute assez animé, à l'époque de Thalès (–624?/–548?). Celui-ci pense déjà que l'eau est l'élément fondamental d'où tout est issu, notamment la vie. À la suite de Thalès, l'école ionienne dure près d'un siècle et demi. Ses disciples reprennent et développent l'ensemble des connaissances parvenues à travers les différentes civilisations méditerranéennes, afin de donner une description détaillée de la Terre et des cieux. Anaximandre (–610?/–543?) opte pour un élément mystique, l'*apeiron* ou infini, à partir duquel le *monde* (les planètes et la sphère des étoiles) naît et vers lequel il retourne au néant pour renaître à nouveau, tel le phénix. De cette manière, la vie est toujours présente *quelque part dans le cosmos* indépendamment du temps. Ses travaux astronomiques le conduisent à admettre que la Terre, qui a la figure d'un cylindre, se trouve suspendue au milieu de l'espace, et qu'elle ne peut « tomber », se trouvant placée à une même distance de tous les points du ciel.

Petit à petit, le consensus des Grecs s'établit sur la base d'un univers issu et gouverné par les quatre éléments, l'eau, l'air, la terre et le feu. Cependant, deux écoles antagonistes apparaissent : les *atomistes*, dont le chef de file est Démocrite (–460?/–370?), et les *vitalistes*, fidèles à Aristote (–384?/–322?) ; les premiers considèrent que l'Univers est formé d'une infinité d'éléments invisibles, les atomes, tandis que les seconds imaginent que les quatre éléments sont confinés au sein de la Terre, et que les cieux sont constitués d'une cinquième essence (quintessence) parfaitement distincte. Pour les atomistes, si l'Univers est constitué d'atomes variés, alors le processus ayant abouti au vivant sur Terre peut très bien se produire ailleurs. Inversement, Aristote rejette l'existence d'autres mondes, argumentant que, comme le *Mundus* (notre monde) contient les quatre éléments, ceux-ci, qui gouvernent l'ordre des choses, ne peuvent se trouver ailleurs. Les deux écoles vont tout naturellement s'affronter en un long débat dont la pluralité de la vie ailleurs que sur Terre n'est pas la moindre des questions.

On attribue traditionnellement à Démocrite la paternité de la théorie atomique, dans le souci de développer les idées unitaires présentées par Platon[2]. Selon Démocrite, toutes les substances sont composées de particules extrêmement petites et indivisibles. Ces *atomes* sont tous formés de la même matière, c'est-à-dire de la seule matière qui existe. Ils sont séparés entre eux par du vide, qui dessine leurs contours (le vide acquiert ainsi une espèce de réalité matérielle). La forme des atomes peut être variée, et cette variété est une cause des différences entre les substances. Par exemple, les atomes qui forment l'âme sont petits et sphériques. Ils sont dans un état perpétuel de chute et parviennent de cette manière à se grouper différemment. Une autre conséquence de cette variété est la possibilité que la vie existe au-delà de la Terre, car les conditions dans l'espace sont partout identiques. Cette proposition reçoit également l'acquiescement de l'école éléate, dont le fondateur serait Xénophane de Colophon (– 570 ? / – 480 ?), pour qui la Lune est sans aucun doute habitée, et le cosmos rempli d'autres planètes peuplées, identiques à la Terre. Loin des fantasmagories, Démocrite émet aussi quelques hypothèses hardies : la Lune a des montagnes et des vallées, la Terre et les autres mondes ont été créés par l'agglomération des atomes, et la Voie lactée est un vaste complexe d'étoiles rassemblées.

Platon (– 428 / – 347) fait allusion à un peuple qui va guerroyer avec l'ancienne Athènes ; ce sont les célèbres Atlantes du *Critias*, dont la civilisation aurait influencé toute l'Afrique de l'Ouest, avant

---

2. Dominique Proust, « Astronomie, mathématiques, chimie et musique dans le *Timée* de Platon », in Michel Cazenave (dir.), *De la science à la philosophie. Y a-t-il une unité de la connaissance ?*, Albin Michel et France-Culture, 2005.

que leur « continent » Atlantide ne disparaisse dans un cataclysme[3]. Que ce récit soit une fiction, qu'il ait un fondement historique ou qu'il soit une allégorie politique, Platon prend le prétexte du choc de deux civilisations pour tenter de moraliser le comportement de ses contemporains en leur représentant la catastrophe vers laquelle les mène leur mode de vie actuel, qui, sur beaucoup de points, s'apparente à celui qui est mené sur l'Atlantide[4]. Ce thème est fréquemment utilisé par la filmographie contemporaine, notamment en mettant en scène le mécontentement des extraterrestres face à notre course aux armements. Dans un autre livre de Platon, le voyage initiatique du Pamphylien *Er* à travers les sphères planétaires (*La République*, livre X), ainsi que celui de Scipion « Junior » quelques siècles plus tard chez Cicéron (– 106 / – 43) dans un ouvrage au titre identique (*La République*, livre VI, XVIII), sèment les prémices des fictions et des fantasmagories mettant en scène « les autres », à savoir des sages vivant sur des sphères lointaines, et essentiellement soucieux d'inviter les hommes à l'élévation intellectuelle.

L'atomisme séduit la future école épicurienne, pourtant plus encline à goûter la jouissance et les plaisirs de la vie par la tranquillité de l'âme, que la transcendance intellectuelle et spirituelle. Épicure (– 341 / – 270) se débarrasse des dieux afin de fuir l'ignorance et la superstition, mais il les remplace par des extraterrestres. Dans sa *Lettre à Hérodote*, sa conception est parfaitement explicite :

3. L'Atlantide est demeuré un thème à la mode, et de nombreux auteurs, convaincus d'une réalité historique, se perdent en conjectures sur sa « disparition », depuis la collision entre la Terre et un astéroïde (environ 8 500 ans avant notre ère) jusqu'à l'engloutissement de l'île de Théra (ou Santorin) en 1500 avant notre ère. La meilleure référence bibliographique est le livre de Pierre Vidal-Naquet, *L'Atlantide. Petite histoire d'un mythe platonicien*, Les Belles Lettres, 2005.

4. Notes de Luc Brisson dans son édition de *Timée* et *Critias*, Garnier-Flammarion, 1999.

> « Il existe une infinité de mondes similaires ou différents du nôtre. […] Nous devons croire que, dans tous ces mondes, il existe des créatures vivantes, des plantes et toutes choses que nous trouvons en ce monde. »

Disciple d'Épicure, Métrodore insiste sur la pluralité des mondes en écrivant :

> « Il est aussi absurde de concevoir un champ de blé avec une seule tige qu'un monde unique dans le vaste univers. »[5]

Lucrèce (– 98 ? / – 55 ?) est l'un des philosophes soucieux de répandre dans le monde romain à la fois la philosophie épicurienne et l'atomisme de Démocrite. Les travaux de Lucrèce sont exposés dans un livre, *De rerum natura*. La doctrine fondamentale présente la théorie générale de l'espace, de la matière et du vide. La matière est composée d'atomes qui se meuvent dans l'espace vide, et dont les mouvements expliquent tous les phénomènes sans exception. Ces fondements servent de base à des conjectures cosmologiques et cosmogoniques, ainsi que sur le développement du genre humain et de la civilisation. L'Univers que nous contemplons est immense, et il est donc impensable d'imaginer que nous soyons les seules formes vivantes existant :

> « Dès lors, on ne saurait soutenir pour nullement vraisemblable, quand de toutes parts s'ouvre l'espace libre et sans limites, quand des semences innombrables en nombre, infinies au total, voltigent de mille manières, animées d'un mouvement éternel, que seuls notre Terre et notre ciel aient été créés, et qu'au-delà restent inactifs tous ces innombrables corps premiers. Et ce d'autant plus que ce monde est l'œuvre de la nature. […] Aussi, je le répète encore, il te faut avouer qu'il existe ailleurs d'autres

5. Nicolas Prantzos, *Voyages dans le futur*, Seuil, coll. « Science ouverte », 1998.

groupements de matière analogues à ce qu'est notre monde que, dans une étreinte jalouse, l'éther tient enlacé. Du reste, quand la matière est prête en abondance, quand le lieu est à portée, que nulle chose, nulle raison ne s'y oppose, il est évident que les choses doivent prendre forme et arriver à leur terme. Et si maintenant les éléments sont en telle quantité que toute la vie des êtres vivants ne suffirait pas pour les dénombrer ; si la même force, la même nature subsistent pour pouvoir rassembler en tous lieux ces éléments dans le même ordre qu'ils ont été rassemblés sur notre monde, il te faut avouer qu'il y a dans d'autres régions de l'espace d'autres terres que la nôtre, et des races d'hommes différentes et d'autres espèces sauvages. »[6]

Lucien de Samosate (125 ?-192 ?) se moque des fables colportées par ses contemporains, et décrit son propre voyage sur la Lune, ainsi que sa rencontre avec les Sélénites dans l'*Icaroménippe ou le Passenuages*. L'équipage d'un bateau est pris dans une tempête exceptionnelle. Après sept jours de voyage, ils abordent la Lune, grand îlot circulaire, dont ils rencontrent des habitants à l'apparence bien humaine. Dans son récit, les cavaliers sélénites montent des grands oiseaux à trois têtes, les archers se déplacent sur des puces géantes douze fois plus volumineuses que les éléphants, et les plumes des oiseaux sont faites de feuilles de salade. L'imagination fertile de Lucien de Samosate propose ainsi le tout premier récit de science-fiction d'un voyage vers la Lune. Cependant, il développe aussi une critique acerbe *de tous ces philosophes qui mesurent les astres*, et dans d'autres écrits il adopte un style polémique pour condamner les nombreux mages, magiciens et imposteurs de l'époque.

6. Pierre Brunet et Aldo Mieli, *Histoire des sciences. Antiquité*, Payot, 1935, trad. H. Diels.

Des hauts et débats

L'opposition entre l'unicité du monde aristotélicien et la multiplicité des mondes de l'école atomiste perdure dans tout le Moyen Âge, et le débat s'embourbe fréquemment. Interprétant les textes des anciens Grecs, les théologiens s'étripent en opposant un monde unique, à l'image de Dieu, et la création divine, éternelle et infinie, reproductible dans tout l'Univers. L'idée de vie est étroitement associée à l'ensemble des réalités physiques visibles. L'Univers est, dans son ensemble, un « monde », c'est-à-dire un domaine habité au sein duquel l'idée même de formes de vie au-delà de la Terre ne s'envisage que très timidement. Dans un long conflit qui va perdurer pendant plusieurs siècles, la démarche « scientifique » pour appréhender l'Univers s'affronte avec la religion, les deux se rendant coup pour coup, et commettant les mêmes excès d'intolérance. Étienne Tempier, évêque de Paris en 1277, condamne *219 exécrables erreurs à caractère scientifique*, notamment : *la cause première ne peut faire plusieurs mondes*. Parmi les conciliateurs, Albert le Grand (1206-1280), grand adepte de l'astronomie et de l'alchimie, pose directement la question de l'existence d'autres mondes habités (voir la citation en exergue à ce chapitre). Guillaume d'Ockham[7] (1280?-1347?), prêtre franciscain fréquemment condamné pour propos hérétiques, affirme que Dieu peut créer d'autres mondes, et Nicolas Oresme[8] (1325?-1382), grand maître du collège de Navarre, affirme l'existence d'une matière extraterrestre et ouvre la porte à une perspective du monde radicalement nouvelle.

---

7. Guillaume d'Ockham est surtout célèbre pour son principe d'économie, connu sous le nom de « rasoir d'Ockham » : *une pluralité ne peut jamais être posée sans y être contrainte par la nécessité* (Lucien Jerphagnon, *Histoire des grandes philosophies*, Édouard Privat, 1980). Ockham envisage la pluralité des mondes comme une évidence ou une nécessité.

8. Nicolas Oresme est à l'origine de la métaphore de Dieu comme Horloger suprême réglant la marche du monde.

À la fin du Moyen Âge, la pluralité des mondes habités n'est défendue, avec plus ou moins de bonheur, que par quelques auteurs assez casse-cou. Leurs propos se dévoilent dans des textes philosophiques futuristes prenant la forme de fables ou de contes afin d'éviter de s'attirer les foudres de l'Église. Nicolas de Cuse (1401-1464) est l'un des plus grands philosophes mystiques de la fin du Moyen Âge. Archidiacre au concile de Bâle en 1436, puis cardinal auprès des papes Nicolas V et Pie II, il cherche à circonscrire l'inconnaissabilité dernière de Dieu en tant que celui-ci dépasse tout discours, toute pensée, toute représentation. Il fonde la doctrine de la « docte ignorance » (1440) qui constate l'incapacité de la raison à percer le mystère de la transcendance, après avoir, précisément, épuisé toutes les voies de recherche et de réflexion rationnelles. L'homme doit rechercher la perfection dans cette modestie : « Il sera d'autant plus savant qu'il se connaîtra plus ignorant. » En astronomie, Nicolas de Cuse met à mal la conception classique d'un monde clos et ordonné, au profit d'un espace ouvert. Dans cet infini, la Terre n'occupe pas de place privilégiée et se meut suivant un mouvement naturel. Cette proposition est particulièrement révolutionnaire car elle s'oppose à la physique d'Aristote faisant loi durant tout le Moyen Âge : *en raison de la distinction entre le mouvement circulaire et la chute des graves, il faut rejeter l'idée même d'autres mondes*. Selon Nicolas de Cuse, la création divine peut s'exprimer partout et sous toutes ses formes : tous les astres, tous les corps sont formés des mêmes éléments et ne diffèrent que par la façon dont ceux-ci sont combinés, ce qui, en filigrane, laisse envisager la possibilité de vie ailleurs que sur la Terre. Ces idées novatrices, imprégnées de néoplatonisme et de mysticisme chrétien, influencent Léonard de Vinci, Giordano Bruno, Nicolas Copernic et Johannes Kepler.

Chancelier du roi Henri VIII, Thomas More (1478-1535) est un représentant fort de la Renaissance anglaise, imprégné des quatre principales écoles de pensée anciennes : aristotélisme, platonisme, stoïcisme et épicurisme. Son livre *Utopie*, écrit en 1516, évoque l'analogie entre les voyages de découverte (en l'occurrence celle des « extraterrestres » des Amériques) et les voyages de l'esprit, proposant une réflexion sur la société et la citoyenneté. Refusant de prononcer le divorce entre Henri VIII et Catherine d'Aragon, il est emprisonné et exécuté. Toujours en Angleterre, Francis Bacon (1561-1626) est philosophe et membre du Parlement, puis grand chancelier en 1618. Accusé de corruption, il met un terme à sa carrière politique en 1621. Parmi ses ouvrages, *La Nouvelle Atlantide* (publiée en 1627) raconte comment des naufragés débarquant à Belsalem, terre perdue au milieu du Pacifique entre le Pérou et l'Asie, sont accueillis fraternellement par les habitants de l'île, qui y vivent en totale autarcie. Cependant, tous les douze ans, deux bateaux embarquent des dignitaires pour aller enquêter sur les progrès accomplis dans les différents pays, en matière de science, d'art, de technique et d'inventions. Cette fiction décrit une société idéale, sans conflits, où règne l'harmonie, et dont les lois sont réduites à leur plus simple expression. Ces deux livres, *Utopie* et *La Nouvelle Atlantide*, soulignent les conséquences de la rencontre de civilisations très différentes ; actualisé à notre époque, le thème récurrent des visites périodiques d'extraterrestres pour suivre l'évolution intellectuelle et technique des Terriens est fréquemment repris par la science-fiction.

L'intolérance de l'Église au début du XVIIe siècle l'amène à rejeter et à condamner toutes les idées contraires au dogme, celui-ci reposant sur une interprétation rigide des Écritures. Elle exerce une autorité grandissante, mise à mal par les scandales de la papauté, et l'émergence du jeune protestantisme. Au même titre que l'héliocentrisme, l'idée d'exobiologie est âprement combattue afin d'illustrer la perfection de l'œuvre du Créateur dans le contexte aristotélicien. La Terre est maintenue au centre de l'Univers, mise à part de tous les autres corps célestes, dont le rôle consiste à fournir la lumière aux habitants terrestres et à leur permettre de compter le temps. Bien que, par le passé, quelques autorités éclairées, tels Albert le Grand et Nicolas de Cuse, aient adopté une position résolument moins figée sans pour autant risquer l'anathème et que, plus récemment, Nicolas Copernic (1473-1543) ait proposé le système héliocentrique dans son livre *De revolutionibus orbium coelestium*, il faut attendre bien des années pour que l'on se risque à évoquer la vie extraterrestre. La révolution copernicienne pose cependant un ensemble de principes incontournables au-delà du système héliocentrique ; les corps du Système solaire sont considérés comme des planètes à part entière, et c'est dans cette perspective que les premières observations systématiques sont faites, à la faveur de la récente découverte de la lunette astronomique par un opticien hollandais. Ainsi, Galilée (1564-1642) observe les planètes à l'aide de cet instrument et découvre que la Lune n'est plus exclusivement cet astre froid et lumineux responsable des gelées, mais une surface criblée de cratères. Vénus, comme la Lune, présente des phases, tandis que quatre satellites escortent Jupiter, et que Saturne est entourée soit d'une sorte d'anse, soit de deux gros satellites. Victime d'un dogmatisme forcené, Galilée ne peut cependant faire admettre ses théories autrement que comme des « hypothèses de travail », et doit abjurer le 22 juin 1633, au cours d'une sinistre farce judiciaire, devant l'Inquisition du pape Urbain VIII. L'Église veut demeurer d'une fidélité intransigeante à son interprétation des textes sacrés face à Galilée qui annonce un univers fait d'espaces infinis, ainsi qu'un système héliocentrique dont la Terre n'est qu'une planète parmi les autres. En outre, vis-à-vis de l'Église, Galilée se comporte non seulement en profanateur des secrets divins dont elle a la garde, mais aussi en provocateur puisqu'il rédige ses travaux en italien, de manière à les rendre accessibles à tous.

Le drame de Bruno et le rêve de Kepler

Si Galilée finit ses jours tranquillement assigné à résidence dans une charmante villa, cela n'est malheureusement pas le cas de Giordano Bruno (1548-1600), ordonné prêtre en 1572, mais qui, dès son noviciat, se fait remarquer par des prises de position peu orthodoxes. Après avoir rompu ses vœux, il parcourt l'Europe, allant d'un protecteur à l'autre et se brouillant avec chacun à cause de son franc-parler. Au cours de ses pérégrinations, Bruno écrit de nombreux ouvrages métaphysiques, théologiques et cosmologiques, dans un style souvent critique et même satirique. Les titres de ses ouvrages les plus polémiques sont à eux seuls significatifs : *Le Banquet des cendres*, *L'Expulsion de la bête triomphante*, *La Cabale du cheval pégaséen*, *Les Fureurs héroïques*. Même des ouvrages comme *De l'infini, de l'Univers et des mondes* ou *De la cause, du principe et de l'unité* restent écrits, sous forme de dialogues en général, avec une liberté de ton et une vivacité toujours stimulantes qui feront plus tard l'admiration de Spinoza et de Hegel.

Ayant adopté l'héliocentrisme, Bruno se fait l'ardent propagandiste d'un univers infini, de la pluralité des mondes et du vitalisme cosmique[9] :

> « Persévère, cher Filoteo, persévère ; ne te décourage pas et ne recule pas parce que, avec le secours de multiples machinations et artifices, le grand et solennel sénat de la sotte ignorance menace et tente de détruire ta divine entreprise et ton grandiose travail. [...] Fais-nous encore connaître ce qu'est vraiment le ciel, ce que sont vraiment les planètes de tous les astres ; comment les mondes infinis sont distincts les uns des autres ; comment un tel effet infini n'est pas impossible mais nécessaire ; comment un tel effet infini convient à la cause infinie ; quelle est la vraie substance, matière, acte et efficience du tout ; comment toutes les choses sensibles et composées sont formées des mêmes principes et éléments. Apporte-nous la connaissance de l'univers infini [...] Que soit détruite la position centrale accordée en propre et uniquement à cette Terre. Supprime la vulgaire croyance en la quintessence. Donne-nous la science de l'équivalence de la composition de notre astre et monde avec celle de tous les astres et mondes que nous pouvons voir. Qu'avec ses phases successives et ordonnées, chacun des grands et spacieux mondes infinis nourrisse équitablement

9. Article de Jean-Marc Lévy-Leblond paru dans le numéro 40 de la revue *Alliage* (2000).

> d'autres mondes de moindre importance [...] Montre que la consistance des autres mondes dans l'éther est pareille à celle de celui-ci. Fais clairement entendre que le mouvement de tous provient de l'âme intérieure, afin qu'à la Lumière d'une telle contemplation, nous progressions à pas plus sûrs dans la connaissance de la nature. »
>
> *(De l'infini, de l'Univers et des mondes)*

Bruno développe dans ses ouvrages une conception du monde résolument matérialiste et unitaire, qui lui vaut d'être trois fois excommunié par les catholiques, les calvinistes et les luthériens. Condamné par l'Église pour différents motifs, parmi lesquels l'apostasie et l'hérésie, au cours d'un procès qui dure huit ans, il périt sur le bûcher de l'Inquisition le 17 février 1600.

Johannes Kepler (1571-1630), une des figures majeures de l'astronomie de la Renaissance, envisage également la vie extraterrestre à travers ses écrits. Il reprend les idées de Copernic, et étudie la relation entre les distances et les révolutions des planètes dans le système héliocentrique. Ses travaux sont publiés en 1596 dans le *Mysterium cosmographicum*, puis en 1619 dans les *Harmonices mundi*. Kepler jette les bases de la mécanique céleste moderne, qu'Isaac Newton (1642-1727) complétera avec l'élaboration de la gravitation universelle. Au-delà d'une œuvre rigoureuse, il s'interroge aussi sur la vie au-delà de la Terre dans un ouvrage posthume, le *Somnium, seu opus posthumum de astronomia lunari*, publié en 1634. Bien que les propos développés soient condamnés par les autorités, ils circulent sous le manteau puis sont imprimés par les soins de Ludwig, le fils de Kepler. Plus qu'un simple divertissement, plus qu'une fiction, son livre présente le modèle héliocentrique de Copernic en transportant son héros, Duracotus, sur la Lune[10], depuis

10. Kepler entame son voyage fantastique en Islande, car, dans la tradition du monde gréco-romain, ce pays représente le dernier vestige de l'Atlantide. Terre des elfes et des esprits, elle est *Ultima Thule*, la frontière entre les Terriens et la *terra incognita* des mondes de la nuit, de l'inconnu. Déjà, au

laquelle il peut observer la rotation de la Terre et les mouvements des planètes. Il espère ainsi non seulement convaincre les plus sceptiques, mais aussi les amener progressivement à l'idée que les lois physiques (en particulier l'attraction des corps) sont universelles, et donc s'appliquent aussi sur la Lune.

Le récit de Kepler mêle la fantasmagorie, l'astronomie, ainsi que des aspects autobiographiques (notamment lorsqu'il défend dès 1615 sa mère, âgée de soixante-huit ans, accusée de sorcellerie ; le procès durera six ans et elle sera acquittée). Le héros, Duracotus, naît en Islande ; son père étant mort, il vit avec sa mère Fiolxhilde qui fait commerce d'herbes médicinales avec les marins de passage, et qui a la particularité de parler aux démons (au sens du mot grec *daemon*, celui qui connaît). Suite à une maladresse de l'enfant qui, à quatorze ans, perd un des sachets d'herbes, il est donné en dédommagement à un marin qui le débarque sur l'île de Hven où, pendant cinq ans, il apprend les secrets de l'astronomie auprès de Tycho Brahé. À son retour en Islande, il se rend avec sa mère au pied du volcan Hekla et invoque le *daemon lunaris* afin de pouvoir s'envoler vers la Lune, au moment d'une éclipse, en utilisant le cône d'ombre comme un tunnel (et revenir sur Terre à l'occasion d'une éclipse du Soleil). Le démon décrit, avec une précision digne des plus grands effets spéciaux cinématographiques, quelles conditions physiques attendent le voyageur intrépide : le choc du départ, le froid intense, la difficulté de respirer, etc.

La Lune, dans le *Somnium*, porte le nom de Levania, et se situe à 59 fois le rayon de la Terre[11]. Le jour torride sur Levania est égal

---

Moyen Âge, on suppose que l'entrée au purgatoire doit se trouver dans une des contrées les plus septentrionales. En 1475, Konrad von Megenberg publie son *Livre de la nature*, dans lequel l'Islande est habitée par des êtres monstrueux, ayant deux ou plusieurs têtes, ou bien une multitude de bras, de pieds, etc. C'est peut-être pour des raisons analogues que Jules Verne expédie ses héros vers le centre de la Terre en les faisant passer par le cratère d'un volcan islandais, le *Sneffels*.

11. Sa distance moyenne réelle est de 64 rayons terrestres.

à la nuit glaciale et dure 15 jours terrestres. Vue de Levania, la Terre, appelée Volva (du latin *volgere*, tourner), est fixe dans le ciel, mais tourne sur elle-même (ce qui est exact). Enfin, la face cachée de la Lune, appelée *privolva*, est inhabitable en raison des extrêmes thermiques, tandis que la face visible, *subvolva*, reçoit au moins la chaleur réfléchie par la lumière de la Terre[12]. Si la configuration des étoiles reste la même, dans la mesure où la distance Terre-Lune est minime devant les distances interstellaires, la rotation de la Terre est une excellente horloge naturelle pour les habitants de Levania. Le démon continue son récit en évoquant en des termes poétiques la surface terrestre vue de la Lune ; par contre, la flore et la faune lunaires font l'objet d'une description minutieuse : bêtes et plantes sont gigantesques et subissent une croissance extrêmement rapide abrégeant d'autant la durée de leur existence. Afin de se protéger de la chaleur intense, les habitants, en majorité des reptiles qui naissent dans des fruits oblongs[13], sont couverts d'écailles qu'ils perdent dès que le froid revient ; ils se réfugient au fond de vastes lacs, ou dans des grottes profondes. Le récit s'interrompt brutalement à ce stade, Kepler étant réveillé par la pluie et se retrouvant dans son lit. La platitude de cet épilogue, digne d'une sucrerie de Walt Disney, est heureusement émaillée de nombreuses remarques qui insistent fortement sur le modèle de Copernic et sur l'intransigeance de l'Église. En conclusion, le *Somnium* de Kepler mêle savamment ses fantaisies et ses fictions à la mécanique céleste la plus rigoureuse. Il peut être considéré comme le précurseur des ouvrages de vulgarisation, utilisant un support ludique pour l'assimilation de données scientifiques rébarbatives.

---

12. Cette notion de physique introduite par Kepler est tout à fait nouvelle, car on pensait jusque-là que toute la chaleur du Soleil était perdue quand sa lumière était réfléchie.

13. La filmographie de science-fiction utilise fréquemment ce thème récurrent de monstres naissant dans des fruits du genre noix de coco ou cosses de haricots, et investissant des corps humains, comme dans *L'Invasion des profanateurs*.

Face à l'héliocentrisme et à l'infini des mondes multiples où souffle en arrière-plan l'idée de la vie ailleurs, l'intégrisme religieux n'exerce plus guère d'emprise, et la conception de l'Univers prend une pertinence nouvelle. Descartes (1596-1650), dans son *Traité du monde* de 1633 (non publié), oppose l'ordre du monde au chaos. Leibniz (1646-1716) envisage un monde — plusieurs sont possibles, parmi lesquels Dieu choisit le meilleur — constitué d'un assemblage de compossibles. Le concept de monde passe au pluriel pour désigner des terres habitées ou des systèmes analogues à celui du Soleil. L'Occident, à la suite de Copernic, Galilée puis Newton, abandonne progressivement la vision d'un monde aristotélico-ptolémaïque[14]. L'homme essaie maintenant de trouver sa place dans un univers dénué de points de référence puisqu'il est infini, et peut s'en effrayer tel le libertin mis en scène par Pascal, ou bien envisager l'évidence de la vie extraterrestre, tel Cyrano de Bergerac. En Angleterre, les esprits sont déjà nettement plus ouverts aux idées novatrices de mondes pluralistes et habités. Francis Godwin (1562-1633) est évêque de Hereford, et son livre *L'Homme dans la Lune (The Man in the Moon)*, dont la publication posthume date de 1638, raconte le voyage de son héros, Domingo Gonsales, vers notre satellite naturel dans une embarcation tirée par des esprits métamorphosés en oies sauvages. Dans cette fiction (la première publiée en anglais), l'idée d'un cosmos rempli d'air est parfaitement admise, d'où la possibilité de s'y déplacer.

Les interrogations et les fictions exobiologistes au XVIIe siècle

> « Vous voudriez de ma bouche tenir
> Comment la Lune est faite, et si quelqu'un habite
> Dans la rotondité de cette cucurbite ? »
>
> Edmond Rostand, *Cyrano de Bergerac* (acte III, scène 13)

14. Rémi Brague, *La Sagesse du monde*, Fayard, 1999.

Le XVIIe siècle oppose les fictions exobiologistes de Fontenelle et de Cyrano de Bergerac relativement prosaïques, aux interrogations pascaliennes de la place de l'homme dans l'Univers. Selon Blaise Pascal (1623-1662), Dieu a créé l'Univers et l'homme, mais, l'homme étant à l'image de Dieu, sa grandeur s'est affirmée car il a su introduire l'intelligible dans le sensible, le supérieur dans l'inférieur[15]. L'Univers quitte la classique hiérarchie des sphères concentriques issues de la haute Antiquité pour s'appréhender en une apologétique cosmique liant l'homme aux deux infinis. Le cosmos devient relativement familier à la perception humaine tandis que le monde microscopique n'en est qu'à ses balbutiements. L'utilisation croissante du microscope permet d'accéder à de nouveaux mondes miniaturisés en une succession d'espaces emboîtés les uns dans les autres. Le libertin qui s'exprime dans les *Pensées* adopte une vision téléologique :

> « Que l'homme contemple donc la nature entière dans sa haute et pleine majesté, qu'il éloigne sa vue des objets bas qui l'environnent. Qu'il regarde cette éclatante lumière, mise comme une lampe éternelle pour éclairer l'univers, que la terre lui paraisse comme un point au prix du vaste tour que cet astre décrit et qu'il s'étonne de ce que ce vaste tour lui-même n'est qu'une pointe très délicate à l'égard de celui que les astres qui roulent dans le firmament embrassent. Mais si notre vue s'arrête là, que l'imagination passe outre ; elle se lassera plutôt de concevoir, que la nature de fournir. Tout ce monde visible n'est qu'un trait imperceptible dans l'ample sein de la nature. Nulle idée n'en approche. Nous avons beau enfler nos conceptions au-delà des espaces imaginables, nous n'enfantons que des atomes, au prix de la réalité des choses. C'est une sphère dont le centre est partout, la circonférence nulle part. »

15. *Ibid.*

Nourri du christianisme austère de Port-Royal depuis sa conversion en 1646, Pascal installe l'homme, création et image de Dieu, dans lc cosmos. Ses travaux en calcul de probabilités rejoignent le pari divin, avec pour enjeu le bonheur éternel contre les biens terrestres, superflus et périssables. C'est dans cette démarche que l'homme est placé à mi-chemin entre les deux infinis, petit et grand, avec la possibilité d'y accéder, autant par l'observation que par l'introspection :

> « Je veux lui faire voir là-dedans un abîme nouveau. Je lui veux peindre non seulement l'univers visible, mais l'immensité qu'on peut concevoir de la nature, dans l'enceinte de ce raccourci d'atomes. Qu'il y voie une infinité d'univers dont chacun a son firmament, ses planètes, sa terre, en la même proportion que le monde visible : dans cette terre, des animaux, et enfin des cirons, dans lesquels il retrouvera ce que les premiers ont donné ; et trouvant encore dans les autres la même chose, sans fin et sans repos, qu'il se perde dans ces merveilles, aussi étonnantes dans leur petitesse que les autres par leur étendue ; car qui n'admirera que notre corps, qui tantôt n'était pas perceptible dans l'univers, imperceptible lui-même dans le sein du tout, soit à présent un colosse, un monde, ou plutôt un tout, à l'égard du néant où l'on ne peut arriver ? Qui se considérera de la sorte s'effrayera lui-même, et, se considérant soutenu dans la masse que la nature lui a donnée, entre ces deux abîmes de l'infini et du néant, il tremblera dans la vue de ces merveilles ; et je crois que, sa curiosité se changeant en admiration, il sera plus disposé à les contempler en silence qu'à les rechercher avec présomption. [...] Quand je considère la petite durée de ma vie, absorbée dans l'éternité précédente et suivante, le petit espace que je remplis, et même que je vois, abîmé dans l'infinie immensité des espaces que j'ignore et qui m'ignorent, je m'effraie et m'étonne de me voir ici plutôt que là, car il n'y a point de raison pourquoi ici plutôt que là, pourquoi à présent plutôt que lors. Qui m'y a mis ? Par l'ordre et la conduite de qui ce lieu et ce temps a-t-il été destiné à moi ? »

« Combien de royaumes nous ignorent !
Le silence éternel de ces espaces infinis m'effraie. »

À la fin du XVIIe siècle, il n'est plus nécessaire de ruser avec les autorités religieuses. Face à l'évidence du système héliocentrique, l'étreinte autoritaire de l'Église se desserre. L'Académie des sciences lance de grands programmes d'arpentage (quelles sont les dimensions du royaume, et plus généralement celles de la Terre ?). On construit l'observatoire de Paris, les astronomes multiplient les observations, et les nombreux salons scientifiques ne sont plus de simples cabinets de curiosités. Physicien, musicien, Cyrano de Bergerac s'interroge sur les possibilités de vie au-delà de la Terre *(figure 1)*. Christiaan Huygens rédige un ouvrage de maturité, le *Cosmotheoros*, qui paraît en 1698. Bernard Le Bovier de Fontenelle publie en 1686 les *Entretiens sur la pluralité des mondes*, qui connaît un immense succès.

Cyrano de Bergerac (1619-1655) est assez peu éloigné du personnage héroïque à l'appendice nasal surdéveloppé d'Edmond Rostand. Né à Paris, il devient gascon d'adoption en s'engageant à dix-neuf ans dans la compagnie des cadets de Gascogne ; il est blessé au siège d'Arras. Cyrano est un libre penseur, refusant l'appui d'un protecteur, dénonçant la société, la personne et les mœurs de Mazarin, ainsi que la misère du peuple de Paris. Adepte de l'astronomie et du modèle copernicien enseigné par Gassendi (et donc opposé à Descartes), il philosophe autour de l'héliocentrisme, du vide et des atomes dans ses deux principaux ouvrages, *Les États et empires de la Lune* (publication posthume de 1657), et *L'Histoire comique des États et empires du Soleil* (1662), dans lequel il affirme sa conviction de la réalité des planètes extrasolaires :

> « La plupart des hommes qui ne jugent que par les sens, se sont laissé persuader à leurs yeux ; et de même que celui dont le vaisseau navigue terre à terre croit demeurer immobile, et que le rivage chemine, ainsi les hommes, tournant avec la Terre autour

Figure 1

Je pouvais, mettant mon corps nu comme un cierge,
Le caparaçonner de fioles de cristal
Toutes pleines des pleurs d'un ciel matutinal,
Et ma personne, alors, au soleil exposée,
L'astre l'aurait humée en humant la rosée ! »

Edmond Rostand, *Cyrano de Bergerac* (acte III, scène 13)

du ciel, ont cru que c'était le ciel lui-même qui tournait autour d'eux. Ajoutez à cela l'orgueil insupportable des humains, qui leur persuade que la nature n'a été faite que pour eux ; comme s'il était vraisemblable que le soleil, un grand corps, quatre cent trente-quatre fois plus vaste que la Terre, n'eût été allumé que pour mûrir ses nèfles, et pommer ses choux. Quant à moi, bien loin de consentir à l'insolence de ces brutaux, je crois que les planètes sont des mondes autour du soleil, et que les étoiles fixes sont aussi des soleils qui ont des planètes autour d'eux, c'est-à-dire des mondes que nous ne voyons pas d'ici à cause de leur petitesse, et parce que leur lumière empruntée ne saurait venir jusqu'à nous. »

Si ces deux livres sont directement inspirés de Francis Bacon et de Tommaso Campanella (1568-1639) — philosophe et dominicain italien, auteur de *La Cité du Soleil*, emprisonné pendant vingt-sept ans pour hérésie —, Cyrano, contrairement à Thomas More, ne crée pas une utopie dans ses voyages, mais décrit un monde « symétriquement » semblable au nôtre (opposition à l'ordre de la Création), peuplé de géants quadrupèdes et d'oiseaux pensants. Dans cette société miroir, « l'écoute » des livres permet une élévation culturelle, tandis que la nourriture terrestre provient des odeurs. Sur le plan législatif, un roi est élu parmi les personnages les plus insignifiants et le comportement social obéit à des règles inverses des nôtres. Voilà une description originale d'une civilisation extraterrestre, prétexte en fait à susciter les interrogations scientifiques et philosophiques que Cyrano développe avec beaucoup de pédagogie.

Christiaan Huygens (1629-1695) est l'un des plus grands astronomes du XVIIe siècle. Il apporte de nombreux perfectionnements à la lunette astronomique, découvre une des plus grandes dépressions à la surface de Mars *(Syrtis Major)*, détermine la nature des anneaux de Saturne et découvre Titan. Il s'enthousiasme pour les travaux de Galilée et déploie une grande activité dans de nombreux domaines de la science : astronomie, géométrie, calcul infinitésimal, optique. Dans son *Traité de la lumière* (1678), il propose une explication des rayons lumineux à partir d'une théorie ondulatoire, trois siècles avant la mécanique quantique. Le *Cosmotheoros* (1698) est sans doute l'ouvrage évoquant le plus systématiquement la vie extraterrestre, traduit du latin en anglais : *Les Mondes célestes découverts, ou Conjectures concernant les habitants, plantes et productions des mondes dans les planètes.* Dans son ouvrage, Huygens pense que chaque planète est habitée par des êtres, majoritairement astronomes, soucieux du bien et de l'équilibre social, vivant dans la paix et la fraternité. Pour établir son hypothèse pluraliste, il utilise les cinq arguments de Fontenelle (voir ci-dessous), mais exclut d'emblée la Lune comme propice à abriter la vie. Parmi les planètes proches, Huygens mentionne la chaleur excessive à la surface de Mercure et Vénus, et le froid ressenti par les populations vivant au-delà de l'orbite terrestre. Enfin, les taches observées à la surface de Jupiter indiquent clairement la présence de nuages de vapeur d'eau, indices favorables à la vie sur la planète géante. Concernant les autres étoiles, il conclut :

> « … toutes les planètes […] tournent autour de cette prodigieuse prolifération d'étoiles. Elles doivent avoir leurs plantes et leurs animaux ainsi que leurs créatures rationnelles […] ainsi que leurs observateurs diligents des cieux comme nous-mêmes. »

Contemporain de Huygens, Bernard Le Bovier de Fontenelle (1657-1757, un centenaire !) demeure le trait d'union entre la pensée cartésienne du XVIIe siècle et la philosophie des Lumières. Il pressent les rapides progrès des sciences et des arts et refuse la soumission aveugle à l'autorité et à la tradition dont l'Église est l'archétype. Ses *Entretiens sur la pluralité des mondes* (1686) constituent un véritable ouvrage de vulgarisation découpé en six soirées, présentées sous forme d'un dialogue entre le narrateur et une marquise anonyme *(figure 2)*. Fontenelle présente le monde de la Lune, non pas comme une fiction dans le style de Cyrano de Bergerac, mais comme une planète habitée sur laquelle l'homme ira… un jour. Les soirées se découpent de la manière suivante :

— La Terre est une planète en rotation et en révolution autour du Soleil.

— La Lune est une planète habitée.

— Caractéristiques de la Lune ; les autres planètes sont également habitées.

— Caractéristiques des planètes Vénus, Mercure, Mars, Jupiter et Saturne.

— Nature des étoiles ; ce sont autant de soleils dont chacun éclaire un monde.

— Nouvelles pensées qui confirment celles des entretiens précédents ; dernières découvertes qui ont été faites dans le ciel.

Pour étayer le pluralisme de la vie dans le Système solaire, Fontenelle développe une argumentation en cinq points :

— La similitude entre la Terre et les autres planètes quant aux conditions de vie.

— L'impossibilité d'imaginer d'autres usages pour lesquels ces planètes ont été faites.

— La fécondité et la magnificence de la nature.

— La nécessité que la nature montre à peupler les planètes et d'avoir chacune des lunes d'autant plus nombreuses que l'on s'éloigne du Soleil.

— Que ce fait est extrêmement important, et que cela ne peut être dit que d'une manière, et non d'une autre.

En outre, il invite sa marquise à se demander si des extraterrestres ne croisent pas à proximité de notre planète, et ne pêchent pas parfois certains d'entre nous comme nous jetons nos filets au fond de l'océan (à quoi la marquise répond qu'elle ne souhaite autre chose que d'être capturée !)[16]. Considérant l'ensemble du cosmos, Fontenelle milite pour une multitude d'étoiles, toutes entourées de planètes, un propos libérateur qui lui permet de penser que l'Univers est incomparablement plus magnifique qu'il n'était avant. Outre la

16. Nicolas Witkowski (dir.), *Dictionnaire culturel des sciences*, Seuil / Éd. du Regard, 2001, à l'entrée « Fontenelle ».

Figure 2 — Gravure des *Entretiens sur la pluralité des mondes* de Fontenelle (1686)

sophistication du style (ou un superbe baratin pour draguer la marquise), les *Entretiens* de Fontenelle marquent la transition historique entre les écrits publiés au risque des foudres de l'Église et les propos dégagés de toute pression qui vont se multiplier dès le XVIIIe siècle ; c'est aussi la fin de l'anthropocentrisme grâce à Copernic, Kepler et Galilée. Au silence effrayé du cosmos pascalien va se substituer l'écho des mondes multiples et peut-être habités.

Voltaire et le *Micromégas*

La vision de l'Univers au XVIIIe siècle, ou siècle des Lumières, est étroitement liée aux idées d'ordre et d'harmonie des mondes issues du passé [17]. Si les contradictions et les querelles que les jeunes théories cosmologiques suscitent sont l'occasion d'alimenter de longs débats, elles engendrent de remarquables courants de pensée qui circulent à travers l'Europe, et dans les pôles d'attraction que sont les cours princières.

L'interrogation essentielle des philosophes du siècle des Lumières est de savoir si l'Univers forme un tout dans un contexte hiérarchique d'unité, de pluralité, de système et de structures successives emboîtées. Est-il fini ou infini ? Est-il limité dans l'espace ? A-t-il eu un début et aura-t-il une fin ? D'autres questions concernent les principes de perfection, de plénitude, d'harmonie et d'invariance de certaines quantités. La pluralité des mondes est tout naturellement évoquée, dans le contexte global d'une cosmologie opposant des décennies de spéculations assez débridées et de métaphysique bavarde à la rigueur et au scepticisme. De telles questions ne peuvent laisser insensible Voltaire (1694-1778), déjà largement impliqué, ne serait-ce que par l'influence et le tempérament de Mme du Châtelet. Naturellement, Voltaire ne peut se satisfaire d'un ouvrage analysant uniquement les possibilités de vie ailleurs que sur la Terre ; le propos doit également être prétexte à régler certains

17. Dominique Proust, *L'Harmonie des sphères*, Seuil, coll. « Science ouverte », 2001.

Figure 3 — Les auteurs de fictions au XVIIIe siècle envisageaient toutes sortes d'êtres hybrides habitant aussi bien sur les planètes lointaines qu'au centre de la Terre, comme ci-dessus.

comptes, aussi bien avec Fontenelle dont le cartésianisme ne peut s'accommoder totalement des principes de la gravitation de Newton, qu'avec d'autres têtes de Turcs, tels que Maupertuis ou Derham. C'est ainsi que *Micromégas* voit le jour en 1752.

Dans cet ouvrage, Voltaire met en scène un habitant de Sirius haut de 24 000 pas géométriques de 5 pieds de roi chacun, soit 32 kilomètres ; la littérature du XVIIIe siècle fourmille de ces personnages exotiques issus de l'imagination débordante des plumitifs *(figure 3)*. Notre géant saute de planète en planète grâce aux comètes, rencontre les habitants de Saturne et se lie d'amitié avec le secrétaire de l'Académie de Saturne, qui ne mesure que 6 000 pieds (2 kilomètres). Visitant la Terre, nos deux voyageurs sont stupéfaits de la sottise des *animalcules en bonnet carré* (les théologiens) et de la cruauté des guerres que se livrent ces *atomes pensants*. Le texte de Voltaire se décompose en sept chapitres :

— Voyage d'un habitant du monde de l'étoile Sirius dans la planète de Saturne.
— Conversation de l'habitant de Sirius avec celui de Saturne.
— Voyage de deux habitants de Sirius et de Saturne.
— Ce qui leur arrive sur le globe de la Terre.
— Expériences et raisonnements des deux voyageurs.
— Ce qui leur arriva avec des hommes.
— Conversation avec les hommes.

Si Voltaire égratigne quelques philosophes, sa condamnation des conflits fait de *Micromégas* l'un des premiers textes pacifistes, où la dénonciation de la bêtise et de l'arbitraire est à l'origine du fameux *point de vue de Sirius*. En outre, les habitants de Sirius observent autour de Mars « deux lunes qui servent à cette planète et qui ont échappé au regard des astronomes ». Jonathan Swift (1667-1745), célèbre par ses récits des aventures de *Gulliver* (1726), donne également une description du système martien avec deux satellites ; ceux-ci seront découverts en 1877 par l'astronome Hall : Phobos et Deimos ; ainsi, Voltaire et Swift sont, à travers leurs fictions, parfaitement visionnaires.

De nombreux philosophes adhèrent à l'idée de la vie sur d'autres planètes, que ce soit Emmanuel Swedenborg (1688-1772) ou Emmanuel Kant (1724-1804), celui-ci militant contre l'absurdité d'un cosmos où nous serions seuls. Aux utopies des récits du siècle précédent succèdent progressivement des écrits où la vraisemblance se substitue à l'imaginaire débridé. Parmi les astronomes, William Herschel (1738-1822) imagine la vie sur toutes les planètes, ainsi que sur le Soleil. Herschel insiste beaucoup sur les possibilités de vie à la surface de Mars à partir des observations qu'il effectue au télescope, découvrant l'existence des calottes polaires et d'un cycle de saisons. À l'observatoire de Paris, François Arago (1786-1853) ne peut imaginer un univers vide, ainsi qu'il l'écrit dans son *Traité d'astronomie* :

> « Il faudrait avoir retiré bien peu de fruits de l'étude de l'astronomie pour pouvoir supposer que l'homme soit le seul objet des soins de son Créateur, et pour ne pas voir, dans le vaste et étonnant appareil qui nous entoure, des séjours destinés à d'autres races d'êtres vivants. »

Sélection naturelle, soupe primitive et panspermie

Les composantes de l'Univers résultent d'une évolution ayant, au cours des 15 milliards d'années qui ont suivi le Big Bang, transformé le tissu matériel initial en galaxies, étoiles, planètes, comètes, gaz, etc. Dans un contexte anthropomorphique, un cheminement évolutif identique tente d'expliquer comment l'homme est apparu et s'est développé sur la Terre depuis qu'elle est habitable, et si celui-ci est envisageable sur d'autres planètes. C'est dans le cadre de *l'évolution des espèces dans leur milieu naturel* que le débat de la vie extraterrestre va s'orienter, dès la fin du XIXe siècle, sous l'impulsion de la jeune biologie dont Jean-Baptiste de Lamarck (1744-1829) est le premier propagandiste. Son idée maîtresse s'appuie sur l'acquisition capitalisée des aptitudes : les générations successives additionnent habileté et créativité en façonnant un héritage transmissible. Le lamarckisme met en jeu une dimension nouvelle, l'axe du temps, qui joue dorénavant un rôle majeur aussi bien dans les modèles cosmologiques que dans la recherche de nos origines, et par généralisation dans la possibilité de vie dans le cosmos.

Si Lamarck n'explique pas comment la vie évolue, Charles Darwin (1809-1882) et Alfred Wallace (1823-1913) développent le nouveau concept de l'évolution par la sélection naturelle, dont Darwin publie l'argumentation détaillée en 1859 dans son livre *L'Origine des espèces*. L'aspect le plus intéressant de son travail est de montrer comment la vie primordiale va se diversifier, en plusieurs centaines de millions d'années, pour donner la multitude des espèces vivant sur notre planète. Depuis Darwin, malgré les progrès rapides de la paléontologie, des pans entiers de nos propres origines et de la longue chaîne d'évolution sont encore totalement inconnus, mais le puzzle se construit petit à petit, sans doute l'un des plus passionnants de la recherche scientifique. Dans la réflexion globale sur l'existence de vie extraterrestre, les idées de Darwin militent en faveur du développement de la vie sur d'autres planètes, où seule changerait l'adaptation aux conditions physiques (température, pression) dans une fourchette de valeurs assez large. En outre, les aléas climatiques terrestres tels que les périodes de glaciation et de réchauffement, les pluies, les sécheresses, etc., qui se sont succédé au cours de notre histoire géologique, ainsi que les cataclysmes liés d'une part à l'intensité du volcanisme primitif et d'autre part aux collisions avec des astéroïdes ou des comètes, n'ont pas fait de l'évolution des espèces terrestres un long fleuve tranquille. Seuls les organismes les mieux adaptés ont survécu au cours des millions d'années passées.

Dans la seconde moitié du XIXe siècle, les thèses darwiniennes d'un creuset terrestre primitif à partir duquel la vie évolue se généralisent à l'ensemble du cosmos, là où des conditions identiques à celles de notre planète sont supposées exister. Camille Flammarion (1842-1925) est l'un des grands vulgarisateurs de l'astronomie. Il publie en 1862 *La Pluralité des mondes habités*, prêchant pour une exploration rationnelle des planètes et la recherche de la vie. Son livre connaît 33 éditions successives, soulignant ainsi l'intérêt du public pour l'exobiologie. Flammarion développe sa pensée à la lumière des progrès de l'observation astronomique. Dans la longue tradition « uraniste », il milite avec succès dans ce sens :

> « La vie se développe sans fin dans l'espace et dans le temps. Elle est universelle et éternelle. Elle remplit l'infini de ses accords, et elle régnera à travers les siècles, durant l'interminable éternité. »

Cependant, la définition même du vivant ne trouve toujours pas de réponse satisfaisante, notamment en mettant en perspective les opposés : si on considère un corps inerte et un corps vivant, quelle est la nature de ce « plus » qui anime ce dernier ? Dans l'Antiquité, Aristote avait proposé la théorie du *vitalisme*, qui justifie la vie à partir d'une entité non physique infiltrant et animant le monde physique. Cette essence vitale est l'âme ou *psyché*, principe interne du mouvement, c'est le passage à l'acte des capacités potentielles d'une structure organisée biologiquement, la fonction la plus achevée permettant l'épanouissement de l'être dans son milieu.

La psyché d'Aristote devient l'*élan vital*, le souffle libre et créatif de la vie dans les travaux d'Henri Bergson (1859-1941), pour qui le monde des choses matérielles est ordonné et déterministe. Ce principe vital, selon Bergson, est une force inconcevable de la physique, mais aussi d'une part une sorte d'étiquette accrochée à notre ignorance afin de nous la rappeler, et d'autre part une manifestation universelle, dont la différenciation des espèces n'est qu'une des nombreuses conséquences. Ces conceptions sont explicitées dans son ouvrage *L'Évolution créatrice* (1907). Mêlant science et spiritualité, Pierre Teilhard de Chardin (1881-1955) fait interagir l'esprit avec l'Univers suivant une *montée vers Oméga* où l'individuel se fond en un esprit cosmique global. Dans ces conceptions, le vitalisme met en jeu des principes sans consistance physique, qui se heurtent tout naturellement à la démarche scientifique. Pour le biologiste ou l'astronome, un tel principe relève de la magie par l'introduction d'une sorte d'effluve immatériel qui joue le rôle d'une force. Au vitalisme s'oppose le *réductionnisme*, autre principe suivant lequel la vie et l'esprit sont l'effet de l'activité d'entités physiquement mesurables, telles que l'atome ou l'onde. Les lois de la biologie qui gèrent la vie sont ainsi issues d'un ensemble de lois chimiques, elles-mêmes résultant de lois physiques. Cependant, que ce soit le vitalisme ou le réductionnisme, on se heurte toujours à l'inconnue de ce qui pouvait préexister, au même titre que lorsqu'on s'interroge sur ce qu'il y avait « avant » le Big Bang, il y a 15 milliards d'années. Si l'origine de la vie s'explique à partir des structures organiques et des fonctions que celles-ci assurent, sa définition même est étroitement liée à notre champ d'expériences quotidien, que le monde physique ne peut expliquer sans introduire une dose de subjectivité. On peut évidemment gloser à l'infini autour de ce dualisme matière-pensée, et tenter d'en assembler les deux composantes de toutes les manières possibles, on n'obtiendra qu'une définition de la vie aussi réductrice que frustrante. Autre philosophe intéressé par ces questions, Arthur Schopenhauer (1788-1860) propose un étonnant (détonant) mélange de naïvetés et de subtilités à propos de la vie :

> « Conclure, d'ailleurs, du manque d'atmosphère et d'eau à l'absence de toute vie, cela n'est pas très certain : on pourrait même taxer cette conclusion de mesquine, en ce qu'elle repose sur la supposition "Partout comme chez vous". Le phénomène de la vie animale pourrait probablement se transmettre par une autre voie que la respiration et la circulation du sang : car l'essentiel de toute vie est uniquement le changement constant de matière dans la persistance de la forme. Nous ne pouvons nous représenter cela, il est vrai, qu'au moyen du liquide et du vaporeux. Mais la matière est avant tout la simple visibilité de la volonté ; or celle-ci s'efforce partout d'accroître de degré en degré son phénomène. Les formes, moyens et voies qu'elle emploie dans ce but peuvent être très variés. D'autre part, il faut considérer de nouveau que, très vraisemblablement, les éléments chimiques sont, non seulement dans la Lune mais aussi

dans toutes les planètes, les mêmes que sur la Terre : c'est que le système entier s'est détaché du même brouillard lumineux primordial dans lequel était notre Soleil actuel. Cela présuppose, au reste, une ressemblance avec les phénomènes supérieurs de la volonté. »[18]

Les réflexions de Schopenhauer apparaissent en filigrane dans les travaux de Svante Arrhenius (1859-1927), célèbre physicien et chimiste suédois, directeur de l'Institut Nobel. Arrhenius s'intéresse à la vie extraterrestre avec souvent beaucoup de prémonition. En 1921, il conjecture sur la composition chimique et l'évolution similaire de toutes les étoiles, et conclut très logiquement que chacune d'elles doit être entourée d'un cortège de planètes ayant les mêmes matériaux que la Terre. Cette hypothèse, déjà soulevée dans le passé, en particulier par Léonard de Vinci, est étayée par l'observation d'éléments identiques dans les spectres stellaires. Comme pour le Soleil, la masse primordiale de chaque étoile se serait fractionnée pour donner naissance à des planètes qui, parvenues à une même période de leur évolution, présentent donc les mêmes combinaisons chimiques. Ainsi, chaque protoplanète possède un noyau identique formé de métaux lourds tels que le fer, que l'on trouve aussi bien dans les météorites que dans le spectre solaire. Ce noyau métallique est enveloppé de silicates, d'oxydes, de carbonates, de sulfures et d'hydrates de toutes sortes de métaux, notamment d'aluminium. L'hydrogène est également présent. Le point de fusion de toutes ces substances est supérieur à 1 000 degrés, interdisant toute forme de vie tant qu'une croûte solide ne s'est pas formée par suite du refroidissement.

Pour le savant suédois, l'apparition de la vie à la surface de la Terre est liée à la production de combinaisons favorables impliquant essentiellement le carbone, l'hydrogène, l'azote, l'oxygène, et en moindres proportions le soufre, le phosphore, le fer et le magnésium. Arrhenius note que, suivant les paléontologues, la vie

18. Arthur Schopenhauer, *Philosophie et science*, Le Livre de Poche, 2001.

ne peut apparaître sans l'eau, et qu'indéniablement elle provient du milieu marin et n'a pu se développer en dehors de ce milieu que grâce à la présence d'oxygène et de vapeur d'eau dans l'atmosphère primitive. Pour avoir une idée de la composition chimique de celle-ci, il effectue l'analyse chimique des gaz puisés dans les entrailles de la Terre et crachés par les volcans. Ainsi les éjectas des volcans Kilauea à Hawaï, du Stromboli (éruption du 4 mars 1901) et du Vésuve (éruption de 1906) permettent de mettre en évidence une importante proportion d'azote, d'eau, d'oxydes de carbone ($CO + CO_2$), d'acide sulfurique, d'hydrogène et de soufre.

Cependant, la vie ne peut s'accommoder d'une telle composition chimique à cause de la nocivité de plusieurs mélanges. Heureusement, le rayonnement solaire, particulièrement intense, joue le rôle d'antidote face à ces poisons, en extrayant le carbone et l'oxygène du dioxyde de carbone, tandis que le cyanogène et l'acide sulfurique sont oxydés lors des décharges électriques. Arrhenius met également en valeur l'action de la lumière solaire de très petite longueur d'onde. Ce sont les prémices des expériences qu'effectuera Miller, dans les années 1950, à l'aide de la lumière ultraviolette. De cette manière, pendant des millions d'années, le dioxyde de carbone contenu dans l'atmosphère primitive opaque est résolu suivant ses constituants, carbone et oxygène, ce dernier entrant en combustion avec les différents gaz réducteurs émanant des volcans, jusqu'à ce que la croûte terrestre soit suffisamment solide pour ralentir l'activité volcanique. Dès l'instant où l'oxygène libre peut se maintenir dans l'atmosphère, les océans se forment par la combustion des gaz réducteurs, et les premières plantes prennent le relais du rayonnement solaire grâce à la fonction chlorophyllienne, grande productrice d'oxygène. Le développement consécutif de la vie végétale s'accompagne de la production de déchets organiques qui s'accumulent sur le sol. Cette triple association, carbone, eau et rayonnement solaire intense, serait ainsi à l'origine de l'apparition de la vie, mais suivant des processus encore inconnus en 1921.

Ces conceptions de l'évolution de la Terre, de son atmosphère et de l'apparition consécutive de la vie soulignent l'importance des travaux d'Arrhenius. Selon lui, la quantité de gaz carbonique contenu dans l'atmosphère primitive est la clé du schéma évolutif menant aux constituants grâce auxquels la vie va s'élaborer. À la fin de sa vie, il imagine la possibilité que la pression de radiation soit capable de disperser des spores vivant dans l'Univers, rejoignant là l'hypothèse panspermique.

Science friction

> « Le désir de la connaissance est le seul auquel s'offre une matière pratiquement inépuisable. Et il est développable. »
>
> Boris Vian, *Traité de civisme*

Si les travaux d'Arrhenius marquent une étape importante dans la recherche de la vie extraterrestre, le développement des médias à l'aube du XXe siècle apporte aussi sa contribution en suscitant un intérêt grandissant auprès du public, que ce soit par les programmes radio ou encore les récits fantastiques et la filmographie. La télévision viendra ultérieurement compléter cet arsenal de communication. Dès la fin du XIXe siècle, de grandes fictions connaissent un immense succès, telles celles de Jules Verne (1828-1905), qui, outre ses épopées pimentées de thèmes scientifiques avant-gardistes, projette par deux fois un groupe d'humains hors de notre planète. Le premier, commandé par Michel Ardan, est propulsé en direction de la Lune, tandis qu'Hector Servadac et son ordonnance Ben (Laurent) Zouf « atterrissent » malgré eux sur l'astéroïde Gaïa. Cependant, aucun extraterrestre n'entre en scène dans son œuvre, contrairement à celle d'Herbert George Wells (1866-1946), qui met en émoi les lecteurs avec sa *Guerre des mondes* publiée en magazine en 1897 : les Martiens sont une race de poulpes très évoluée mais dont l'avenir est en péril sur leur planète ; c'est pourquoi ils viennent coloniser la Terre et débarquent en Angleterre. Pour la première fois, des extraterrestres agressifs entrent dans la culture populaire *(figure 4)*. Par-delà son récit, Wells rassemble des idées fortes sur le déclin de la civilisation, les modèles naturalistes et les méfaits de la colonisation (l'homme est asservi par les Martiens). La guerre bactériologique est également évoquée, puisque les Martiens sont anéantis par un microbe. La renommée de Wells est telle que, quarante et un ans plus tard, le 30 octobre 1938, Orson Welles (son presque homonyme), à la suite d'un feuilleton radiophonique adapté de *La Guerre des mondes*, annonce à la radio l'invasion d'extraterrestres, suscitant une véritable psychose.

La science-fiction situe assez systématiquement le contact avec des extraterrestres dans un futur proche ou lointain. Cependant, des auteurs placent l'action dans le passé, comme Rosny aîné (Joseph Henri Boex, 1856-1940), dont *La Guerre du feu* se déroule aux temps préhistoriques, et *Les Xipéhuz* se situe mille ans avant les fondations de Ninive et de Babylone. Dans ce dernier roman, une forme de vie est décrite, sans aucun point commun avec la nôtre car il s'agit de cylindres variés, munis à leur base d'un point leur permettant de communiquer à l'aide de caractères lumineux dont on découvre quelques rudiments. Ces extraterrestres doivent procéder à une extension de leur zone de vie pour subsister, aboutissant à un inévitable conflit hégémonique visant à la disparition des Terriens. Les humains, grâce à l'intelligence de leur chef Bakhoûn, finissent néanmoins par triompher, mais ce dernier caresse le rêve d'une Terre habitée par deux espèces complémentaires.

Les romans de science-fiction faisant intervenir des extraterrestres sont pléthoriques, mais ils mettent généralement en scène des familles de visiteurs aussi diverses que les espèces terrestres. Outre les mollusques plus ou moins visqueux et les insectes transformistes, la population la plus fréquente est constituée de petits hommes verts assez proches du célèbre gnome de la littérature germanique Till l'Espiègle, et à ce titre plutôt inoffensifs. Inversement, les extraterrestres morphologiquement proches des humains se caractérisent fréquemment par une rigidité des membres et une absence complète d'émotivité ; plus ou moins consciemment, leurs auteurs se sont inspirés des membres des polices secrètes et autres espions des régimes dictatoriaux — réminiscences de la Guerre froide. Plus fantaisistes,

Figure 4 — Le débarquement des Martiens dans l'édition originale de *La Guerre des mondes* de H.G. Wells (1897)

les humanoïdes brachycéphales aux membres grêles (tel E.T., le héros du film de Steven Spielberg) sont plutôt bienveillants vis-à-vis des Terriens. Enfin, le groupe des reptiles, serpents ou lézards, perpétue la tradition biblique de l'agressivité, semant en général la terreur sur une Terre pourtant prête à les accueillir pacifiquement. Les fictions se déroulant dans l'avenir constituent une famille de romans d'anticipation qui mêlent fréquemment avec plus ou moins de bonheur le formalisme scientifique le plus froid aux développements littéraires les plus imaginatifs. On trouve déjà cette gymnastique dans l'œuvre de Jules Verne, qui n'hésite pas à publier les calculs (faux) permettant à Michel Ardan et à ses compagnons d'entreprendre leur voyage vers la Lune. Avec sans doute autant de succès qu'Orson Welles, mais dans le rire et la dérision, Pierre Dac (1893-1975) et Francis Blanche (1919-1974) passionnent la France entière dans les années 1960 et 1970 avec l'invasion de la Terre par les Gzbrhs, extraterrestres se cachant dans les meules de gruyère et contaminant progressivement l'humanité *(Signé Furax : Le Gruyère qui tue)*.

Depuis l'invention des frères Lumière, le cinéma traite tout naturellement à l'infini ce thème devenu récurrent, avec plus ou moins de fortune, depuis *Le Voyage dans la Lune* de Georges Méliès (1861-1938), jusqu'à *2001 : l'odyssée de l'espace* de Stanley Kubrick, et plus récemment la célèbre série *Star Wars* mêlant chevalerie moyenâgeuse et anticipation. Cette dernière est intéressante par la panoplie comportementale quasi humaine des divers personnages venus de planètes lointaines qui jalonnent la saga, de la fripouille au héros. Les multiples contacts entre les humains et les extraterrestres tels que les dépeint le cinéma peuvent faire à eux seuls l'objet d'une longue étude sociologique.

La science-fiction est cependant une forme littéraire qui a souvent l'art d'agacer les esprits rigoristes (d'où le titre de cette section). Il est pourtant vrai qu'au-delà du formalisme scientifique, les rêveries en marge de la science pure et dure apportent leur lot d'idées novatrices pouvant ouvrir de nouvelles pistes de recherches. Au-delà des personnages héroïques, protégeant aussi bien la veuve et l'orphelin qu'une ville ou un pays, tels Batman ou Spiderman, cette littérature a (c'est le cas de le dire) souvent mauvaise presse. La raison en est l'invraisemblance fréquente du propos ou du scénario, souvent bâclés afin de répondre à des impératifs commerciaux de coût et de marketing. Trop d'invraisemblances tuent ce qui pourrait être un jour vraisemblable, et, inversement, on ne peut qu'admirer comment l'ordinateur totalement futuriste *CARL 9000*[19] du livre d'Arthur Clarke *2001 : l'odyssée de l'espace*, et du film de Stanley Kubrick, nous est devenu familier, ainsi que les multiples apparitions d'une stèle, jalonnant le déroulement du drame. Celle-ci nous interpelle sur une question aussi simple que fondamentale : des extraterrestres ont-ils déjà visité la Terre par le passé et, constatant notre état primitif, ont-ils semé des jalons destinés à suivre notre lente évolution, à la manière des zoologues compliquant les jeux de piste destinés à évaluer les capacités des chimpanzés ?

La science-fiction est un foisonnement d'idées qui établissent un pont entre la science et les lettres, constituant un genre qui s'écarte de la littérature de sentiment[20]. Elle est cependant moins implantée en France que dans les pays anglo-saxons, où elle connaît un vif succès[21] ; le monde littéraire hexagonal en attribue la cause à un « excès de culture et de cartésianisme » derrière lequel surgissent les spectres des « grands » auteurs français, de François Rabelais à Marcel Proust. Face à eux, la science-fiction est fréquemment ravalée au rang de genre mineur, où elle voisine avec la bande dessinée. Sans entrer dans ce dernier domaine tant celui-ci est également vaste, une analyse globale du contenu scientifique des aventures de Tintin a été faite par deux astrophysiciens[22]. On y

19. Dans l'édition originale, l'ordinateur s'appelle *HAL 9000*. En prenant pour chaque lettre la suivante de l'alphabet, on obtient le nom d'un célèbre constructeur d'ordinateurs.

20. François Biraud et Jean-Claude Ribes, *Le Dossier des civilisations extraterrestres*, Fayard, 1970.

21. Sources INSEE / Centre national du livre.

22. Roland Lehoucq et Robert Mochkovitch, *Mais où est donc le temple du Soleil ?*, Flammarion, 2003.

découvre toute la rigueur d'Hergé, mais aussi un brin de fantaisie, notamment vis-à-vis de la mécanique céleste. Un des albums, *Vol 714 pour Sydney*, décrit directement un contact du 3e type (humain-extraterrestre).

Au-delà des grands classiques de H.G. Wells, Ray Bradbury ou encore Aldous Huxley, la science-fiction est jaillissement, explosion : elle fait avant tout surgir l'idée à l'état pur. Elle ouvre aussi sur tous les domaines de l'esprit : la sociologie futuriste, la philosophie, la poésie, ainsi que sur la science prospective, et c'est bien pourquoi ce genre littéraire est complet et fondamental[23]. La science-fiction va de pair avec une des motivations fondamentales de l'homme : la connaissance du monde et de l'Univers qui nous entourent, quitte à spéculer sur la nature de ce qui est encore inconnu. Les théories les plus avancées pour tenter de modéliser l'Univers primordial, cordes et supercordes, espace multidimensionnel, gravitation quantique, ne sont rien d'autre que les fictions d'une cosmologie poussée au-delà de ses retranchements, qui attendent les travaux à venir pour recevoir leur qualification. En outre, la science-fiction soulève fréquemment des questions d'actualité, même dans les fantasmagories les plus improbables, notamment à propos des avancées techniques confrontées au problème global de l'environnement. L'avenir ne dessine-t-il pas des catastrophes écologiques mettant en péril l'humanité ? Comment l'homme y survivra-t-il ? Quelles seront les conséquences d'un contact avec une communauté extraterrestre ? Sans apporter de réponse définitive, la science-fiction a tout au moins l'avantage de poser les (bonnes) questions.

L'interrogation exobiologique en trois points

Dans ses aspects historiques et sociologiques, la conception d'une vie extraterrestre ne relève d'aucun courant de pensée. Il est fré-

23. François Biraud et Jean-Claude Ribes, *Le Dossier des civilisations extraterrestres*, *op. cit.*

quemment admis qu'elle serait plus une émanation de l'Occident qu'une idée héritée des civilisations les plus reculées, bien que la conception aristotélicienne de l'Univers, complétée par l'arsenal des arguments théologiques du Moyen Âge, ne plaide pas pour la multiplicité des mondes habités. Cependant, outre la connaissance souvent fragmentaire de l'histoire d'un certain nombre de civilisations antiques tels les Perses ou les Aztèques, celles pour lesquelles les ethnologues disposent d'un minimum de données ne semblent pas s'être limitées au seul horizon terrestre, envisageant fréquemment notre monde sous la férule des corps célestes les plus perceptibles (Lune, Soleil, planètes…), ceux-ci associés à un ensemble de divinités. Le parnasse grec est un exemple flagrant de divinités qui, par leur comportement et leurs interactions avec le monde des humains, se conduisent plus comme une colonie d'extraterrestres chamailleurs que comme de purs esprits, sujets à vénération. Ce comportement turbulent se retrouve dans les croyances de nombreuses civilisations, des Égyptiens aux Incas, des hindouistes aux Inuits, suggérant une confusion vraisemblable entre des divinités et d'hypothétiques extraterrestres. Si l'Occident moderne conceptualise historiquement et analytiquement le champ exobiologique, recherche les processus chimiques et biochimiques du vivant et les généralise au cosmos, les récits et les traditions connus d'autres civilisations montrent que la frontière est parfois ténue entre l'orthodoxie de notre démarche et l'approche ontologique des autres cultures.

En astronomie, aucun argument ne peut soutenir l'idée que la vie n'est apparue que sur Terre, et il serait même, dans l'état actuel des connaissances, extrêmement présomptueux d'affirmer que nous sommes seuls, ne serait-ce que dans la Galaxie. Le seul fait de se poser la question est peut-être une première démarche donnant un sens aux anciennes mythologies, et qui va bien au-delà du contexte de solitude interstellaire dramatique de Pascal. Au cours de l'histoire, trois points majeurs soulignent les interrogations, les atermoiements et les progrès accomplis dans la recherche du vivant au-delà de la Terre. Ces trois points rejoignent d'ailleurs la compréhension du cosmos en un emboîtement de structures, ces fameuses *matriochkas* évoquées au début de ce chapitre, permettant, à partir du Système solaire, puis des étoiles et des briques du vivant, de percevoir l'Univers tout entier.

Premier point : le Système solaire

Depuis la haute Antiquité, notre place dans l'Univers n'a cessé de se délocaliser. Une première étape nous conduit jusqu'au XVIIe siècle avec la fin du géocentrisme. Au fil des découvertes scientifiques, les hommes s'aperçoivent que la Terre n'est pas le centre du monde, et qu'elle n'est que l'une des huit planètes principales du Système solaire[24]. Les premières interrogations concernant une vie extraterrestre se cantonnent d'abord à la Lune, et bien plus tard aux autres planètes, dès que l'observation montre qu'elles sont constituées d'une surface apparemment solide. Cette quête de la vie hors de la Terre est ainsi dépendante des progrès instrumentaux. Bien entendu, ces recherches sont soumises aux remous des contextes politiques et religieux qui jalonnent l'histoire, dont l'intolérance est un des traits dominants. Néanmoins, l'idée d'exobiologie prend progressivement forme au cours des siècles, d'abord par l'intermédiaire d'écrits diffusés sous le manteau, puis librement. En parallèle, la conception du monde évolue ; le Soleil, initialement centre et âme du monde, trouve sa place en coïncidant avec l'un des foyers des orbites elliptiques planétaires. Cette mise en question du monde anthropocentrique suscite une démarche intellectuelle ayant pour effet de déverrouiller le carcan du solipsisme aristotélicien, pour s'interroger sur la place de l'humanité et

---

24. Lors de son assemblée générale triennale à Prague, l'Union astronomique internationale a décidé, le 24 août 2006, de retirer Pluton de la liste des planètes du Système solaire, en raison de la découverte, depuis 1990, de plusieurs corps de dimensions identiques ou supérieures — Pluton fait maintenant partie de la famille des « planètes naines », comprenant également l'astéroïde Cérès. D'autres petits corps présentés dans la *figure 27* compléteront cette nouvelle liste.

sa solitude dans le cosmos. Cette quête se poursuit jusqu'au début du XXe siècle, où nous assistons à une évolution des idées dans l'acceptation raisonnée de la possibilité d'une vie extraterrestre.

Deuxième point : des mondes autour d'autres étoiles

La deuxième étape correspond à la fin de notre position privilégiée dans la Galaxie : le Soleil n'est plus qu'une étoile banale, située à la périphérie de la Voie lactée ; elle-même ne présente aucune originalité, comparée à la myriade d'autres galaxies qui peuplent l'Univers observable. Ces découvertes ont pour effet de porter un nouveau coup à notre anthropocentrisme rémanent, tout en ouvrant le champ des possibilités de vie extraterrestre non plus au seul Système solaire, mais à l'ensemble des étoiles de notre Galaxie. La composante temporelle de l'espace apportée par la cosmologie complète les recherches sur nos propres origines et sur le long processus de notre évolution marqué par des suites d'évènements, parfois brutaux, et encore très difficiles à dater. La probabilité que cette même série d'évènements se produise ailleurs que sur la Terre est à l'origine des trop timides tentatives d'émission et de réception des signaux dans l'espace, entreprises depuis quelques décennies. Les progrès scientifiques dans tous les domaines ouvrent un champ de recherches et de spéculations sans précédent, auquel le développement des médias va largement contribuer, d'abord par le roman, puis par la radio, enfin par la télévision. Jusqu'à présent, l'observation ne nous a rien appris sur les formes de vie qui pourraient exister dans l'Univers. Comme nous le verrons, les sondes spatiales envoyées dans le Système solaire n'ont détecté à ce jour aucune forme vivante évoluée, pas plus que les écoutes faites à l'aide des radiotélescopes depuis quarante ans n'ont permis de détecter le moindre signal en provenance d'une civilisation extraterrestre. Cependant, le tableau n'est pas si sombre car l'observation au sol et dans l'espace à très haute résolution a permis de dresser la liste de plusieurs dizaines d'étoiles entourées d'un cortège planétaire, à des stades évolutifs plus ou moins avancés. Cette deuxième étape est celle de l'espoir d'une détection ou d'un contact.

Troisième point : le vivant comme composante universelle de l'Univers

En cosmologie, les astronomes sont parvenus à construire des modèles cohérents d'évolution de l'Univers. Cependant, si l'expansion, le rayonnement fossile à 3 °K et l'abondance initiale de l'hélium sont maintenant des faits observationnels vérifiés, étayant ce qui était il y a peu de temps encore « la théorie du Big Bang », les cosmologistes doivent faire l'impasse sur un certain nombre d'hypothèses qui laissent encore le goût amer d'un trop grand amoncellement d'approximations.

Les résultats les plus récents indiquent que l'Univers en expansion dans lequel nous vivons n'est peut-être pas très éloigné d'un modèle plat, la dilatation de l'espace-temps s'effectuant suivant une « courbe » peu différente d'une droite [25]. Or, des différences minimes introduites dans les paramètres des modèles de cosmologie primordiale (premiers temps de l'Univers) peuvent aboutir, au bout de 15 milliards d'années (le temps présent), à des espaces totalement différents. Dans ces savantes constructions, le modèle à courbure nulle a, *a priori*, bien peu de chances d'être réalisé, car il suffit d'une toute petite modification des constantes physiques, comme la masse de l'électron ou la constante de la gravitation, pour que l'histoire soit radicalement modifiée, pouvant remettre en cause l'existence même des étoiles. Le simple fait que nous existons et que nous pouvons observer les étoiles et l'Univers impose des contraintes sur la physique dont nous sommes issus. En outre, si le jeu des constantes a abouti à (au moins) une forme de vie, leur universalité laisse tout naturellement envisager que celle-ci puisse exister dans bien des recoins du cosmos. Il n'appartient pas ici de s'interroger sur la pertinence du *principe anthropique*, à savoir si ces constantes sont ajustées pour que la vie puisse inéluctablement

25. Des résultats publiés en 2005 soutiennent l'hypothèse d'une accélération de l'expansion.

émerger ou, inversement, la vie ayant émergé, quelles informations on peut tirer des constantes mises en jeu. Certes, ce lien entre la physique évolutive de l'Univers et la réalité de la vie fait l'objet de débats à l'infini, dépassant le cadre de la physique, de la chimie et de l'astronomie, pour pénétrer tous les domaines des sciences humaines. De même, il est vain de discuter davantage du « heureux hasard » ayant produit un univers viable. Par définition, s'il ne l'était pas, nous ne pourrions pas en discuter. Au-delà d'une apparente tautologie, le fait d'en parler induit également l'idée maîtresse que le *nous* ne se limite pas forcément aux Terriens, mais que de nombreux foyers potentiels de vie ont pu prendre racine grâce à la viabilité du cosmos ; ce qui a fonctionné une fois peut se répliquer sous une forme plus ou moins similaire, dès l'instant où les ingrédients sont réunis. Cela n'exclut en rien d'imaginer d'autres formes vivantes s'accommodant d'une chimie et d'une biochimie fondamentalement différentes.

En admettant que l'Univers soit assez nourricier pour être porteur d'autres formes de vie à développement durable, la question majeure consiste à les localiser, sans doute sur quelque planète dans notre environnement stellaire. Le prochain chapitre aborde l'histoire de la vie sur la Terre, troisième planète d'un système en révolution autour du Soleil, lui-même petite étoile parfaitement banale, située quelque part dans les régions extérieures de la Galaxie. La réalité de notre vie sur Terre est une source immense de découvertes, nous permettant de comprendre comment elle a pu apparaître et subsister pendant des centaines de millions d'années. Puisque nous sommes l'archétype du vivant dans l'espace, autant en obtenir un maximum d'informations pour appréhender le vivant ailleurs.

CHAPITRE 2

Les idées claires

« Tirer du ver l'éclat et l'ornement des rois,
Rendre par les couleurs une toile parlante,
Emprisonner le temps dans sa course volante,
Graver sur le papier l'image de la voix ;

Donner aux corps de bronze une âme foudroyante,
Sur les cordes d'un luth faire parler les doigts,
Savoir apprivoiser jusqu'au monstre des bois,
Brûler avec un verre une ville flottante ;

Fabriquer l'univers d'atomes assemblés,
Lire du firmament les chiffres étoilés,
Faire un nouveau soleil dans le monde chimique ;

Dompter l'orgueil des flots, et pénétrer partout,
Assujettir l'enfer dans un cercle magique [1],
C'est ce qu'entreprend l'homme, et dont il vient à bout. »

Étienne Pavillon (1632-1705), *Prodiges de l'esprit humain*

La recherche d'autres formes de vie dans l'espace est une école de patience et de méthode. Statisticien par nécessité et s'efforçant d'obtenir des résultats les plus exacts possible, l'astronome fait de

1. C'est en quelque sorte, avec quatre siècles d'avance, la vision poétique d'un *tokamak*, prototype de réacteur nucléaire à fusion.

bonne grâce un travail de Sisyphe, notamment en explorant les uns après les autres les planètes et les satellites du Système solaire ainsi que le voisinage des étoiles environnantes, dans la limite de la résolution de ses instruments. Si le chercheur doit faire preuve de patience et de ténacité, tant les résultats obtenus par rapport aux efforts mis en jeu peuvent parfois être frustrants, la recherche de la vie extraterrestre progresse, au-delà de la seule astronomie, grâce aux découvertes de la biologie et des domaines connexes (paléontologie, paléoclimatologie, paléogéographie, etc.), permettant de remonter l'histoire de l'évolution humaine vers des temps de plus en plus reculés. Savoir d'où nous venons et comment nous avons évolué apporte déjà des éléments indispensables pour cerner les possibilités de vie ailleurs que sur Terre, ne serait-ce qu'en testant la reproductibilité de notre propre passé, en d'autres lieux et sous d'autres climats.

Nous devons remonter aux premiers temps de la formation de la Terre et du Système solaire (Soleil compris) pour espérer entrevoir les premiers indices de l'origine du vivant. À l'aube du XXIe *siècle, les résultats scientifiques obtenus suggèrent que la vie est redevable d'un bombardement cométaire et météoritique initial, ayant enrichi la Terre en éléments favorables aux premières synthèses organiques. Celles-ci ont pu permettre l'éclosion des premiers organismes vivants, sans doute peu éloignés des cyanobactéries qui ont été détectées à l'état de fossiles dans des argiles âgées de 3,5 milliards d'années, ainsi que dans les roches des abysses océaniques. Cependant, si certains micro-organismes font indéniablement partie du monde vivant, on ne peut en dire autant d'une chaîne de polypeptides ou d'acides nucléiques. Entre ces derniers et le plus ancien être vivant fossile identifié,* Eobacterium isolatum, *se pose* LA *question rémanente : où se situe la frontière ? Autrement dit, où finit l'inerte, où commence le vivant, et quel(s) facteurs(s) permettent de distinguer le premier du second (et inversement) ?*

Un célèbre tableau peint en 1958 par René Magritte (1898-1967), Les Idées claires, *représente un gros rocher suspendu dans le vide* (figure 5) *qui peut symboliser l'ensemencement de la Terre*

Figure 5 — *Les Idées claires* de René Magritte (1958)

à partir d'un bombardement rocheux massif[2]. *La mer est également présente, suggérant que la vie peut en être issue par la transformation du minéral en vivant.*

Dans ce chapitre, ce tableau nous sert de toile de fond pour passer en revue l'état des connaissances actuelles dans les recherches sur l'origine de la vie terrestre. Celle-ci peut-elle prendre des chemins de traverse en substituant au tandem carbone-hydrogène, véritable pierre angulaire des organismes terrestres, d'autres couplages parmi les éléments de la nature ? Le vivant est assez traditionnellement associé à l'idée d'un ordre des constituants suivant une hiérarchie de type atome-macromolécule-cellule, nécessitant ainsi de faire appel à d'autres notions, souvent arides, d'équilibre et de déséquilibre thermodynamique : ce modèle est-il valable ? En abordant les domaines de la biologie, nous allons passer en revue les « briques » essentielles du vivant, protéines et acides nucléiques, et détailler le rôle majeur de l'ADN et de l'ARN, ce dernier pouvant être le vecteur du métabolisme à l'origine d'une forme de vie très ancienne. Nous nous intéresserons aux plus anciens organismes vivants, sur le sol et au fond des mers, afin d'essayer de tisser un lien, aussi ténu soit-il, entre ces premières entités et nous-mêmes, en insistant sur la remarquable capacité de survie et de créativité du vivant, parvenant à s'adapter aux conditions variées de température et / ou de pression pour non seulement subsister, mais aussi évoluer. Enfin, nous ferons le point des connaissances afin de comprendre comment le bombardement à répétition de la Terre par les comètes et les astéroïdes lors de sa période de formation a pu contribuer de manière déterminante à faire apparaître la vie à sa surface.

---

2. Voir Nicolas Witkowski (dir.), *Dictionnaire culturel des sciences*, Seuil-Éd. du Regard, 2001, à l'entrée « Origine de la vie ».

« Entre nous soit dit, bonnes gens,
Pour reconnaître que l'on n'est pas intelligent,
Il faut l'être. »

Georges Brassens (1921-1981), « Ceux qui ne pensent pas comme nous »

Quelles formes de vie envisageables ?

On peut spéculer à l'infini sur l'existence de toutes sortes de formes de vie possibles dans l'espace, en jouant avec les différents éléments de la table de Mendeleïev et en les faisant interagir dans un milieu où interviennent les conditions physiques les plus variées, comme la température, la pression, l'acidité, etc. Cependant, le vaste éventail des espèces terrestres constitue actuellement le seul exemple connu dont la biochimie repose majoritairement sur le carbone et l'hydrogène, les deux éléments les plus abondants dans l'Univers, et en quantité bien moindre sur l'oxygène et l'azote. En outre, nous évoluons dans un contexte physico-chimique où la température se situe dans une fourchette comprise entre 0 et 100 degrés, correspondant à l'état liquide de l'eau ; celle-ci possède des caractéristiques physico-chimiques exceptionnelles, à la fois solvant des composés ioniques, acide et base, oxydant et réducteur, réagissant de façon multiple avec tout ce qu'elle dissout. Avec de telles conditions, les exobiologistes peuvent envisager toute la palette des réactions chimiques possibles issues à la fois du tandem carbone-hydrogène et du milieu aqueux, aboutissant à une large variété de substrats capables ensuite de se polymériser et d'édifier les premiers éléments vitaux.

Au-delà d'une biochimie bien régulée par la biosphère terrestre, l'imagination a toute latitude pour concevoir des formes extrêmes de métabolisme où le vivant peut perdurer. On peut, par exemple, remplacer le sang des organismes par de l'acide sulfurique. Pour ceux-ci, l'apport énergétique s'effectuerait grâce à la dissolution de minéraux ; un tel fonctionnement serait possible sur Vénus, pour laquelle les états oxydés du soufre sont abondants dans son atmosphère[3] (ces Vénusiens potentiels sont décrits dans la section suivante). Plus proche des caractéristiques « vitales » de l'eau, l'ammoniac liquide[4] pourrait être aussi un milieu favorable, bien que, étant liquide au-dessous d'une température de – 33 °C, les vitesses des réactions y soient très lentes. Dans l'ammoniac, les liaisons hydrogène sont moins fortes que dans l'eau, mais c'est un solvant remarquable, même pour des métaux comme les alcalins.

Au-delà des composés liquides, on peut aussi envisager d'autres supports à d'autres échelles. Une vie fondée sur des formes macroscopiques, telles les structures cristallines, n'est pas totalement utopique, mais à ce jour on n'a jamais découvert de système de ce type capable de s'automultiplier. Par ailleurs, le cœur et le cerveau des êtres vivants induisent un champ électrique de quelques millivolts et un champ magnétique de quelques centièmes de nanotesla. Ils peuvent à la fois émettre et recevoir des ondes à très basse fréquence, entre 8 et 32 hertz (cette propriété permet d'ailleurs de réaliser des électrocardiogrammes et des électroencéphalogrammes). Les organismes pourraient ainsi bénéficier de ces deux supports électromagnétiques, en stockant l'énergie issue des sources micro-ondes du vivant environnemental, et ainsi se développer. Cette possibilité impliquerait une très forte dépendance entre les processus de la vie et l'environnement, notamment par les émissions électromagnétiques artificielles provenant des télécommunications et des médias, en augmentation constante depuis plus d'un siècle. Si cette perspective peut rendre compte de l'évolution du vivant dans le milieu électromagnétique, elle n'explique pas comment la vie a pu apparaître, ni si celle-ci pourrait se développer en l'absence d'eau, par le seul apport énergétique des ondes à basse fréquence.

---

3. Charles Cockell, *Les Dossiers de « La Recherche »*, nº 21, novembre 2005-janvier 2006, p. 24.

4. L'ammoniac liquide diffère de l'ammoniaque, celui-ci désignant les solutions de l'ammoniac dans l'eau.

Une forme de vie de substitution basée sur le silicium, dont les propriétés atomiques et chimiques sont proches de celles du carbone, est souvent évoquée, mais l'abondance de silicium dans l'Univers ne lui donne qu'un rôle négligeable dans la construction du vivant[5], bien que celui-ci soit présent dans la lithosphère de la plupart des planètes. C'est la raison pour laquelle les exobiologistes privilégient le carbone, qui est un élément léger et qui peut former quatre liaisons, véritable brique tétraédrique capable d'engendrer toutes sortes de composés en se liant d'abord à lui-même, puis à l'oxygène, à l'azote et à l'hydrogène. De fait, sa facilité à former des chaînes, qui peuvent se développer dans l'espace tout en demeurant très souples, est tout à fait remarquable. L'ensemble des échanges et des réactions observés dans le vivant terrestre a pour conséquence de poser en postulat que ceux-ci sont reproductibles dans l'espace. Pour étayer cette assertion, un dénominateur commun unit les exobiologistes les plus imaginatifs de leurs collègues géocentrés : les lois de la thermodynamique ne peuvent être violées ni sur Terre ni dans l'espace.

Nous sommes cependant doués d'une imagination sans bornes qui permet de dépasser le cadre formel de la science pour alimenter le domaine de la fiction et envisager la vie de personnages fantasmagoriques sur d'autres planètes. Sans doute on peut trouver dans ces développements une forme de satisfaction intellectuelle, tout en attendant avec patience la preuve scientifique d'au moins une vie ailleurs. Les progrès scientifiques accomplis, notamment par l'exploration spatiale, ont permis de mieux cerner les conditions physiques des mondes observés, essentiellement par la connaissance des températures, des pressions et des compositions chimiques des planètes et des étoiles. Au-delà du modèle de la biosphère terrestre, des formes de vies exotiques sont d'ailleurs envisagées, s'adaptant aux conditions les plus hostiles.

5. Charles Cockell, « Les grilles du zoo extraterrestre », *La Recherche*, mars 2001, p. 28.

Du troisième homme au troisième type

La National Geographic Society publiait en 1980 le *National Geographic Picture Atlas of Our Universe*[6] décrivant des populations hétéroclites vivant sur plusieurs planètes et satellites du Système solaire. Selon cet atlas, la planète Mars est habitée par des chercheurs d'eau, sortes de bipèdes montés sur des pattes grêles rappelant les Shadoks, et munis d'une trompe. Les habitants de Vénus, les *Outcheurs-Poutcheurs*, se déplacent par bonds en criant « Outch » dès qu'ils touchent de leur derrière le sol brûlant de la planète, se nourrissant de roches et de débris de sondes spatiales terrestres (soviétiques de préférence car nous sommes encore à l'époque de la Guerre froide). Des extraterrestres potentiels encore plus étranges, les *Brinker-Roos*, se promènent sur Europe, l'un des quatre satellites galiléens de Jupiter, d'autres créatures pouvant vivre sur Titan, le plus gros satellite de Saturne, telles de grosses vessies contenant de l'éthylène, et se déplaçant à sa surface par la simple propulsion de leurs pets... Sans mettre en cause la rigueur des concepteurs de ces dernières entités, l'immense succès scientifique de la mission spatiale *Huygens* en janvier 2005, avec l'atterrissage en douceur d'un module à la surface de Titan et les magnifiques images retransmises tant que les batteries ont fonctionné, ne laissent guère l'espoir d'entrevoir d'éventuels pétomanes titaniens. Il est cependant assez appréciable que cet atlas, réputé pour son sérieux, ait offert une rubrique à la spéculation la plus débridée ; c'est là une des qualités de la culture anglo-saxonne, remarquable par son esprit d'ouverture. Même si l'imagination ne connaît pas de limite, on ne saurait pourtant parler de délire total, car on peut se demander quelle aurait été la réaction d'un extraterrestre venu sur Terre il y a plus de 65 millions d'années, se retrouvant nez à nez avec les différents dinosaures.

---

6. Roy A. Gallant, *National Geographic Picture Atlas of Our Universe*, National Geographic Society, Washington, DC, 1980.

Dans la quête d'une vie ailleurs, il est nécessaire de définir des méthodes d'investigation claires, même si elles demeurent arbitraires, afin d'éviter de chercher tous azimuts... et nulle part. Celles-ci peuvent s'appuyer sur notre propre expérience, bien que la manipulation des connaissances acquises doive se faire avec le plus grand soin. Le principe de similitude, par exemple, est un protocole sérieux pour imaginer la vie extraterrestre suivant nos critères humains, mais il doit être utilisé avec précaution[7]. Nous avons logiquement tendance à envisager (et souhaiter) des extraterrestres qui ne soient pas biologiquement trop différents de nous, dans l'espoir d'établir un contact selon nos propres critères de communication, et si possible dans un climat pacifique. Déjà, sur Terre, le simple fait de s'adresser à un interlocuteur d'un autre pays requiert un apprentissage linguistique préalable. Dans le célèbre film *Rencontres du troisième type* de Steven Spielberg (1977), la cellule élémentaire établissant la communication avec les extraterrestres se compose simplement d'une suite de six notes jouées sur un clavier électronique. Cette trouvaille du compositeur John Williams est très subtile, car cette brève mélodie résume à elle seule l'essentiel de l'harmonie musicale, en utilisant l'accord parfait, la dominante, la quarte et la sixte, le tout enfermé dans l'octave. Ce moyen de contact n'est pas sans rappeler le vidéodisque embarqué à bord des deux sondes *Voyager* (voir le chapitre 6 : « Les extraterrestres

7. Ainsi, les Anciens, cherchant tous les indices susceptibles de les guider dans l'exploration de la nature, imaginaient par exemple que la forme d'une plante ou la particularité d'un animal signalaient l'organe qui pourrait bénéficier de ses éventuelles vertus médicamenteuses. Une des conséquences de ce principe fut de considérer la corne de rhinocéros comme un stimulant efficace de la virilité, dont le résultat fut un massacre en règle de ces mammifères, au risque de provoquer l'extinction de l'espèce, quand il suffit finalement de se ronger les ongles pour absorber la même quantité de kératine (sans d'ailleurs le moindre effet sur la sexualité). De même, l'absorption des gyromitres, champignons dont la forme imite à s'y méprendre les circonvolutions du cerveau, n'a jamais rendu plus intelligent (en outre, le gyromitre mal cuit est toxique).

croient-ils aux humains ? »), comportant un échantillon de nos musiques destinées aux hypothétiques extraterrestres susceptibles de capturer ce petit module spatial dans leurs filets.

Une différence physiologique rédhibitoire peut cependant se produire au niveau des structures sensorielles. Imaginons une civilisation lointaine sourde, ou ne percevant que les infra ou ultrasons, débarquant sur Terre. Seule la langue des signes[8] pourrait offrir un contact efficace, sa gestuelle permettant d'échanger rapidement les informations essentielles, ne serait-ce que se repérer dans l'espace et connaître de quelle région du ciel sont arrivés nos visiteurs. Certaines attitudes ne laissent guère de doute sur les intentions de l'interlocuteur tant elles sont explicites, notamment les signes pacifistes, de respect, ou inversement belliqueux, qui semblent faire partie d'un langage universel. Néanmoins, la palette des manifestations émotionnelles risque d'être nettement plus difficile à comprendre. Nous avons encore beaucoup de mal à interpréter ces attitudes chez les animaux domestiques, ne sachant pas même si celles-ci sont réelles ou bien n'expriment que les besoins vitaux les plus immédiats, manger, boire, etc. La situation se complique si nos hôtes proviennent d'une planète tournant autour d'une étoile plus chaude ou plus froide que le Soleil : ils ont alors un spectre visuel différent du nôtre, percevant, suivant le cas, l'ultraviolet ou l'infrarouge. Si nos yeux de Terriens ont une sensibilité maximale dans le domaine spectral correspondant au jaune (situé à peu près à mi-chemin entre le bleu et le rouge), c'est le résultat d'une très longue adaptation à la lumière solaire, au cours de notre propre évolution. Il est donc

8. Celle-ci fut interdite dans beaucoup de pays d'Europe, dont la France, sous la pression de la bourgeoisie et de l'Église lors du congrès de Milan en 1875 en raison de son caractère gestuel jugé comme incompatible avec les canons de la bonne éducation. Cette interdiction, qui dura près d'un siècle, eut dans la communauté des sourds des conséquences désastreuses en l'isolant complètement de la société. Or la conjugaison des gestes et de l'expressivité permet une totale communication des idées et des sentiments (l'un des auteurs de ce livre, D.P., est bilingue français-LSF).

indispensable de prévoir un éventail de situations le plus large possible, pour parer au plus grand nombre de différences sensorielles avec d'éventuels visiteurs. Si nous entrons en contact avec un extraterrestre vivant dans un milieu très différent de la biosphère terrestre, adapté à d'autres conditions de température, de pression et de luminosité, il n'est pas certain que la seule similitude chimique des constituants soit un facteur favorable au dialogue interstellaire.

La chimie du vivant

Les progrès de la biologie moléculaire ont permis de connaître les assemblages sophistiqués d'atomes d'hydrogène (H), de carbone (C), d'oxygène (O) et d'azote (N) qui constituent le tissu vivant. Ces structures s'assemblent et donnent des molécules qui s'organisent entre elles pour constituer les cellules. Une telle construction n'aboutit pas nécessairement à la vie. Celle-ci n'existe que dans un ordre où sont contingentées l'organisation, l'information et la réplication, c'est-à-dire en mettant en jeu des conditions *favorables* aux réactions chimiques englobant la majorité des paramètres tels que la température, la pression, l'acidité ou la basicité, etc. Les molécules simples concernées sont des acides aminés, des bases nucléiques, des sucres et des acides gras. L'assemblage de ces éléments constitue des macromolécules, longs enchaînements linéaires, tels les protéines, les acides nucléiques ou les polysaccharides. Dans un premier temps, nous rappellerons la structure de ces composés, puis nous élargirons notre propos pour en envisager la genèse, et évoquer les alternatives à cette biologie usuelle, notamment les recherches en cours dans le domaine de la « vie artificielle ».

Les protéines

Les protéines sont les pierres angulaires de la chimie du vivant. Elles sont formées de chaînes dites polypeptidiques constituées d'une suite de molécules semblables appelées acides α-aminés. Chacune de ces molécules comporte deux parties, une fonction acide (acide carboxylique -COOH) et une fonction amine (base azotée $-NH_2$). Entre ces deux fonctions se trouve un carbone sur lequel peuvent se fixer deux autres radicaux (le carbone a quatre liaisons), comme le montre la *figure 6*.

Il existe une grande variété d'acides aminés en raison de la diversité des radicaux R ; cependant, on ne trouve que vingt acides aminés différents dans les protéines et dans toutes les formes de vie. Les chaînes polypeptidiques se forment par la liaison répétée d'une fonction acide avec une fonction base. Chaque protéine se caractérise par un enchaînement d'acides aminés dans un ordre déterminé par le programme génétique. Ces longues chaînes sont les *acides nucléiques*.

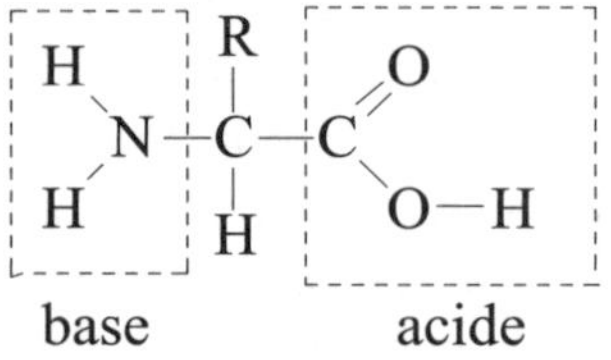

Figure 6 — Acides aminés, composants élémentaires des protéines

Les acides nucléiques

Les acides nucléiques ont pour fonction essentielle la transmission des caractères héréditaires, la conservation et l'utilisation du message génétique. On en distingue deux sortes, l'acide désoxyribonucléique (ADN) et l'acide ribonucléique (ARN).

L'ADN est une molécule filiforme composée d'une double hélice droite qui s'enroule tel un escalier en colimaçon, et dont les marches sont des groupes chimiques appelés nucléotides, formés par des bases de quatre types appartenant à deux familles :

l'adénine et la guanine (famille des bases puriques), la thymine et la cytosine (famille des bases pyrimidiques). Chaque base est constituée d'une vingtaine d'atomes *(figure 7)* et dispose de trois liaisons, dont deux peuvent s'unir avec n'importe quelle base pour former d'immenses chapelets de centaines de millions ou de milliards d'éléments. En revanche, la troisième liaison est beaucoup plus sélective, et l'adénine (A) ne s'unit qu'avec la thymine (T), la cytosine (C) qu'avec la guanine (G), et inversement. Une cinquième base pyrimidique, l'uracile, n'intervient que dans la structure de l'ARN. De cette manière, si un brin se forme suivant une séquence quelconque, par exemple :

...— C — A — T — A — C — G — A — G — A — T — A — C — A — ...

le brin complémentaire est donc :

... — G — T — A — T — G — C — T — C — T — A — T — G — T — ...

constituant l'escalier hélicoïdal suivant :

```
... — C — A — T — A — C — G — A — G — A — T — A — C — A — ...
      |   |   |   |   |   |   |   |   |   |   |   |   |
... — G — T — A — T — G — C — T — C — T — A — T — G — T — ...
```

Comme la liaison transversale est plus fragile que les deux autres, les deux brins de ce morceau d'ADN peuvent se séparer pour régénérer chacun un nouveau brin complémentaire et ainsi de suite.

La correspondance entre les vingt types d'acides aminés des protéines et les quatre types de bases des ADN est assurée par l'ARN qui est, de manière identique à l'ADN, constitué par une chaîne de quatre bases, mais où l'uracile se substitue à la thymine. Cependant, l'ARN ne dispose pas de la troisième liaison, et ne peut donc pas se copier. Son rôle est néanmoins fondamental car il assure soit la fonction de « traducteur » de l'information de l'ADN vers les protéines, soit celle de « messager » de cette information de l'ADN. Pour qu'un ADN comportant quatre bases différentes puisse se traduire dans une des vingt bases des acides aminés, il faut associer ces dernières à un ou plusieurs triplets des quatre bases de l'ADN, soit $4^3 = 64$ combinaisons possibles des quatre bases. L'ARN « messager » se constitue face au brin d'ADN, de manière identique à l'élaboration du brin d'ADN complémentaire, ce qui donne pour l'exemple ci-dessus :

... – G – U – A – U – G – C – U – C – U – A – U – G – U – ...

Ce brin d'ARN contient donc le message de son ADN correspondant. Les ARN « traducteurs » assurent ensuite l'interface entre le message d'ADN, codé sur l'ARN messager, et les acides aminés. Les ARN traducteurs sont constitués de brins courts dont une extrémité, appelée « anti-codon », peut identifier la séquence complémentaire de l'ARN messager, et ainsi permettre aux acides aminés d'agencer leurs bases.

L'ADN assure ainsi la conservation et l'utilisation du message génétique auprès des autres composants cellulaires. Sa structure en double hélice, appelée chaîne de Crick et Watson[9], où les différentes bases se correspondent avec l'adénine face à la thymine et la guanine face à la cytosine, crée l'ordre des bases, définissant le message génétique. Une enzyme spécialisée est capable de séparer et de recopier les deux brins d'une hélice par l'intermédiaire d'un ARN messager, en formant deux doubles hélices qui vont se séparer tout en respectant le « codage » initial. Dans les cellules vivantes, l'ADN se duplique ainsi grâce à des protéines, et ces dernières sont synthétisées selon des instructions portées par l'ADN ; on voit à quel point les interactions ADN-ARN-protéines sont étroites. En outre, chaque base se lie à un *sucre*, ribose ou

---

9. Francis Crick et James Watson ont reçu en 1962 le prix Nobel de médecine pour la découverte de la structure de l'ADN.

désoxyribose *(figure 7)*, tandis qu'un acide phosphorique établit les ponts ribose-phosphate reliant chaque nucléotide pour former les longues structures en filament.

À quelques rares exceptions près, l'ensemble des êtres vivants est doté pratiquement du même code génétique. Les suites de triplets de l'ADN et ceux des acides aminés sont parfaitement

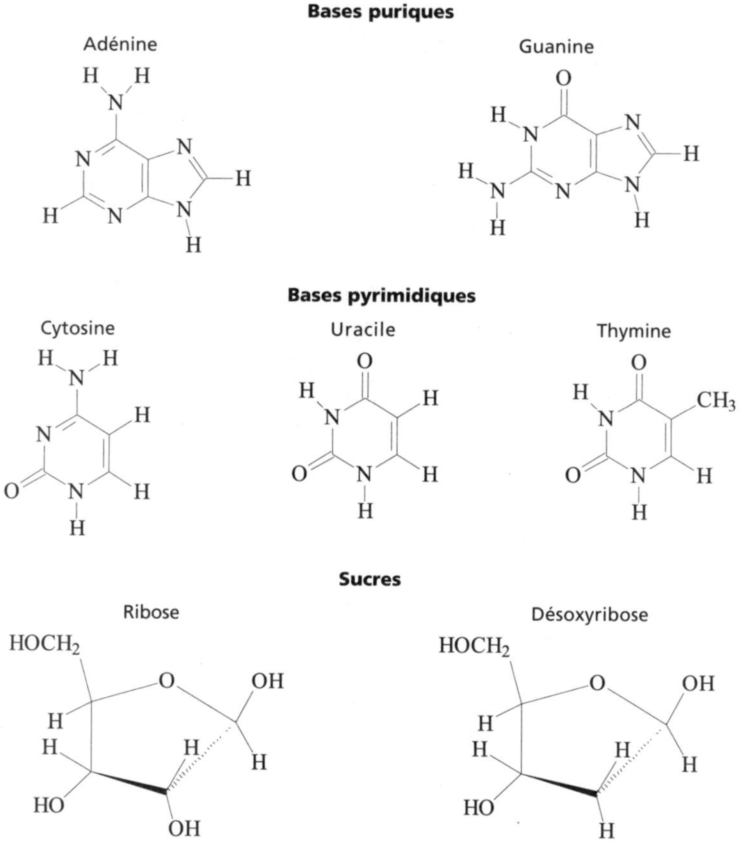

Figure 7 — Les différents constituants des acides nucléiques

correspondants, qu'il s'agisse du code génétique de monsieur ou madame Tout-le-monde, de celui du setter irlandais, du phasme ou de l'huître ; cette étonnante analogie plaide ainsi en faveur d'une origine commune des espèces, et ouvre la perspective d'un fondement identique du vivant extraterrestre. Les ARN de transfert associent ainsi le même code aux acides aminés depuis la nuit des temps, et cette remarquable capacité des molécules organiques à se reproduire par réplication est peut-être une des clés qui, à défaut d'expliquer comment s'échafaude le processus permettant de passer de l'inerte au vivant, aide au moins à cibler un mécanisme « universel », tout au moins à l'échelle terrestre. Le creuset initial sur la Terre primitive peut avoir contenu une grande variété de codes ; la question fondamentale est de comprendre pourquoi un seul aurait résisté à l'épreuve du temps, et se serait ensuite développé en ne subissant que des modifications mineures d'une espèce à l'autre, alors que le vivant a pris des formes très diverses. À ce jour, aucune réponse satisfaisante n'est apportée par les biologistes, et l'argument générique fréquemment évoqué d'une sélection de type darwinien ne repose sur rien d'autre qu'un effet de manche. À ce code génétique, les biologistes associent généralement le génome, mécanisme « clé en main » autoprogrammé de transmission de la vie, dont le rôle est cependant sujet à caution[10].

Une vie artificielle ?

Depuis que les recherches en biologie moléculaire ont montré que l'immense variété des formes de vie sur Terre n'est liée qu'à quelques allitérations du code génétique d'une espèce à l'autre, des tentatives ont été entreprises pour concevoir des ADN artificiels utilisant des couples de bases supplémentaires, et les tester dans

10. Sur le rôle quelque peu démiurgique attribué aux chromosomes et à l'ADN comme détenteurs des secrets de la vie, voir Jean-Jacques Kupiec et Pierre Sonigo, *Ni Dieu ni gène*, Seuil, coll. « Science ouverte », 2000.

le contexte d'une « vie artificielle » envisageable au-delà de la Terre. Ce protocole implique l'utilisation de simulations numériques, et dans une moindre mesure de la robotique, pour reproduire des mécanismes communs aux organismes vivants, dans un substrat autre que biochimique. Comme pour l'intelligence artificielle, cette démarche récente vise à faire émerger les fonctions vitales au carrefour d'un ensemble de processus qu'il faut isoler, différencier et dupliquer, au risque d'une dématérialisation du matériau chimique 11. Poussé dans ses derniers retranchements, le concept d'un vivant artificiel pourrait s'assimiler à la toile informatique (le Web) : née d'un programme d'archivage et d'échange de données, elle est maintenant auto-entretenue et en évolution permanente.

Ces spéculations font partie des grandes interrogations philosophiques ; elles sont également reprises par de nombreux auteurs de science-fiction. Plus prosaïquement, les conditions nécessaires (mais pas forcément suffisantes) à l'apparition et au développement d'une structure vivante imposent d'abord une stabilisation dans le temps de ses composantes. Il faut ainsi qu'un système puisse se maintenir, même s'il reçoit des perturbations chimiques et réagit avec d'autres composés, tout en pérennisant sa structure par une autoreproduction. Depuis une vingtaine d'années, les premiers programmes d'automates cellulaires sont réalisés, en imposant à chaque composante élémentaire un véritable « règlement intérieur » aussi sévère que l'agencement des bases de l'ADN. Imaginons un tissu de cyber-atomes à trois liaisons pouvant être dans un des deux états A ou B. La condition de polymérisation imposée par le programme, par exemple « être dans l'état A si deux liaisons sont dans l'état B », contingente ainsi une structure à développement unique. En élargissant les règles de ce jeu, la

11. Hugues Bersini, « La vie artificielle ou la dissection digitale », in Muriel Gargaud (dir.), *Des atomes aux planètes habitables*, Presses universitaires de Bordeaux, 2005.

variété des paramètres aboutit rapidement à des multiplications factorielles[12] des systèmes résultants. Parmi ceux-ci, il peut en exister qui s'avèrent plus aptes que d'autres à s'unir à d'autres composés, à se stabiliser, à s'autoreproduire, autrement dit à assimiler les processus connus du vivant.

Ces mises en algorithmes du codage génétique constituent un domaine en pleine croissance qui ouvre des perspectives multiples. Une connaissance intime des structures élémentaires du vivant peut aussi bien trouver des applications thérapeutiques par traitement génétique, que des assemblages issus d'ADN et d'ARN synthétiques, ou d'autres chaînes formées de toutes sortes de bases, agencés numériquement et capables de se substituer au vivant. Il sera ainsi possible de concevoir des prothèses reproduisant toutes les fonctionnalités d'un membre défaillant ou absent, directement greffées sur le tissu humain, et par extension envisager toutes sortes de formes de vie de synthèse au-delà de la Terre. Les conditions physiques régnant dans l'espace et les matériaux disponibles, que ce soit dans les nuages moléculaires, au voisinage d'étoiles ou encore vers le centre de la Galaxie, peuvent très bien stimuler de telles éclosions. L'étape suivante conduit à la mise au point des célèbres androïdes des films de science-fiction, capables de décision, effectuant aussi bien des tâches ménagères qu'une mission spatiale. Ils pourront en particulier se substituer à l'homme pour voyager dans la Galaxie à la recherche d'autres formes de vie, sans être tributaires des conséquences physiques de telles entreprises.

L'ARN de la Nuit[13]

Les plus anciennes traces d'une activité biologique remontent à 3,7 milliards d'années, quoique d'autres indices proposent

12. En mathématiques, *factoriel n*, noté $n!$, est le produit $n \times (n-1) \times (n-2) \times \ldots$

13. La « reine de la Nuit » est un personnage de l'opéra de Mozart *La Flûte enchantée*.

3,85 milliards d'années comme limite supérieure, ce qui correspondrait aux plus anciennes traces de matière organique détectées. Les cyanobactéries *Eobacterium isolatum* sont les plus anciennes structures cellulaires fossilisées découvertes, remontant à environ 3,5 milliards d'années. On peut supposer que d'une part, au-delà de 3,85 milliards d'années, l'atmosphère terrestre est totalement prébiotique, et que d'autre part on dispose d'un court laps de temps de 350 millions d'années au cours duquel un système aurait suffisamment évolué pour pouvoir s'organiser et se reproduire. Cette évolution aurait permis d'aboutir aux systèmes cellulaires analogues au nôtre, tels qu'on les retrouve dans les cyanobactéries. Celles-ci sont construites suivant un moule identique, constitué d'une succession de membranes lipidiques à l'intérieur desquelles l'ADN, l'ARN et les protéines réalisent des processus chimiques déjà complexes.

Comme nous l'avons vu dans ce chapitre, pour pouvoir agir l'ADN est copié en ARN suivant un processus de transcription où les ARN messagers sont traduits en protéines. Les ARN sont ainsi soit des copies de différentes portions du génome servant de message codant pour les protéines, soit des agents intervenant directement dans la synthèse des protéines. Il semble certain que les ARN sont impliqués directement dans la majeure partie des fonctions cellulaires essentielles. Cette distinction entre l'ADN « porteur de l'information » et l'ARN « travailleur » s'explique par le fait que l'ADN est plus résistant, notamment à l'hydrolyse ; une structure totalement dépourvue de programme ne peut évoluer, ce qui justifierait la fabrication de l'ADN à partir d'une biologie reposant sur l'ARN et les protéines. On pense donc que l'ADN aurait été « inventé » pour faire face aux agressions de virus à ARN.

Par suite de l'antériorité de l'ARN sur l'ADN, les biologistes ont imaginé l'existence d'une première ère du vivant, dominée par les protéines et l'ARN. Des expériences réalisées ces dernières années montrent effectivement que l'ARN assemble et synthétise toutes les protéines du monde vivant actuel. Cette double fonction d'acide nucléique et de catalyseur donne à cette famille d'ARN le nom de ribozymes. Ce moteur de fabrication des protéines du vivant est composé de deux unités comprenant un tiers de protéines et deux tiers d'ARN. Il peut catalyser un vaste ensemble de réactions chimiques entre les centres phosphate, former des liaisons amide, carbone-carbone, des esters, etc. ; les chercheurs voient ainsi le début de la vie, par la capacité d'un système moléculaire à s'autorépliquer et à évoluer, d'où l'idée qu'il pouvait y avoir une vie avant la vie, où le ribozyme jouait un rôle moteur[14]. Ces travaux tout à fait remarquables ne résolvent cependant pas la question de ce que l'on peut appeler la transition inerte-vivant, mais la repoussent d'une étape. Il est en outre indéniable que l'atmosphère terrestre primitive a joué un rôle incontournable dans le développement de la vie. C'est pourquoi connaître sa nature, sa composition chimique et son évolution à l'époque du « monde ARN » peut fournir une mine d'informations pour comprendre l'évolution du vivant. Nous verrons plus loin qu'une grande variété de virus sont constitués exclusivement d'ARN, peut-être des descendants lointains des composés de ce premier monde. Dans une perspective beaucoup plus élargie, si les futures analyses de matériaux provenant de Mars, des comètes ou des astéroïdes confirment la prééminence d'un monde ARN dans les temps les plus reculés, les scientifiques pourraient alors considérer celui-ci comme la trace fossile d'un vivant qui peut s'être développé au-delà de la Terre.

Les composés primitifs à la source du vivant, qu'ils soient ou non des émanations du monde ARN, sont indissociables de l'augmentation progressive du nombre de nucléotides, celle-ci étant probablement due à une prolifération des gènes suivant deux processus connus, la *réplication* et la *multiplication*. Dans le bouillon de culture issu des milieux aqueux et gazeux accompagnant la formation de la croûte terrestre, les molécules organiques, soumises au rayonnement ultraviolet intense du jeune Soleil et aux multiples

14. Luc Jaeger, « The New World of Ribozymes », *Current Opinion in Structural Biology*, vol. 7, 1997, p. 324.

décharges électriques se produisant dans l'atmosphère terrestre primitive, se répliquent et se multiplient pour aboutir à l'élaboration des nucléotides. Dans ces conditions favorables, des α-aminoacides sont formés à partir des amines et des aldéhydes réagissant avec les ions cyanure ou l'acide cyanhydrique et soumis à une hydrolyse : c'est la *réaction de Strecker*. De leur côté, les aldéhydes en milieu basique peuvent s'additionner et s'arranger de manière à former des sucres : c'est la *réaction de formose*. Ces deux réactions ont l'avantage d'être extrêmement efficaces, c'est-à-dire indépendantes des conditions d'acidité ou de basicité, et de concentration. Si on ne peut cependant pas affirmer de façon définitive qu'elles sont directement à l'origine des composantes essentielles du vivant par la production d'amines et de sucres, les processus intervenant dans l'apparition de la vie n'en sont certainement pas très éloignés.

Symétrie m'était contée

Outre les interactions « favorables » entre l'ARN, l'ADN et les protéines dans la recherche des processus aboutissant à l'apparition de la vie, une découverte remontant pourtant au XIXe siècle continue d'interpeller les biologistes : il s'agit de la *chiralité*[15]. Ce terme désigne des molécules qui ne sont pas superposables à leur image dans un miroir, au même titre que la main droite et la main gauche, ou encore certains objets de la vie courante tels la paire de ciseaux, le moulinet de pêche ou le tire-bouchon qui existent en structures symétriques adaptées aux droitiers et aux gauchers[16]. De la même manière, de nombreuses molécules, souvent caractérisées par un

15. Louis Pasteur (1822-1895) a découvert la chiralité des cristaux, obtenus par la cristallisation de l'acide tartrique.

16. À noter que la vie quotidienne favorise largement les droitiers par la conception des tourniquets, des portillons, des souches de carnets de chèques, etc., jusque dans les salles de conférence où toutes les tablettes d'écriture sont installées sur le côté droit du siège. Le grand humoriste Alphonse Allais (1854-1905) envisageait *la tasse à anse à gauche pour les gauchers*, pour compenser cette discrimination de la latéralisation.

atome de carbone relié à quatre substituants différents (carbone asymétrique), se distinguent par une structure « gauche » et une structure « droite » (respectivement L et D).

Pour des molécules plus complexes ayant *n* atomes de carbone asymétriques, il y a, *a priori*, 2^{n-1} couples de molécules images portant le nom d'*énantiomères*. Sur les vingt acides aminés que l'on trouve dans les êtres vivants, un seul est symétrique et dix-neuf existent sous une forme droite ou gauche, images en miroir l'une de l'autre. Un mystère de la nature réside dans la nature des sucres et des aminoacides des cellules vivantes : les premiers sont en grande majorité présents sous la forme D et les seconds sous la forme L ; cependant, les synthèses organiques effectuées à partir de composés dits achiraux (n'existant que sous une seule forme) aboutissent à un mélange équilibré de 50 % de chaque énantiomère. Des recherches sont effectuées afin de comprendre ce déséquilibre. À ce jour, trois phénomènes *pourraient* favoriser la structure L, sans cependant donner une explication totalement convaincante : d'abord la chiralité des électrons émis dans la radioactivité de type β, ensuite la polarisation du rayonnement, enfin l'énergie de liaison plus forte des molécules lévogyres sur les dextrogyres (cette hypothèse serait la plus plausible).

Une partie importante des travaux de Pierre Curie (1859-1906) concerne la symétrie des phénomènes physiques, notamment les champs électriques et magnétiques. En particulier, ses analyses de la « dissymétrie créatrice du phénomène » trouvent un terrain de prédilection dans la connaissance des défauts et des « brisures de symétrie ». La prédominance des aminoacides L et des sucres D serait le résultat d'une brisure de symétrie des causes. Celles-ci sont-elles de type sélectif dans le mode darwinien ? Quand cette brisure se serait-elle produite ? Peut-on imaginer le vivant avec des sucres L et des aminoacides D ? Notre foie possède une enzyme qui détruit systématiquement toute forme droite d'acide aminé que notre organisme peut ingérer ou synthétiser.

Il est difficile de reléguer la chiralité au rang de simple problème physico-chimique ; on peut l'envisager comme une sorte d'indice fossilisé d'un processus ayant pu contribuer à la fabrication du vivant. Si, au départ, il y a aussi bien des acides aminés droits que gauches, il y a eu des situations où se sont formés des fronts instables entre les deux. Il a pu exister des régions où les formes droites ont dominé, et d'autres où ce sont les formes gauches; si ces fronts ont fluctué en taille, l'un des domaines a pu recouvrir toute la Terre et l'autre disparaître. La détection de molécules contenant du carbone sur d'autres planètes ou satellites du Système solaire devrait permettre, si celles-ci sont chirales avec une configuration prédominante analogue à celle de la Terre, d'étayer sérieusement l'idée d'une vie présente ou passée à leur surface ou dans le sol. À ce jour, les molécules chirales découvertes sur les météorites ne permettent pas de conclure, car elles peuvent être d'origine terrestre, provenant d'une contamination lors de la pénétration de la météorite dans l'atmosphère.

Une genèse tourmentée

Aucun astronome ne possède dans ses tiroirs un modèle évolutif capable de rendre compte de toutes les conditions mécaniques et physico-chimiques ayant d'abord abouti à la formation du Système solaire, puis à l'apparition du vivant sur la Terre. Cependant, comme nous le verrons dans les prochains chapitres, l'observation des systèmes extrasolaires confirme que le Système solaire se serait formé à partir d'un disque primitif constitué d'hydrogène moléculaire neutre, trop dense pour permettre la pénétration des rayons ultraviolets déclencheurs de réactions ion-molécule. Ce modèle englobe le phénomène planétaire comme partie intégrante de l'évolution stellaire, évitant ainsi de faire du Système solaire un cas unique. Il décrit la formation de notre Terre et des sept planètes principales[17] qui nous environnent par l'agglomération de gaz et de poussières entourant le jeune Soleil, il y a environ 4,5 milliards

17. Comme nous l'avons vu au chapitre 1, Pluton a été déclassée pour faire partie de la famille des « planètes naines ».

d'années[18]. Nous détaillerons le modèle cosmogonique au chapitre 4 (« Horizons planétaires »), mais nous pouvons maintenant décrire avec une bonne précision les conditions initiales responsables de la formation de l'atmosphère terrestre et de la présence de l'eau sur notre planète.

Ces conditions sont intimement liées au bombardement de la jeune Terre, peu de temps après sa formation, par les comètes, les astéroïdes et les météorites. Ces composantes ont été élaborées lors de la formation du Système solaire avec les mêmes matériaux que les planètes. Ils ne représenteraient en fait que 0,4 % de la masse du Système solaire initial, l'essentiel de la matière ayant servi à la confection des huit planètes principales et de leurs satellites. Lors de leur constitution, les matériaux ont été soumis à d'importants mouvements et à de violentes collisions, provoquant de nombreux impacts avec les planètes et les satellites. Une bonne partie de ces matériaux fut éjectée en dehors du Système solaire pour former le « nuage de Oort »[19], à une année-lumière du Soleil, tandis que d'autres composés résiduels ont été propulsés dans l'espace profond. Les cratères de la Lune, de Mars, de Mercure, ainsi que ceux des satellites de Jupiter, de Saturne et des astéroïdes observés de près par les sondes spatiales, témoignent de la violence de ces collisions initiales. Il en est de même des grands cratères présents à la surface de la Terre, bien que l'érosion les ait progressivement estompés.

La nature des comètes

Les comètes se seraient formées dans ce lointain nuage de Oort avant d'être projetées dans l'espace et, pour quelques intrépides, d'être capturées par le champ d'attraction du Système solaire. Les observations cométaires ont été largement commentées dans les chroniques historiques. Les Anciens les décrivent sous des aspects effrayants, sabres, épées, têtes hirsutes, et les associent à des évènements marquants. La comète de l'an 66 venait annoncer

18. Daniel Benest, *Les Planètes*, Seuil, coll. « Points Sciences », 1995.
19. Du nom de l'astronome hollandais Jan Hendrik Oort (1900-1992).

la destruction de Jérusalem, celle de 837 la mort de Louis le Débonnaire, celle de 1066, reproduite sur la tapisserie de la reine Mathilde à Bayeux, correspondait au débarquement en Angleterre des troupes de Guillaume le Conquérant. Celle de 1453 présageait la prise de Constantinople par les Turcs[20]. Ces dates n'ont d'ailleurs pas été choisies au hasard, car bien que les chroniques permettent de recenser plusieurs centaines d'observations depuis la plus haute Antiquité, celles qui sont citées ici ont en commun de concerner la même comète, dont la période de 76 ans a été découverte par Edmund Halley (1656-1742). Avec une parfaite régularité, la comète de Halley s'éloigne au-delà de l'orbite de Neptune, pour revenir près du Soleil. Ses deux derniers passages remontent à 1910 et 1986.

Une comète peut se définir comme un objet de petite taille en orbite autour du Soleil, constitué d'une *coma* (queue) gazeuse et d'un noyau, celui-ci composé majoritairement de glace mélangée à de la roche en quantité moindre. La fragmentation du noyau de la comète D / 1993 Shoemaker-Levy 9 par le champ de gravité de Jupiter a montré à quel point celui-ci pouvait être fragile[21]. Les missions spatiales d'exploration ont apporté leur lot de découvertes concernant la structure de la matière cométaire. On pense que les noyaux sont constitués de planétésimaux de quelques dizaines ou quelques centaines de mètres dont la gravité mutuelle assure la cohésion. Les grains cométaires emprisonnés dans les noyaux sont essentiellement formés de silicates entourés d'une couche de composés organiques et de glace. Au cours de ses révolutions successives, le noyau éjecte progressivement ces poussières qui vont se diluer dans le milieu interstellaire[22]. Dans le

20. Devant un tel péril pour la chrétienté, le pape Calixte III invita les fidèles à prier avec ferveur, à réciter la salutation angélique et à sonner les cloches à midi : cet évènement est à l'origine de l'angélus.

21. A. Chantal Levasseur-Regourd, « L'apport chimique des comètes », *L'Astronomie*, vol. 115, juin 2001, p. 261.

22. Jacques Crovisier et Thérèse Encrenaz, *Les Comètes*, Belin-CNRS Éditions, 1995.

voisinage terrestre, celles-ci sont retrouvées sous forme d'agrégats ; on peut donc penser que des molécules fragiles ont pu résister aux effets de la pénétration dans l'atmosphère de la Terre pour venir enrichir, voire ensemencer notre planète. La contribution la plus importante des comètes concerne leur composition chimique, inexorablement identique à elle-même depuis les premiers temps du Système solaire. Nous avons ainsi un accès direct à la composition chimique de la nébuleuse primitive génératrice du Système solaire, ainsi qu'à une estimation de l'apport de matière d'intérêt biologique venant des comètes sur la Terre primitive[23].

La *figure 8* montre le noyau de la comète de 19 P / Borrelly observé par la sonde spatiale *Deep Space 1* qui s'en est approchée le 22 septembre 2001 ; il mesure environ 8 × 8 × 3 kilomètres. Ce noyau est très sombre et ne réfléchit que 3 % de la lumière reçue. Il est composé d'un socle rocheux emprisonnant de la glace et des poussières, lesquelles contiennent un grand nombre de molécules dont HI, CO, CO_2, CH_3OH, NH_3, HCN, CH_4, etc., ainsi que des composés plus complexes tels que des amides, des aldéhydes, des alcools et des hydrocarbures. La sublimation des glaces lors de l'approche de la comète vers le Soleil libère une « atmosphère », appelée *coma*. Celle-ci a été soumise au cours de son histoire à toutes sortes d'apports énergétiques provenant principalement du Soleil, qui ont favorisé la production de molécules organiques complexes, comme le montrent des expériences réalisées en laboratoire en mélangeant dans des conditions identiques de la glace et des composés simples soumis à un rayonnement riche en ultraviolet.

Les observations spectroscopiques, notamment dans le domaine radio, ont permis de mettre en évidence dans la queue de la comète Hale-Bopp tout un éventail de composés associés à vingt-cinq *molécules mères* provenant du noyau. Outre les composés classi-

23. A. Chantal Levasseur-Regourd, « L'apport chimique des comètes », art. cité, p. 261.

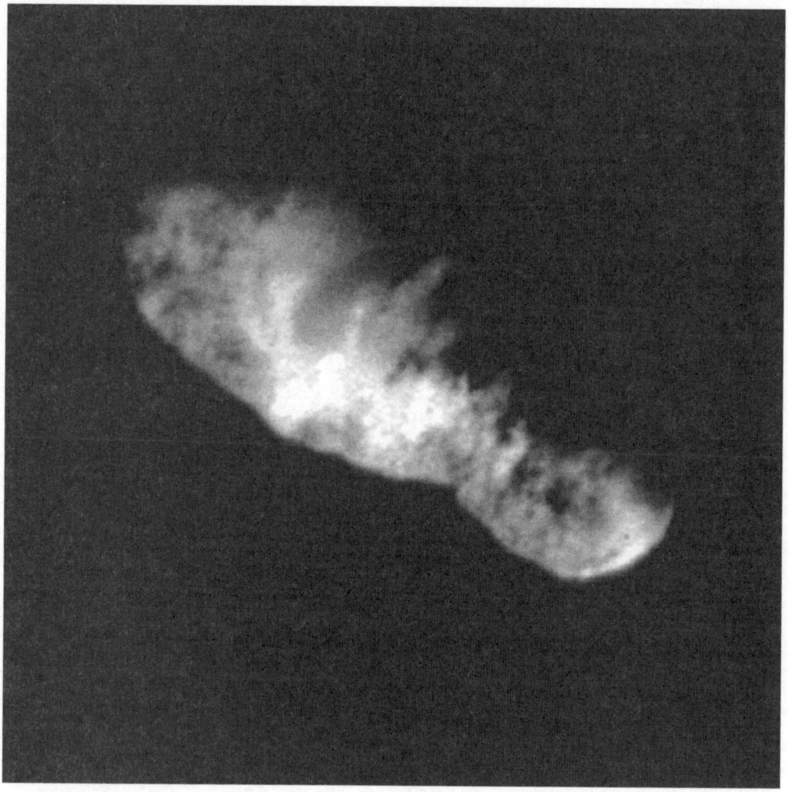

Figure 8 — Le noyau de la comète de 19 P / Borrelly observé par la sonde spatiale *Deep Space 1* qui s'en est approchée le 22 septembre 2001.

ques comme l'eau, le monoxyde de carbone, le gaz carbonique, etc., on trouve des molécules nettement plus sophistiquées comme le formiate de méthyle ($HCOOCH_3$), le formamide (NH_2CHO) voisin de la glycine, le plus simple des acides aminés. Si on ne peut affirmer actuellement avec certitude la présence de ces derniers dans les noyaux cométaires, la présence d'acides aminés comme l'alanine $NH_2CH\ (CH_3)\ COOH$, la glycine NH_2CH_2COOH ou encore l'éthylglycine, la sarcosine, la valine, la proline et la serine a été mise en évidence lors de simulations expérimentales en laboratoire. On trouve aussi des composés intervenant dans la chimie prébiotique, que ce soient les acides cyanhydrique (HCN), isocyanique (HNCO), formique (HCOOH), sulfhydrique (H_2S), le formaldéhyde (H_2CO), le cyanoacétylène (HC_3N) ou encore le cyanure de méthylène (CH_3CN). Les astronomes pensent que, outre ces composés, ainsi que la glace, la roche et les grains de poussière, on doit également trouver des hydrocarbures, des polymères qui pourraient être les précurseurs de biopolymères, autrement dit des protéines. Il existe donc au sein des comètes tous les ingrédients nécessaires à la recette de la vie ; cependant, en raison de la très petite masse des noyaux et aussi de la très grande distance moyenne des comètes au Soleil, il est peu vraisemblable que le vivant, même sous sa forme la plus rudimentaire, existe sur une comète, même lorsque celle-ci passe dans le voisinage du Soleil. À ce moment-là, la glace fond et s'évapore, donnant ainsi naissance à la queue. Il est indéniable que des molécules organiques complexes piégées au sein du noyau glacé peuvent être libérées dans l'espace lors d'un passage au voisinage du Soleil.

Une comète bombardée

Le 12 janvier 2005, la mission *Deep Impact* est lancée en direction de la comète Tempel. Le but de l'expérience est d'avoir accès à l'intérieur du noyau pour analyser la matière primitive, piégée au cours du temps dans les roches et les glaces, en faisant percuter une charge apportée par le satellite, et d'en analyser les éjectas. Le 4 juillet suivant, une masse de 370 kilogrammes percute effectivement la comète à une vitesse de 10,2 kilomètres par seconde, équivalant à 4,8 tonnes de TNT. Des images spectaculaires de la collision sont transmises à la Terre par l'intermédiaire du vaisseau accompagnant l'impacteur, permettant déjà de conclure que le « sol » de la comète Tempel est assez poreux, recouvrant sans doute un matériau beaucoup plus compact. Un autre résultat d'importance montre que la charge embarquée est très nettement insuffisante pour dévier la trajectoire de la comète[24]. Cette question commence à sérieusement tarabuster les scientifiques puisque la Terre n'est pas à l'abri d'une collision avec une comète ou un astéroïde dans les décennies à venir.

Contrairement aux modèles cométaires courants, le nuage éjecté par la comète Tempel n'est pas composé d'eau, d'éléments volatils et de poussières, mais d'une matière aussi fine que du talc ; ce nuage s'est dispersé dans l'espace au bout de trois ou quatre jours. Le spectromètre du télescope spatial infrarouge *Spitzer* a mis en évidence des raies d'émission de silicates, olivines et pyroxènes cristallins, ainsi que des traces de composés aromatiques polycycliques (première détection). Il reste à prouver que ces composés étaient présents antérieurement et ne sont pas le résultat de réactions chimiques subséquentes à la collision. Aucune détection de nouvelles molécules organiques n'a été annoncée. La mission ne s'arrête d'ailleurs pas là ; le vaisseau passera à proximité de la Terre en décembre 2007 pour prendre des images de la comète Beothin en 2008. Si, par sa dureté, le noyau de la comète Tempel a résisté à la collision pour une analyse en profondeur de ses matériaux, la mission *Rosetta*, partie de Terre le 2 mars 2004, se posera en douceur sur la comète Churyumov-Gerasimenko en novembre 2014, après avoir survolé les astéroïdes Steias et Lutetia et bénéficié de l'accélération fournie par les champs de gravité de Mars et de la Terre.

---

24. Le périhélie de 226,5 millions de kilomètres n'a été dévié que de 10 mètres.

Poussières célestes

Une autre mission spatiale s'est spectaculairement achevée le 15 janvier 2006. Le programme *Stardust*, entièrement dédié à l'étude de la comète Wild 2, avait pour objectif essentiel d'en rapporter du matériau sur Terre. Cette comète, dont la période est de 6,39 ans, a été choisie en raison de l'aphélie de son orbite situé à proximité de Jupiter et de son périhélie dans le voisinage de Mars. Profitant d'une configuration favorable avec la Terre, la NASA lance le 7 février 1999 une sonde de 384 kilogrammes baptisée *Stardust*. Le 2 novembre 2002, celle-ci passe à proximité de l'astéroïde 5535 Anne-Frank[25], dont elle envoie des images, avant de survoler la comète le 2 janvier 2004 à une distance de 500 kilomètres, et de retransmettre également les images d'un noyau à peu près sphérique de 5 kilomètres de diamètre *(figure 9)*, tout en traversant la *coma* sur 240 kilomètres. Au cours de cette traversée, plusieurs centaines de milliers de particules sont piégées et enfermées dans une capsule de 46 kilogrammes. Après avoir parcouru 4,37 milliards de kilomètres en près de sept ans, la sonde s'approche de la Terre et largue cette capsule, qui atterrit en douceur dans l'Utah le 15 janvier 2006. Pour la première fois, les scientifiques disposent d'un échantillon de matière cométaire non contaminée par l'environnement de notre planète. À l'heure où ces lignes sont rédigées, les analyses débutent, notamment afin de rechercher les traces susceptibles d'être à l'origine des germes du vivant. La fréquence et la moisson des missions spatiales successives montrent qu'au moins en astronomie et en exobiologie nous vivons une époque formidable.

La ceinture des astéroïdes

Contrairement aux comètes, la majorité des astéroïdes circulent sagement dans une région située entre Mars et Jupiter : la *ceinture des*

25. Cet astéroïde a été baptisé ainsi par les astronomes en souvenir de la petite Hollandaise victime du nazisme.

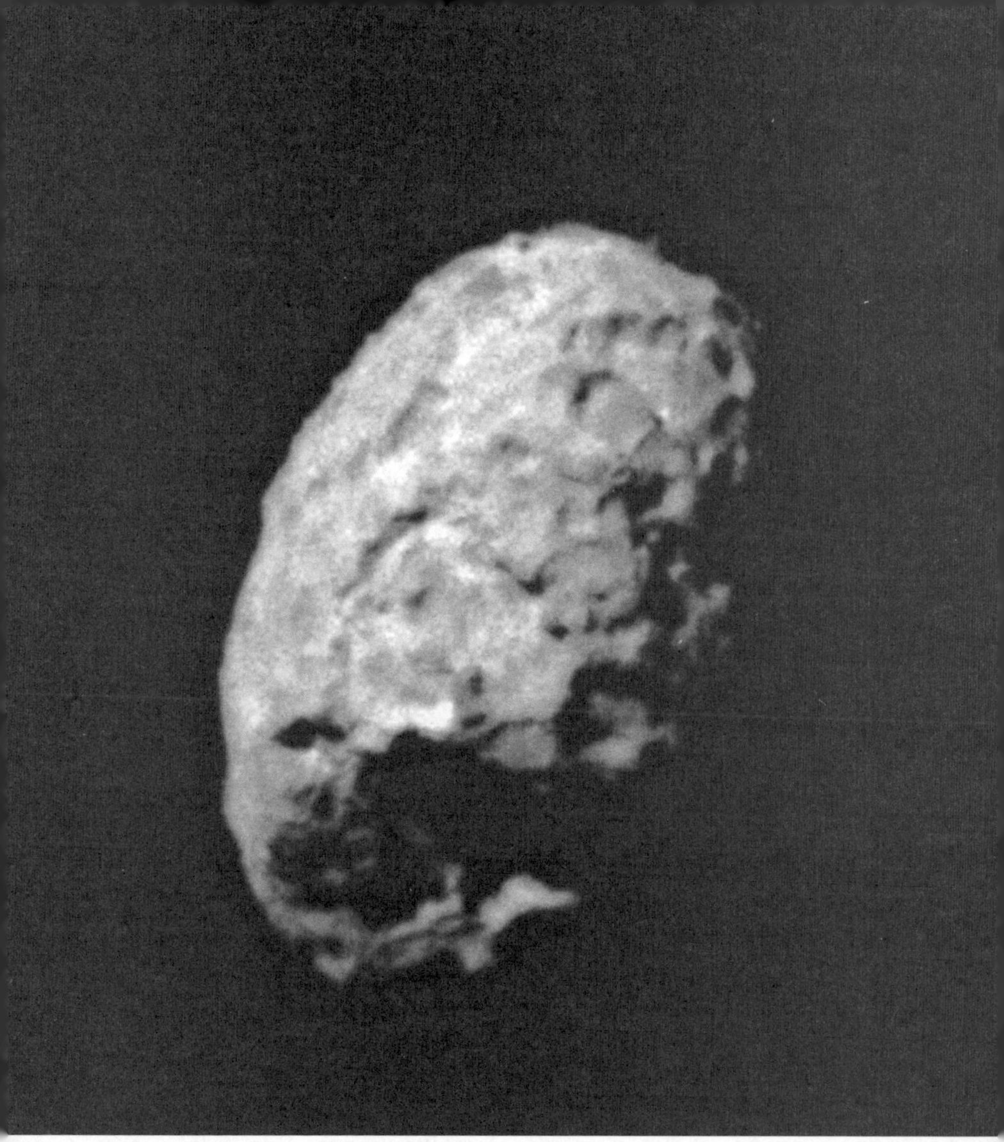

Figure 9 — Le noyau de la comète Wild 2 observé par la sonde spatiale *Stardust* le 2 janvier 2004

astéroïdes. À l'intérieur de celle-ci se situe la zone de résonance gravitationnelle produite par les « grosses » planètes en révolution (essentiellement Jupiter) qui a empêché les composantes mineures situées dans cette région fatidique de s'agglomérer pour former une nouvelle planète. Les astéroïdes sont constitués de matériaux similaires à ceux des planètes intérieures, comme la Terre. Les astronomes estiment que 1 à 2 millions d'entre eux ont un diamètre inférieur à 1 kilomètre (soit une masse individuelle de 20 milliards de tonnes), et environ 200 ont un diamètre supérieur à 100 kilomètres. Ils tournent autour du Soleil à une vitesse moyenne d'environ 65 000 kilomètres par heure (presque deux fois plus lentement que la Terre), avec une masse totale équivalente à celle de la Lune. Un bon nombre de ces astéroïdes ont cependant une orbite plus excentrique, résultant des collisions initiales successives et de l'attraction des différentes planètes passant à proximité ; ils constituent la famille des *Troyens*, dont les orbites respectives recoupent celles des planètes inférieures, risquant ainsi de percuter la Terre, Mercure, Vénus ou Mars. C'est vraisemblablement un astéroïde ou une comète de 10 kilomètres de diamètre qui, percutant la Terre, serait à l'origine de la formation du golfe du Mexique, vaste cuvette dont les bords sont encore définis par la Floride et la péninsule du Yucatan. À une échelle moindre, les bolides à l'origine du Meteor Crater en Arizona et du cratère de Goss Bluff en Australie étaient déjà de dimensions appréciables, quelques dizaines de mètres. Il y a un siècle, à Tunguska en Sibérie, un astéroïde de 100 000 tonnes explosa dans la haute atmosphère avant de heurter la Terre, le 30 juin 1908, couchant les arbres sur des dizaines de kilomètres alentour. Par chance, la région étant désertique, il ne semble pas qu'il y ait eu de victimes lors de cette collision. Si la vie sur Terre est apparue grâce aux comètes et aux astéroïdes, la collision avec l'un de ces corps pourrait être aussi une cause majeure de son éradication, partielle ou totale. Si la recherche de la vie extraterrestre est l'un des grands thèmes de la science contemporaine, la préservation du vivant terrestre n'en est encore qu'à ses balbutiements, que ce soit par la prévention des catastrophes naturelles ou par la protection de notre écosystème.

De même que des satellites visant à analyser la composition chimique des gaz et du noyau des comètes ont été lancés dans l'espace, la sonde japonaise *Hayabusa* (le faucon) est partie de la Terre en mai 2003, porteuse d'une mission particulièrement audacieuse : recueillir quelques fragments de l'astéroïde Itokawa, dont les dimensions sont de 690 mètres de long et 300 de large. La sonde doit se rapprocher d'Itokawa pour en effectuer une imagerie complète et prélever des échantillons en se posant sur sa surface. La *figure 10* montre l'ombre en « H » de la sonde projetée sur l'astéroïde le 20 novembre 2005. Ce jour-là, après une première tentative infructueuse, un impacteur de 600 grammes nommé *Minerva* est tiré par la sonde vers l'astéroïde afin de guider sa descente par laser. *Hayabusa* parvient à atterrir en douceur et déploie un cornet de manière à récolter les éjectas d'une bille d'acier projetée à grande vitesse vers le sol, tel un coup de fusil de très gros calibre. Malheureusement, des difficultés techniques ne permettent pas de confirmer si cette manœuvre a vraiment réussi ; en outre, des problèmes survenus aux propulseurs de la sonde ne lui laissent que peu d'espoir de revenir vers la Terre en juin 2007 et de larguer sa précieuse cargaison, enfermée dans une capsule devant se séparer de son module pour atterrir dans le désert australien. Néanmoins, même si cette expérience se solde par un échec, elle montre qu'il est possible de prélever des échantillons à la surface d'un astéroïde et de les rapporter sur Terre. L'analyse de tels débris permettra, après les échantillons lunaires récoltés jusqu'en 1972, de mieux connaître la formation et la composition chimique des petits corps du Système solaire.

Fruits des amours d'une comète et d'un astéroïde ?

Stephen Jay Gould (1941-2002), qui enseignait la géologie, la biologie et l'histoire des sciences à l'université Harvard, a publié plusieurs livres de paléontologie destinés au grand public. Dans l'un d'eux, il analyse longuement la forme du bec du flamant rose (il s'ouvre à l'envers et c'est sa partie supérieure qui est mobile) et justifie cette particularité par le fait que cet animal se nourrit la tête à l'envers.

Selon lui, l'évolution du vivant est le fruit des contingences du passé, et non le résultat nécessaire de lois simples et prévisibles[26]. Peut-être un très lointain ancêtre de cet animal avait-il pris l'habitude de surveiller le ciel tout en s'alimentant, afin d'avoir le temps de se mettre à l'abri pour ne pas recevoir d'astéroïde, de météorite ou de comète sur la tête, assurant ainsi sa survie? Au cours de notre histoire géologique, on recense pas moins de cinq extinctions majeures dont la cause peut être extraterrestre. Les scientifiques estiment qu'au cours des derniers 540 millions d'années, 24 collisions auraient eu lieu, dont on trouve encore des traces sur la Terre. La plus célèbre serait survenue au Crétacé, il y a 65 millions d'années, un phénomène brutal qui aurait été à l'origine de la disparition des dinosaures. Les astronomes supposent qu'une comète ou un astéroïde de grande taille aurait percuté notre planète, vaporisant la quasi-totalité de l'eau fraîche et la moitié de l'eau salée, et soulevant un énorme nuage de poussières ayant pour effet d'abaisser la température et de freiner le déroulement normal de la photosynthèse. Cette hypothèse est étayée par la présence d'un taux élevé d'iridium dans les roches déposées après l'extinction, élément extrêmement dur et résistant à l'action des agents chimiques, et fondant à une température de 2400 degrés.

En dehors de ces cinq extinctions majeures survenues dans notre histoire géologique, les comètes et les astéroïdes ont joué un rôle très important dès la genèse du Système solaire en apportant les conditions indispensables au développement du vivant sur la Terre. Les éléments constitutifs de l'atmosphère terrestre, l'eau et les premiers éléments à la source de la vie proviennent de ces comètes. Il est d'ailleurs difficile d'expliquer autrement la présence aussi précoce de ces composés dans la croûte terrestre, seulement 600 millions d'années après sa formation. Dans le tableau comparatif de la proportion des éléments entre le Soleil, la comète de Halley et un humain *(figure 11)*, il est très intéressant de noter la similitude d'abondance entre les deux derniers.

---

26. Stephen Jay Gould, *Le Sourire du flamant rose*, Seuil, coll. « Science ouverte », 1988.

Figure 10 — L'ombre en « H » de la sonde *Hayabusa* projetée sur l'astéroïde Itokawa le 20 novembre 2005

En outre, au cours de sa révolution autour du Soleil, la Terre traverse régulièrement des nuages de débris et de poussières résiduels datant de la formation du Système solaire. La combustion de ces fins débris dans la haute atmosphère est à l'origine des célèbres « pluies d'étoiles filantes ». Une fraction non négligeable de ceux-ci sont suffisamment freinés par l'atmosphère terrestre pour ne pas être détruits ; ils tombent alors sur la Terre et contribuent ainsi à l'enrichissement du sol. L'analyse des micrométéorites récoltées dans les glaces de l'Arctique et de l'Antarctique vient corroborer leur apport, qui devait être très important il y a 4 milliards d'années. Une autre confirmation de cet apport de matière organique par les bombardements météoritiques a été fournie par l'analyse des roches lunaires proches des cratères d'impact.

Elément	Soleil	Comète de Halley	Humain
Carbone	0,02 %	9,5 %	11 %
Hydrogène	92 %	63 %	55 %
Oxygène	0,08 %	26 %	28 %
Azote	0,01 %	1 %	2 %
Autres	7 %	0,5 %	4 %

Figure 11 — Abondances chimiques comparées du Soleil, du noyau de la comète de Halley et d'un humain moyen

À ces conditions initiales, la vie doit pouvoir se développer de façon continue pendant plusieurs centaines de millions d'années à l'abri d'accidents majeurs pour atteindre en quelque sorte la « vitesse de croisière » lui permettant de trouver les meilleurs compromis pour s'adapter aux conditions environnantes. Sur Terre, il semble que la vie ne soit apparue que 800 millions d'années après la formation de la planète, ainsi qu'en témoignent les fossiles et les indicateurs biomoléculaires, et ne se soit développée au stade multicellulaire que 2 à 3 milliards d'années plus tard. Comparée au siècle écoulé au cours duquel notre civilisation a commencé de développer sa capacité de communication interstellaire, ces échelles de temps sont considérables et indiquent en particulier que les étoiles candidates à toute détection d'exoplanètes pouvant héberger la vie devraient avoir au moins l'âge du Soleil, pour que les conditions physiques des planètes environnantes aient une stabilité adéquate et ne soient pas tributaires de brusques flambées de température dues aux caprices de l'étoile mère. C'est d'ailleurs l'un des critères de sélection retenus pour établir la liste des étoiles candidates à héberger un système planétaire, comme nous le verrons dans un prochain chapitre. De nombreux exobiologistes pensent que la vie terrestre s'est développée assez paresseusement, mais préfèrent réduire nos 4,5 milliards d'années à « seulement » 3 milliards d'années au cours desquels, après une longue période de latence, la Terre a gardé son eau à l'état liquide.

Quel creuset pour le vivant ?

Au début du XXe siècle, deux écoles s'opposent à propos de l'origine de la vie. D'une part, les panspermistes, tels Lord Kelvin ou Svante Arrhenius, militent pour un ensemencement de la jeune Terre à partir de « spores » provenant de l'espace, d'étoile en étoile, de système planétaire en système planétaire, venant finalement enrichir la surface de la Terre de la même manière que les météorites et les comètes. D'autre part, l'origine « aquatique » de la vie trouve parmi ses plus ardents défenseurs Charles Darwin, qui la fait apparaître dans une simple mare d'eau chaude, Paul Becquerel, qui montre en 1910 que les rayons ultraviolets détruisent spores et graines, formes de vie simples pourtant supposées résistantes, ou encore Camille Flammarion, qui renonce à l'hypothèse panspermiste qu'il défendait antérieurement :

> « Nous savons que les premiers organismes se sont formés dans les eaux tièdes de la mer primitive et n'ont été que des corpuscules gélatineux sans forme, sans structure… »

Il est difficile d'imaginer des cellules vivantes dans le vide spatial résistant aux conditions des voyages interplanétaires ou interstellaires. Cependant, les ingrédients de base, tels les acides aminés et les sucres, peuvent avoir été apportés de l'espace pour interagir dans les conditions offertes par la Terre primitive. Dans ce contexte, l'apport des micrométéorites et des météorites a pu avoir été déterminant ; les chercheurs ont d'ailleurs détecté en très petite quantité la présence d'aminoacides et de sucres dans plusieurs météorites, quoique la possibilité d'une contamination lors de leur contact avec notre atmosphère par les éléments d'origine terrestre ne soit pas à exclure. La transformation chimique des composés a pu avoir été catalysée par l'atmosphère primitive. Cependant, s'il est assez vraisemblable que celle-ci se soit formée par le dégazage des matériaux du manteau initial[27], il est difficile d'en connaître la composition d'origine. Elle va d'ailleurs subir au cours du temps de nombreuses transformations chimiques dues à diverses sources d'énergie : le rayonnement du Soleil, la violence des orages, la radioactivité, l'activité volcanique dans l'air ou dans l'eau (sources hydrothermales), etc.

Bouillons de culture

En 1871, Charles Darwin suggérait déjà l'idée d'une soupe primitive où se seraient formées les molécules à l'origine des êtres vivants. Différentes expériences en vue de synthétiser à partir de composés chimiques simples (eau, ammoniac, méthane) des molécules plus complexes au moyen d'un apport d'énergie sont entreprises pour tester cette hypothèse. Alexandre Oparine (1894-1980) associe dans une théorie évolutive l'astronomie, la chimie, la géologie et la biologie. Il mélange des solutions de matières organiques à poids moléculaire élevé (protéines, acides nucléiques, sucres) et constate que les molécules s'agglomèrent pour former des gouttes. En présence d'enzymes, ces gouttes entrent en réaction avec le milieu extérieur, suivant des réactivités variables selon le catalyseur utilisé ; c'est ainsi qu'il conclut à une sélection naturelle, dans laquelle les réactions les plus efficaces auraient abouti à des systèmes possédant un métabolisme à l'origine du vivant.

En 1929, John Haldane (1892-1964) reprend les thèses d'Oparine en évoquant pour la première fois la notion de *soupe*

27. Jean-Claude Guillemin, *L'Astronomie*, vol. 115, juin 2001, p. 275.

prébiotique. Plus tard, en 1953, les expériences de Stanley Miller (né en 1930) ouvrent des voies nouvelles. Dans un mélange gazeux hydrogéné (donc réducteur) d'hydrogène (H_2), d'ammoniac (NH_3) et de méthane (CH_4), en présence d'eau et soumis à des décharges électriques, Miller parvient à mettre en évidence des acides aminés. D'après lui, la composition chimique choisie est celle de la nébuleuse gazeuse à l'origine du Système solaire, capturée ensuite par les planètes lors de leur formation. En fait, cette hypothèse est fausse car l'atmosphère des planètes telluriques ne provient pas d'une captation du gaz protoplanétaire, mais du dégazage rocheux sous forme de vapeur d'eau, de gaz carbonique, de monoxyde de carbone et d'azote lors des grandes chutes météoritiques. De telles conditions ne sont pas favorables à la synthèse du méthane nécessaire au milieu prébiotique. D'autres expériences entreprises ultérieurement par Cyril Ponnamperuma (1923-1995) aboutissent à la formation de chaînes de peptides, de dix acides aminés, ainsi que des bases azotées et des sucres. Cependant, pour parvenir à une production de méthane suffisante, il faut imaginer des procédés de fabrication plus efficaces, car cette molécule est détruite par le rayonnement ultraviolet.

La vie née de l'argile ?

Vis-à-vis de ces explications encore hasardeuses sur l'origine de la vie, de nouvelles voies sont explorées, mettant l'accent sur le lien entre le minéral et le vivant, notamment les argiles qui auraient été des moules hébergeant les premières molécules vitales. En 1967, John Bernal (1901-1971) suggère que des argiles et d'autres minéraux comme les hydroxydes métalliques auraient joué un rôle actif dans l'apparition de la vie. En effet, de nombreux composés organiques, dont les acides aminés et les sucres, peuvent se fixer sur de tels supports. Les argiles, qui sont des silicoaluminates, peuvent se lier facilement aux atomes d'azote et d'oxygène de ces molécules, grâce aux groupes silanol (SiOH) par liaison hydrogène, et aux atomes d'aluminium par complexation. En favorisant le rapprochement des molécules, il est plausible que les argiles catalysent leurs réactions, conduisant aux premières molécules caractéristiques du vivant, de la même manière qu'un mélange d'acides aminés inclus dans un morceau de lave chauffé à 150 degrés permet d'obtenir des polypeptides[28]. En 1993, Ferris a observé la formation de polypeptides semblables à l'ARN sur de la montmorillonite (variété d'argile appartenant au groupe des smectites). Par la suite, on a constaté que l'ARN est plus fortement lié à l'argile que l'ADN dont les bases azotées sont dissimulées à l'intérieur de la double hélice, argument supplémentaire en faveur de l'antériorité de l'ARN sur l'ADN. Il est possible que l'ADN ainsi adsorbé soit protégé de la dégradation enzymatique sans que cela atténue ses possibilités de transformation[29]. Après avoir catalysé leur synthèse, les argiles auraient ainsi hébergé et stabilisé les premières molécules à la source de la vie.

De l'eau pour la vie

Les conditions climatiques de la jeune Terre jouent un rôle fondamental pour le développement de la vie dans le milieu prébiotique. Le Soleil, tel que nous l'observons aujourd'hui, est une étoile naine, ayant un rayon de 700 000 kilomètres et une température de surface de 5 800 degrés, source de douce chaleur et de vie sur Terre, à 150 millions de kilomètres de là. Les travaux des astronomes dans le domaine de l'évolution stellaire montrent que, il y a environ 2 milliards d'années, le Soleil ne disposait que de 70 % de sa luminosité actuelle, ce qui n'aurait pas permis d'avoir sur notre globe une température supérieure à 0 °C. Malgré ces conditions sévères, la vie commençait pourtant à se développer car l'eau existait sur notre globe à l'état liquide, en raison du réchauffement dû à l'effet de serre d'un rayonnement solaire emprisonné dans une atmosphère dense, et à la contribution thermique du

28. Evry Schatzman, *Les Enfants d'Uranie*, Seuil, coll. « Science ouverte », 1986.
29. Dirk Schulze-Makuch et Louis N. Irwin, *Life in the Universe*, Springer, 2004.

manteau de magma chaud circulant sous une croûte terrestre encore fragile[30].

Si l'eau terrestre est une composante indispensable au vivant, d'où vient-elle ? L'étude des isotopes non radiogéniques d'éléments relativement légers et celle des éléments lourds à longue période permettent d'effectuer une datation isotopique fiable. Si, à l'origine, la Terre a probablement l'allure d'une très grosse météorite, elle est riche en éléments volatils. Le Soleil étant jeune, il se comporte comme une étoile dite de type T Tauri, c'est-à-dire subissant des variations irrégulières d'éclat, pouvant augmenter sa luminosité de deux à trois ordres de grandeur. Ce type d'astre est encore en phase de contraction gravitationnelle, entouré d'une enveloppe, reste du nuage de gaz à partir duquel il s'est formé. Assez rapidement, cette enveloppe, riche d'une émission infrarouge, commence à se fragmenter, libérant l'énergie de l'étoile. Ainsi le flux énergétique issu du jeune Soleil interagit avec les matériaux légers de la jeune Terre qui continue de croître par accrétion de planétésimaux successifs. L'atmosphère terrestre naît du dégazage de la croûte supérieure, tandis que la multitude des impacts météoritiques et cométaires apporte son lot de matériaux se mélangeant au gaz éjecté lors des collisions pour enrichir l'atmosphère. Avec la stabilisation de l'activité solaire, le refroidissement progressif de l'atmosphère précipite la vapeur d'eau pour donner naissance aux océans, tandis que le gaz carbonique s'y dissout pour former les carbonates[31].

On peut en conclure que l'effet de serre originel produit par l'opacité de l'atmosphère devait donc être particulièrement efficace,

30. C'est le *paradoxe du jeune Soleil faible* souligné par Franck Selsis, *L'Astronomie*, vol. 115, juin 2001, p. 254 : bien que le jeune Soleil, étant plus petit, rayonnât beaucoup moins d'énergie qu'aujourd'hui, la jeune Terre a néanmoins récupéré, par effet de serre, une bonne partie du rayonnement solaire grâce à la densité et à l'opacité de son atmosphère, à l'instar de celle de Vénus.

31. Thérèse Encrenaz, *À la recherche de l'eau dans l'Univers*, Belin-Pour la Science, 2004.

vraisemblablement grâce à la haute teneur en gaz carbonique issu du volcanisme intense. Dès que le dioxyde de carbone (CO_2) précipite sous forme de carbonates en présence d'eau liquide, le méthane vient contribuer de manière efficace à cet effet de serre, ainsi que tous les éjectas propulsés dans l'atmosphère par les volcans : poussières, aérosols, gaz soufrés, oxydes d'azote, etc. Même si des régions entières de la jeune Terre étaient couvertes de glace, la vie pouvait se développer tout aussi bien dans les zones tempérées, ou aux abords des sources de chaleur, là où l'activité volcanique était intense.

L'atmosphère terrestre primitive

> « Atmosphère ! Atmosphère ! Est-ce que j'ai une gueule d'atmosphère ? »
>
> Léonie Bathiat, dite Arletty (1898-1992), dans *Hôtel du Nord* (1938) de Marcel Carné, dialogues d'Henri Jeanson

Deux grandeurs ont joué un rôle essentiel dans la formation de l'atmosphère terrestre : la masse de la Terre et sa distance au Soleil. D'une part, la masse de l'atmosphère primitive est fonction du dégazage des roches, donc proportionnelle à la surface de notre planète, et, d'autre part, la distance du Soleil détermine la température de l'atmosphère, contrôlant ainsi la vitesse d'évasion des gaz ; plus éloignée, notre planète aurait eu un emballement glaciaire, et plus proche, un emballement thermique. Comme l'eau liquide est une condition préalable à l'apparition de la vie, notre planète est donc un laboratoire privilégié pour s'intéresser à l'atmosphère primitive, et essayer de comprendre quel a été son rôle dans l'apparition et le développement du vivant.

L'atmosphère terrestre telle que nous la respirons est le résultat d'une longue évolution au cours de laquelle différents processus physico-chimiques sont intervenus, que ce soit son interaction avec le rayonnement du Soleil, les échanges avec les couches internes situées sous la croûte terrestre au cours des éruptions volcaniques ou avec la biosphère. Il est donc extrêmement difficile de se faire une idée précise de l'atmosphère terrestre primitive en raison même de cette évolution, ainsi que des phénomènes d'érosion, de transformation ou de tectonique des plaques, qui ont modelé, estompé et transformé les indices géologiques.

Connaître l'atmosphère terrestre primitive nécessite d'estimer à quelle date la vie est apparue sur Terre. L'âge du Système solaire est estimé à 4,67 milliards d'années. Lorsque la Terre avait environ 300 millions d'années, elle avait déjà atteint environ 80 % de sa masse actuelle ($5{,}98 \times 10^{24}$ kilogrammes). Les mesures actuelles de tectonique des plaques continentales indiquent que celles-ci dérivaient déjà, l'atmosphère et les océans existaient également. Au cours des 300 millions d'années qui suivirent, le bombardement des météorites et des comètes a complété les 20 % de la masse restante, tandis que les impacts les plus importants ont eu pour effet de modifier la composition physico-chimique à la surface du globe. Les plus grands cratères lunaires sont des témoins de cette période agitée : un cataclysme terrestre analogue à celui qui a formé le bassin lunaire *Imbrium* peut avoir volatilisé les océans, et une partie des silicates avoir engendré un effet de serre élevant la température à plus de 2 000 degrés Kelvin pendant plusieurs mois, détruisant aussi bien la biosphère que les molécules organiques, quelle que soit leur origine[32]. Dans ce contexte instable, il est difficile d'imaginer l'émergence d'une quelconque forme de vie. On peut raisonnablement penser que celle-ci s'accommode plus volontiers d'une atmosphère et d'un environnement qui se seraient stabilisés voici 4,20 milliards d'années, comme en témoigne l'absence d'impacts majeurs sur la Lune après cette période.

Les travaux effectués depuis les années 1980 montrent que l'atmosphère primitive de la Terre est riche en dioxyde de carbone CO_2. Les micro-organismes découverts par les géologues, comme les stromatolites et les cyanobactéries fossiles, remontent à 2,7 milliards d'années. Ces dernières ont la particularité d'être

32. Franck Selsis, *L'Astronomie*, vol. 115, juin 2001, p. 254.

capables de photosynthèse en fixant, grâce aux photons du Soleil, le carbone du gaz carbonique atmosphérique, et en libérant l'oxygène. Grâce à cette production d'oxygène, la composition chimique de l'atmosphère se trouve modifiée, notamment par une déficience croissante de l'hydrogène, ayant pour résultat un bouleversement de l'environnement. L'oxydation du méthane atmosphérique a pour conséquence de provoquer une diminution graduelle de l'effet de serre, aboutissant à un refroidissement de la Terre et à une première glaciation. Celle-ci ralentit la photosynthèse et augmente la production de méthane, élevant à nouveau la température par un nouvel effet de serre dans un contexte climatique devenu très instable, avec des pics de température moyenne atteignant ou dépassant 60 °C.

Le défilé des thermophiles

L'apparition du vivant sur la Terre le fait progressivement interagir avec la biosphère, entraînant par conséquence l'évolution de l'atmosphère. De nombreux organismes primitifs (dits *méthanogènes*) utilisent l'hydrogène pour fixer le gaz carbonique en libérant du méthane et de l'eau suivant la réaction :

$$4\,H_2 + CO_2 \rightarrow CH_4 + 2\,H_2O.$$

Vers 3,5 milliards d'années, cette production de méthane est prépondérante à la surface du globe et entretient l'effet de serre ; ce serait la raison pour laquelle aucune glaciation ne se serait produite avant 2,7 milliards d'années. Les premiers organismes semblent très bien s'accommoder des conditions climatiques. Le cycle de l'eau devient prépondérant sous forme de pluies répétées qui décapent les roches avec beaucoup d'efficacité. Le gaz carbonique est alors précipité en carbonates, et sa proportion diminue d'autant dans l'atmosphère, ce que confirment des mesures effectuées sur des roches âgées de 2,8 milliards d'années. Seul le méthane atmosphérique permet d'entretenir l'effet de serre sur notre planète.

Dans les océans très chauds en raison de cet effet de serre, des organismes *méthanogènes thermophiles* capables de supporter des températures supérieures à 60 °C *(figure 12)* sc développent aisément. En 1977, des sources hydrothermales océaniques ont été découvertes au voisinage des îles Galapagos, montrant par 2 000 mètres de fond des communautés animales luxuriantes, installées autour des émissions d'eau chaude. Deux ans plus tard, des édifices minéraux spectaculaires étaient aperçus dans le Pacifique[33], d'où jaillissent des fluides hydrothermaux à des températures atteignant 350 degrés. Ces processus sont le résultat de la tectonique des plaques que l'on rencontre tout au long des 60 000 kilomètres de dorsales océaniques, dans des profondeurs comprises entre 800 et 3 500 mètres. L'eau marine s'infiltre par les fissures des dorsales et interagit avec le magma chaud en lessivant les roches et en s'enrichissant de composés inorganiques, avant de remonter vers le plancher océanique en raison d'une plus faible densité, pour se mélanger à de l'eau froide, abaissant la température entre 10 et 40 °C ; dans ces conditions, des organismes vivants peuvent se multiplier. Si aucun mélange ne se produit, les émissions brûlantes provenant du magma jaillissent dans une eau froide et oxygénée précipitant les minéraux, formant ainsi des fluides noirs hydrothermaux. La profusion de mollusques, de crustacés et de vers dans ces abysses dépourvus de toute photosynthèse n'est pas un fait du hasard. Les analyses biochimiques de leurs tissus ont mis en évidence l'existence de bactéries assurant la production de la chaîne alimentaire des écosystèmes, par l'oxydation de l'hydrogène sulfuré et du méthane, transformant le CO_2 en composés organiques.

Des procaryotes thermophiles et hyperthermophiles résistant à 60 °C et même à 80 °C ont également été découverts à proximité de ces fluides noirs, utilisant aussi l'hydrogène sulfuré, faute de photosynthèse. Des espèces appartenant au genre *Thermus* et *Bacillus* utilisent la matière organique en présence d'oxygène, ainsi que des *Pyrococcus* et des *Thermoccus* hyperthermophiles, dont

33. Daniel Prieur, *L'Astronomie*, vol. 115, juin 2001, p. 295.

certaines prospèrent encore à 110 degrés. Le record actuel serait le *Pyrolobus fumarii* découvert à 3 500 mètres de profondeur dans l'Atlantique et s'ébattant à 113 °C.

La pression hydrostatique joue un rôle très important dans la vie de ces organismes ; il est cependant difficile de les étudier en laboratoire, puisqu'ils sont alors soumis à la dépressurisation lors de leur remontée. Il semble que la taille d'une minorité d'organismes diminue lorsque la pression augmente (barosensibles), tandis que d'autres ne s'en trouvent pas affectés (barotolérants). Par contre, la majorité d'entre eux bénéficient de la pression pour augmenter de taille (organismes barophiles), augmentant aussi de 4 à 5 °C leur température optimale de croissance. Le *Pyrococcus abyssi*, dont la température de croissance est de 102 °C à la pression atmosphérique normale, passe à 106 °C lorsque la pression s'élève à 400 bars. On voit que le métabolisme de ces organismes abyssaux est capable d'une grande faculté d'adaptation à la température et à la pression. En outre, les organismes barophiles auraient une évolution optimale à une pression supérieure à celle du milieu dans lequel ils sont découverts, conduisant les chercheurs à supposer qu'une biosphère souterraine pourrait exister à des pressions plus élevées sous le plancher océanique, s'échappant par les fissures des sources hydrothermales. Cette hypothèse est corroborée par la découverte de bactéries vivant dans les formations rocheuses naturelles des réservoirs pétroliers.

Le vivant a donc les capacités à s'adapter à des milieux extrêmes, que ce soit la plante *Welwitschia mirabilis* qui survit des milliers d'années dans des sols qui ne reçoivent que quelques millimètres d'eau chaque année, ou bien les organismes hyperthermophiles parvenant à se multiplier à 110 °C, et hyperbares résistant à plusieurs centaines de fois la pression atmosphérique. La planète Terre est recouverte par l'eau à 70 % de sa surface, sur une profondeur moyenne de 3 800 mètres. Dans ce milieu à température variable allant de – 2 à + 35 °C en moyenne (et bien plus au voisinage des failles), à pression variable (de 1 à 1 100 bars), à salinité variable (de 3,5 à 4,1 %) et où l'on passe rapidement de la lumière

Figure 12 — Des bactéries coriaces : les méthanogènes thermophiles des grands fonds océaniques, à l'origine des vers géants

à l'obscurité des grands fonds, la vie existe sous des formes très variées, de la bactérie au cachalot. La microbiologie des milieux extrêmes repousse les limites physico-chimiques et géographiques de la vie sur Terre, légitimant l'espoir de découvrir des formes de vie au-delà de la Terre, là où l'eau est présente.

La vie n'est pas un long fleuve tranquille

> « Qui suis-je, d'où viens-je, où vais-je ?
> – Je suis moi, je viens de chez moi et j'y retourne. »
>
> Pierre Dac, *Pensées et maximes*, Le Cherche-Midi

Les propriétés de la matière vivante que nous avons décrites dans ce chapitre ont montré qu'au niveau moléculaire tous les ingrédients nécessaires sont présents et peuvent se répliquer et se multiplier. L'interaction de l'ADN et de l'ARN permet une reconstruction des brins, de la même manière que des organismes vivants peuvent se dédoubler par scissiparité, tel le planaire, petit ver d'eau douce, ou l'hydromètre, appelée aussi araignée d'eau. Ceux-ci s'étirent jusqu'à se diviser en deux, chaque morceau reconstituant rapidement la moitié manquante. Outre les propriétés de réplication et de multiplication, nous avons vu que trois indices « fossiles » — l'unicité du code génétique, l'antériorité de l'ARN sur l'ADN et la forme dextrogyre des sucres et lévogyre des aminoacides des cellules — sont des indicateurs lointains des méandres suivis par l'évolution biologique dans l'élaboration du vivant. À défaut d'une réponse définitive à ces questions fondamentales de nos origines, nous pouvons apporter des éléments significatifs par le truchement du tiercé ADN-ARN-protéines : *Omnia in ipsis et ex ipsis*[34] (« Tout est en eux et provient d'eux »).

Ce savant assemblage des atomes fait-il jaillir inéluctablement la vie suivant un mode d'assemblage codé depuis presque 4 milliards d'années ? À cette interrogation vient se greffer la question de savoir quand et où, dans sa forme la plus rudimentaire, la vie est apparue. En deçà de la succession œuf-poule, quelle est la cause première ayant initié la longue chaîne des gallinacés ? Plus généralement, peut-on concevoir l'apparition de la vie simplement en réunissant ce que l'on pense être les conditions initiales favorables, et inversement, peut-on considérer que la vie est une composante indissociable de l'évolution cosmique ? « Si celle-ci n'existait pas, nous ne pourrions même pas en parler », aurait dit M. de La Palice… Alors, parlons-en !

La première étape actuellement connue issue des brins de l'ADN et de l'ARN comme organismes les plus simples sont les virus, dont la constitution est encore plus élémentaire que celle des bactéries. Leurs dimensions sont comprises entre 50 et 100 nano-

34. C'est la marque typographique des Sanlecque, célèbres éditeurs parisiens du XVIIe siècle.

mètres (1 nm = 1 milliardième de mètre, soit 10^{-9} m). On en distingue deux sortes : la première est enfermée dans une coquille protéinique, et la seconde, outre d'une coquille identique, est entourée d'une membrane additionnelle. La majorité des virus appartiennent à la seconde espèce, constitués pour certains d'ADN et d'ARN, et pour d'autres uniquement d'ARN. Le nombre de gènes est aussi important que les variétés de virus. En outre, les virus pourvus exclusivement d'ARN sont capables de stocker de l'information au même titre que l'ADN, ce qui confirmerait l'existence d'un « monde ARN » antérieur à l'ADN et à la vie, et dont celle-ci serait issue. D'autre part, comme les virus parasitent les organismes au sein desquels ils peuvent se reproduire, on peut très bien supposer que les virus ARN cohabitent et se développent dans des organismes vivants composés exclusivement d'ARN. Actuellement, on n'en a pas encore découvert, y compris parmi les bactéries.

Les virus font-ils partie du vivant ? Dans la mesure où ils ont besoin de parasiter une cellule pour se reproduire et ne peuvent le faire par eux-mêmes, on pourrait répondre par la négative ; inversement, comme leur présence dans un organisme assure un changement morphologique et génétique de celui-ci, on serait tenté d'apporter une réponse positive. Certains virus géants, tel celui de la psittacose, une maladie des perroquets, sont une variété de chlamydiae, bactéries responsables des affections sexuellement transmissibles chez l'homme. Celles-ci contiennent de l'ARN, de l'ADN ainsi que des enzymes, et sont considérées comme vivantes. La famille des prions pose la même question sur leur nature vivante ou inerte. Ceux-ci sont responsables des graves affections telles que la tremblante du mouton, ou l'encéphalopathie spongiforme (maladie de Creutzfeldt-Jakob). La nature du prion est très particulière ; il s'agit d'une protéine pure, dépourvue d'ADN et d'ARN, qui parviendrait à se répliquer dans les cellules nerveuses d'un organisme pour l'infecter ensuite à la manière d'un virus. Les chercheurs ne peuvent actuellement affirmer si les prions ont un métabolisme et évoluent ; par contre, ils sont beaucoup plus résistants que les virus, n'étant détruits qu'après un bain forcé dans un autoclave à 135 degrés.

La capacité reproductive, qu'elle soit de nature saprophyte (se développant et se multipliant sur un organisme différent sans nuire à celui-ci) ou parasite (se développant et se multipliant au détriment de l'organisme adopté), est un facteur essentiel dans la définition du vivant. Cependant, même si un organisme est capable de se reproduire à l'identique, nous ignorons comment les formes de vie les plus primitives ont abouti, après 3 milliards d'années, aux agencements cellulaires qui sont à l'origine des espèces. Grâce aux fossiles découverts dans les roches et les sédiments, nous pouvons maintenant envisager l'émergence de l'homme aux environs de 550 millions d'années après le Cambrien, cette longue période qui représente presque la moitié de l'âge de la Terre, au cours de laquelle l'évolution propre de notre planète a joué un rôle déterminant. L'augmentation progressive du taux d'oxygène de l'atmosphère au cours du temps est l'un des facteurs évolutifs essentiels. On connaît maintenant un certain nombre de fonctions vitales permettant d'esquisser une approche du passage des acides aminés, des bases, des acides nucléiques et des sucres aux organismes vivants. On admet que, pendant cette période de 3 milliards d'années, le code génétique s'est enrichi de manière à autoriser progressivement des associations pluricellulaires. On peut découper l'histoire de la Terre en sept périodes géologiques distinctes, au cours desquelles des évènements spécifiques influencent les processus d'évolution.

La première période concerne la formation du Système solaire ; on considère qu'elle s'achève il y a 4,6 milliards d'années environ par la solidification de la croûte terrestre.

L'*Hadéen* couvre ensuite une période qui s'achève il y a 3,8 milliards d'années. La croûte terrestre s'épaissit tandis que se forme une atmosphère riche en eau et en azote, par suite du dégazage des matériaux rocheux. La température et la pression sont élevées, respectivement 374 degrés (température critique de l'eau) et 225 bars. Les océans se forment avec l'eau atmosphérique lorsque la température diminue, et l'atmosphère devient sèche vers 4,3 milliards d'années, demeurant riche en gaz : CO_2, CH_4 et N_2. Les deux premiers gaz sont la conséquence du métabolisme des tout premiers organismes vivants.

L'*Archéen* s'étend entre 3,8 et 2,5 milliards d'années. Au cours de cette période, les premières formations rocheuses apparaissent en un continent unique, dont il reste des traces au Groenland, dans le bouclier canadien et en Afrique du Sud. À la fin de l'Archéen, le vivant se développe sous forme d'eucaryotes, organismes multicellulaires dont chaque cellule est composée d'un noyau entouré d'une ou de plusieurs membranes (par opposition aux procaryotes dépourvus de noyaux, comme les bactéries). Ces cellules nucléées sont à l'origine des plantes, des champignons et des espèces animales. Ces organismes seraient les premiers à avoir une reproduction sexuée.

La nouvelle période, le *Protérozoïque*, s'étendant entre 2,5 milliards et 543 millions d'années, voit la transformation des eucaryotes en organismes munis d'un squelette. Au cours de cette période, marquée par d'importantes glaciations entre 850 et 650 millions d'années (Néoprotézoïque), l'atmosphère terrestre s'enrichit en oxygène. Les boucliers continentaux croissent jusqu'à atteindre la masse continentale actuelle. Des organismes fossiles datant de 600 millions d'années ont été retrouvés, ainsi que des fossiles d'embryons phosphatés.

Le *Paléozoïque* (appelé aussi ère Primaire) succède au Protérozoïque et s'achève il y a 250 millions d'années. Au cours de cette période, le continent unique commence à se fragmenter en huit morceaux. Le vivant évolue sous forme invertébrée et vertébrée ; plus de 150 espèces différentes ayant un âge de 500 millions d'années ont été retrouvées sur le site de Chengjiang, en Chine, notamment des organismes à corps mou et d'autres possédant un squelette externe, pouvant atteindre 10 centimètres de long. Le plus ancien vertébré mis au jour, l'*Haikouichthys*, date de 530 millions d'années ; il a la forme d'un petit poisson plat de 1,5 centimètre de long. Ces vertébrés ont une structure fibreuse faisant parfois office de crâne, cartilagineuse ou osseuse, mais incluant les capsules sensorielles, optiques, auditives, olfactives, ainsi qu'un cerveau[35]. La fin du Paléozoïque est caractérisée par le Permien (295-250 millions d'années), période au cours de laquelle se produit une extinction massive des espèces, en raison de phénomènes géologiques importants, peut-être liés aux mouvements continentaux.

À cette fin de période agitée succède le *Mésozoïque* (ère Secondaire), entre 250 et 65 millions d'années. En quelques millions d'années, une partie notable des grands groupes d'animaux prolifèrent, en particulier les grands dinosaures (pendant le Trias, entre 251 et 200 millions d'années), les mammifères et les oiseaux. Le Mésozoïque s'achève, à la fin du Crétacé (65 millions d'années), par une extinction massive des espèces, due probablement à une violente collision de la Terre avec un astéroïde, comme nous l'avons déjà évoqué.

Enfin, nous arrivons à la période contemporaine, le *Cénozoïque*, regroupant les anciennes ères Tertiaire et Quaternaire, qui est caractérisé par le renouvellement et la diversification des espèces vivantes, poissons, mammifères, insectes, etc. Le dernier maillon reliant le Cénozoïque au présent commence avec notre lointain ancêtre hominidé il y aurait environ 3,5 millions d'années. La *figure 13* résume ces grandes périodes de la géologie terrestre.

La vie dure

L'homme est actuellement censé être l'organisme le plus évolué de la longue histoire du vivant sur Terre. Pour connaître les arcanes de cette évolution depuis la formation de notre planète, les scientifiques s'appuient sur de nombreuses découvertes effectuées dans des domaines très variés, de la géologie à l'océanographie, de la biologie à l'astronomie. La vie est parvenue à se développer dans le creuset d'un Univers qui offre la plus vaste gamme de températures, de pressions et de radiations que l'on puisse imaginer, bien

35. Fabrice Impériali, *Journal du CNRS*, nº 166-167, novembre-décembre 2003, p. 8.

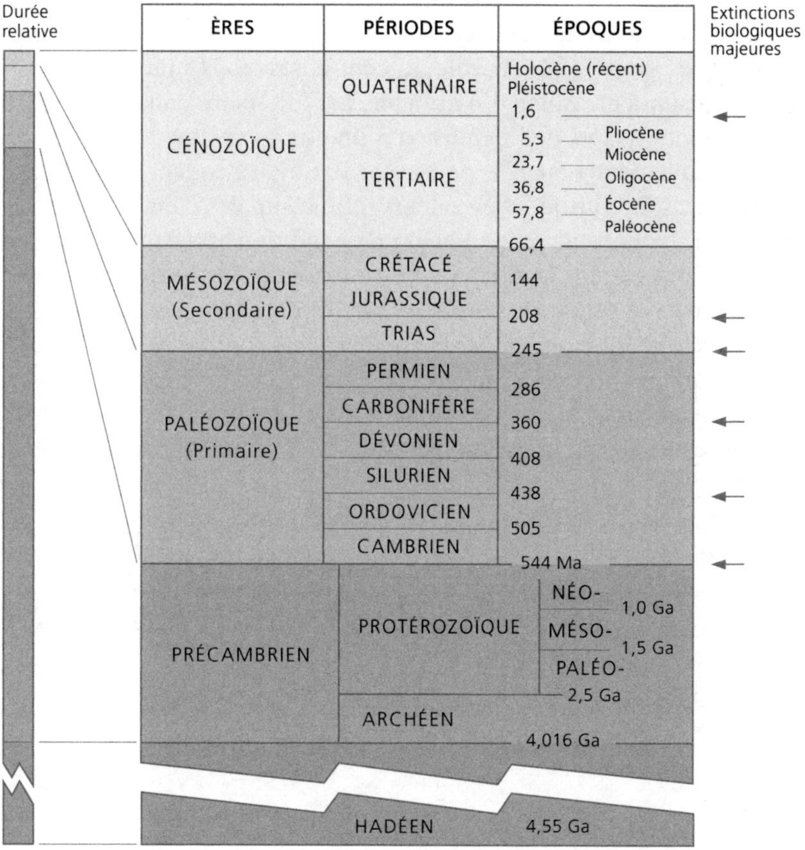

Figure 13 — Les grandes étapes géologiques de l'histoire de la Terre

au-delà d'ailleurs de ce que nous sommes capables de reproduire par l'expérience. La température est susceptible d'osciller entre plusieurs dizaines de millions de degrés et le zéro absolu (– 273° Celsius), selon que l'on se trouve au cœur du gaz chaud qui irradie les amas de galaxies, ou bien dans le noir de la nuit intergalactique. La densité, énorme au centre des trous noirs, peut diminuer jusqu'à un atome d'hydrogène par kilomètre cube d'espace, et les radiations lors de l'explosion d'une supernova peuvent atteindre instantanément l'énergie émise par le Soleil pendant 100 000 ans, pour décroître jusqu'à des valeurs infinitésimales dans le vide intersidéral. Nonobstant cette palette de conditions physiques, les synthèses organiques sont parvenues à façonner les briques du vivant qui a trouvé refuge au moins sur la Terre. Outre les sinuosités de son histoire, notamment les évènements catastrophiques tels que les bombardements des comètes et des astéroïdes ou encore la violence du volcanisme, et par conséquent les extinctions successives des espèces, le vivant a perduré pendant 4,6 milliards d'années après la formation de notre planète. Aujourd'hui, celui-ci est présent sur Terre sous des formes très variées comme en témoignent les 1 750 000 espèces décrites à ce jour, dont certaines sont capables de s'adapter à des milieux extrêmes. Cette capacité d'adaptation aux diverses conditions physico-chimiques laisse espérer que, si le vivant a la vie aussi dure, il existe au-delà de la Terre.

CHAPITRE 3

Un groupe d'univers

« Un groupe d'univers, en proie aux passions,
Tourne autour de chacun de mes soleils en flammes. »

Victor Hugo, *La Légende des siècles* (LXI)

La recherche de la vie dans l'Univers fait maintenant partie des thèmes moteurs de l'astronomie, au même titre que la physique stellaire ou la cosmologie. Débarrassée des dogmatismes historiques et religieux évoqués dans le premier chapitre, elle est devenue l'un des domaines d'avant-garde de la science, accessible à tous par la simplicité de son formalisme. Pour Pascal, cette quête renfermait tout l'affect résurgent du contexte de solitude intersidéral. Qu'en est-il aujourd'hui ? Quelle trajectoire implicite pousse l'homme à souhaiter ne pas être qu'un avatar accidentel de l'évolution de la matière dans l'Univers ? Se demander pourquoi nous sommes là est une interrogation qui défie les générations successives, et qui n'appartient pas plus au scientifique qu'au philosophe ou au théologien. Notre situation terrestre, à la fois de témoins sensibles et d'acteurs naturels de l'Univers en évolution, ne relève d'aucune volonté anthropomorphique, et justifie pleinement toutes les tentatives de contact avec des civilisations extraterrestres, en espérant, dans la mesure du possible, trouver chez elles une certaine parenté physique et chimique. Si, de surcroît, il n'y a pas trop de dissemblances intellectuelles, la communication s'en trouvera sans doute largement facilitée. Si nous sommes seuls, c'est peut-être un accident de la nature ; s'il y a au moins une autre civilisation, c'est déjà une statistique. Percevoir la vie ailleurs, c'est unifier la représentation actuelle du monde avec de possibles présentations futures de la même chose[1].

Nous avons vu dans le précédent chapitre comment les astronomes, les physiciens et les biologistes étaient parvenus, malgré des pans entiers d'ignorance de la chronologie des évènements et l'approximation des méthodes d'investigation, à proposer un schéma vraisemblable de l'évolution du vivant terrestre sur plus de 4 milliards d'années. À la suite d'une genèse quelque peu tourmentée, un ensemble de circonstances favorables a permis aux ingrédients indispensables, disséminés dans l'espace, de se rassembler sur notre planète et de se différencier de leur environnement physico-chimique pour élaborer les synthèses organiques initiales. Ce vivant originel a perduré et s'est développé tout en maintenant un milieu intérieur stable en se protégeant des conditions extérieures par une paroi membraneuse. Celle-ci a progressivement acquis les capacités réactives permettant de collecter des informations nécessaires à sa survie, et de les transmettre, notamment par la reproduction. Ainsi, l'homme est le syncrétisme de l'universalité et de l'unité de l'histoire et de l'évolution des étoiles, des nuages de gaz et de poussières, et des planètes ; sa présence sur Terre n'est pas le fait d'une création ex nihilo *ou d'un processus abracadabra. C'est pourquoi la connaissance de la nature et de l'évolution de la matière dans l'Univers nous permet d'appréhender nos lointaines origines, et de cerner les foyers potentiels de toute forme de vie extraterrestre.*

1. Michel Bitbol, in Michel Cazenave (dir.), *Unité du monde, unité de l'être*, Dervy, 2005.

L'universalité fait loi

« Ce que je sais m'apprend ce que je cherche. »
Paul Klee (1879-1940)

Que l'on soit grand humain rose ou petit homme vert, l'universalité des lois de la physique dans tous les recoins de l'Univers proche est un postulat de la démarche exobiologique. Du point de vue des astronomes, la géométrie d'espace-temps de l'Univers ne change d'ailleurs pas sur une distance de 2 milliards d'années-lumière. Au-delà, l'évolution des galaxies lointaines, confrontée aux modèles cosmologiques relativistes, ne permet actuellement aucune conclusion. Si la vie peut apparaître sous des formes que nous ignorons, il n'y a pas à se poser la moindre question ; sans une règle du jeu universelle reposant sur nos connaissances, toutes les spéculations sont possibles mais ne mènent généralement à rien. Les scientifiques cherchent la vie ailleurs en explorant le milieu cosmique et en émettant des hypothèses, soumises ensuite à la vérification en laboratoire. Ce protocole, connu depuis Claude Bernard sous le vocable générique de « recherche expérimentale », impose un cadre strict qui ne peut pas se départir de nos propres contraintes physicochimiques de Terriens. C'est pourquoi les milieux à conditions extrêmes tels que les quasars ou les trous noirs ne sont pas pris en considération dans la quête du vivant.

L'immensité même du domaine d'étude où se conjuguent l'espace et le temps est un réel problème pour l'astronome. La démesure du cosmos le conduit à observer un nombre d'objets aussi important que possible, pour déduire des propriétés statistiques un modèle cohérent de l'histoire de la matière. Par exemple, il n'y a aucun espoir de voir un jour « de profil » telle galaxie spirale qui se présente à nous « de face », et inversement. Pour changer un tant soit peu la perspective, il faudrait se déplacer « un peu », c'est-à-dire de quelques millions d'années-lumière, ce qui supposerait de naviguer pendant des milliards d'années à bord d'hypothétiques super-fusées, ce qui est évidemment irréaliste. La situation est pire en ce qui concerne la Voie lactée, puisque nous sommes à l'intérieur. Les deux *figures 14 et 15* représentent les galaxies Messier 83 et NGC 4565, la première vue de face et la seconde de profil ; des recherches publiées en 2005 ont conclu que ces deux galaxies sont probablement, par leurs dimensions, leur structure spirale et leur composition en étoiles, en gaz et en poussières, identiques à la nôtre. L'avantage de disposer ainsi de deux objets « miroirs » permet aux astronomes d'analyser les différentes populations stellaires et d'évaluer la proportion d'étoiles à évolution lente autour desquelles des cortèges planétaires sont susceptibles de se former et de perdurer.

L'exploration temporelle de l'Univers est encore plus difficile car il est exclu de suivre d'un bout à l'autre l'évolution d'une étoile. La durée de vie d'un astronome, et même celle de l'espèce *Homo sapiens* entière dans les hypothèses les plus optimistes, sont incomparablement trop brèves. Dans ces conditions, prétendre explorer l'Univers et en débusquer les éventuels habitants semble très présomptueux. Heureusement, malgré sa vastitude, l'espace est bien rempli. Ainsi, si l'on ne peut voir une galaxie donnée sous différents angles, on peut en faire un bon portrait-robot, en observant des milliers de galaxies semblables mais d'orientations différentes. De même, en analysant les spectres de nombreuses étoiles d'âges différents, on arrive à comprendre comment le Soleil est né il y a un peu moins de 5 milliards d'années, comment il fonctionne, et quelle sera son évolution pour les quelques milliards d'années à venir.

Pour décrire et comprendre l'Univers, l'outil statistique est donc essentiel, mais il est d'un maniement délicat. Imaginons un observateur qui n'aurait à sa disposition, pour comprendre l'espèce humaine, qu'une photographie de foule. Pour qu'elle soit informative, elle doit comporter des personnages divers : hommes, femmes, enfants, adultes, vieillards, de toutes provenances et dans toutes les attitudes. La présence d'une classe d'enfants ou d'un club de retraités en goguette constitue ce qu'on appelle en astronomie un *effet de sélection observationnel*, embûche qu'il faut essayer d'éviter ou de

Figure 14 — La galaxie spirale Messier 83 vue de face

corriger le mieux possible, sans quoi la statistique se réduit à sa célèbre définition : une forme élaborée du mensonge. Dès l'instant où l'astronome connaît les limites et le domaine de validité de l'outil statistique qu'il utilise, il peut élaborer un certain nombre de relations de cause à effet, lui permettant d'appréhender la structure et l'évolution de la matière cosmique. Les galaxies possèdent des propriétés morphologiques similaires au sein d'une même famille quant à leurs dimensions, leur mouvement de rotation et les variétés d'étoiles qui les composent, permettant ainsi de généraliser les échelles de distance et les propriétés dynamiques observées jusqu'à 2 milliards d'années-lumière.

L'évolution de la matière et l'unité du monde

Étendue à l'Univers proche, c'est-à-dire dans un rayon de quelques centaines de millions d'années-lumière, l'unité du monde physique a quelque chose d'impressionnant ; il n'y a pas de particules, de forces, d'atomes différents de ceux que nous observons et mesurons sur Terre. Confrontée à l'ensemble de l'Univers accessible au télescope, cette unité fait encore partie des hypothèses de travail, notamment dans l'élaboration des modèles cosmologiques.

Faute d'une véritable connaissance des propriétés d'espace et de temps généralisées à l'ensemble de l'Univers, les cosmologistes décrivent pour l'instant, et à un certain niveau, l'ensemble de la matière cosmique à l'aide de quatre forces : gravitationnelle, électrostatique, d'interaction nucléaire faible et d'interaction nucléaire forte. Cette remarquable propriété souligne l'extrême simplicité de cette organisation ; à lui seul, ce quatuor de forces est capable d'expliquer l'évolution de la matière depuis le Big Bang. Deux interactions nous sont directement perceptibles car elles régissent notre quotidien : la gravitation et la force électrique. La gravitation joue un rôle particulier car, tout en étant la plus familière, c'est l'interaction la plus paradoxale ; son action est parfaitement négligeable au niveau microscopique, mais c'est elle qui assure la cohésion des galaxies et serait responsable d'une accélération de l'expansion de

Figure 15 — La galaxie spirale NGC 4565 vue par la tranche

l'Univers. La force électrique partage avec la gravitation la propriété d'avoir une intensité inversement proportionnelle au carré de la distance, c'est-à-dire d'agir à longue portée, contrairement aux deux interactions nucléaires.

L'origine de la matière

La matière qui constitue le vivant n'a pas l'âge de ses artères ; elle date des premiers temps de l'Univers. Les particules essentielles, protons, neutrons, électrons, sont apparues et se sont différenciées dès l'instant où, après l'expansion faisant suite au Big Bang, l'Univers a commencé de se refroidir. Les modèles de la cosmologie primordiale tentant de reconstituer les premiers instants de l'Univers font appel à une physique qui ne peut se décrire qu'à travers des théories dites de « Grande Unification », où les quatre forces se trouvent réunies en une force unique.

Selon ces scénarios, une infime fraction de seconde après l'explosion de l'Univers, la gravitation se différencie des autres forces (encore unifiées), pour devenir responsable des interactions à longue distance de la matière. Parmi les autres forces, la force électrostatique est celle dont l'action prédomine, les deux autres, les interactions nucléaires faible et forte, ne jouant un rôle qu'à l'intérieur des noyaux atomiques. L'interaction nucléaire forte va à son tour se différencier du couplage entre interaction nucléaire faible et force électromagnétique, précipitant l'Univers dans une phase d'expansion rapide : l'inflation. Cet Univers devient une soupe bouillante d'électrons, de positrons (électrons chargés positivement), de neutrinos, d'antineutrinos, de protons, de neutrons, de photons et de quarks libres. Il faut attendre plusieurs millions d'années pour que la matière s'organise sous forme de galaxies et d'amas. La chimie proprement dite ne naît que lorsque la température devient inférieure à 10 000 degrés, permettant la formation des atomes d'hydrogène, d'hélium et de lithium. Ce que nous observons aujourd'hui est le résultat de l'expansion et du refroidissement cosmique au cours desquels l'horizon cosmologique n'a cessé de s'éloigner, tandis que la température est progressivement descendue à 3° Kelvin.

Si l'Univers est en expansion, des observations de supernovae à plus de 10 milliards d'années-lumière effectuées depuis 1998 et confirmées en 2003 indiquent que cette expansion serait en accélération, après avoir été freinée par la gravité pendant les premiers milliards d'années. L'interprétation de cette accélération met en jeu une force répulsive baptisée *énergie sombre*, agissant à grande distance, inverse et d'intensité supérieure à la gravitation. Les observations effectuées en 2003 par le satellite *WMAP* indiquent qu'elle représenterait 73 % de la matière présente dans l'Univers, le reste n'étant composé que de 4 % de matière baryonique (celle que nous observons) et de 23 % de matière « exotique » (dont une partie constituée d'antimatière). La présence et la nature de cette énergie sombre, ou encore la présence d'hypothétiques particules lourdes à faible interaction, les WIMPS[2], sont autant de points d'interrogation concernant de possibles relations avec des formes de vie encore inenvisageables au-delà de la supposition gratuite. Comme nous l'avons précisé au chapitre précédent, le vivant pourrait prendre des formes très inhabituelles vis-à-vis de la chimie du carbone, en utilisant des composés et des interactions qui nous sont encore inconnus. Même si de telles spéculations sur la vie ailleurs relèvent de la science-fiction, les progrès rapides accomplis par la cosmologie ouvriront des perspectives étonnantes dans un avenir pas trop lointain.

Une physique et une chimie universelles

Rien ne permet d'affirmer *a priori* que les lois de la chimie sont universelles dans le cosmos. Depuis Copernic, l'Univers a quitté progressivement son statut métaphysique pour devenir un véritable laboratoire d'investigations et d'expérimentations, dans lequel les étoiles sont les foyers directement observables des réactions thermonucléaires à la source de la variété des éléments, tandis que le milieu interstellaire, au sein des nuages de gaz et de poussières,

2. Acronyme de *Weakly Interacting Massive ParticleS*.

assure les réactions chimiques. Cependant, la température, la pression et la densité du milieu changent d'une région à l'autre, ne serait-ce que du cœur d'une étoile à son enveloppe, et n'ont en général rien à voir avec ce que l'on observe sur Terre ; notre planète échappe à la température torride vénusienne ou aux froids extrêmes de Pluton. Cette large palette de conditions physiques explique pourquoi les différents éléments de la nature ne sont pas tous présents de façon homogène dans l'Univers, et par conséquent peuvent influencer localement l'apparition et le développement du vivant, ou bien l'annihiler dans d'autres régions, suivant les abondances requises. Néanmoins, nous savons que les étoiles brillent en suivant les mêmes séquences de réactions thermonucléaires. C'est pourquoi la présence de raies spectrales identiques jusque dans les astres les plus éloignés est une précieuse indication que les mécanismes physiques et chimiques sont indépendants des échelles d'espace et de temps.

L'évolution stellaire n'apporte que des preuves indirectes de l'universalité des lois de la chimie dans la mesure où nous n'avons pas d'accès direct au cœur des astres, mais les contraintes expérimentales permettent d'établir et de valider un certain nombre de lois. Celles-ci peuvent ensuite être appliquées à toutes les régions de l'Univers susceptibles d'héberger les conditions favorables au développement du vivant. La loi de Torricelli sur l'équilibre des fluides dans un champ de pesanteur et la gravitation de Newton permettent d'expliquer pourquoi les pressions sont extrêmement élevées au cœur des étoiles. L'agitation thermique des atomes sous l'action des réactions thermonucléaires vient équilibrer l'attraction de la masse de matière stellaire : l'astre est en équilibre hydrostatique. Le problème est de savoir comment une telle masse de gaz a été rassemblée ; c'est la question de la formation stellaire. Ensuite, l'application de la loi de Mariotte et Gay-Lussac, connue sous le nom de loi des gaz parfaits, associe les hautes pressions à de très hautes températures. La loi de Fourier du transport de la chaleur permet de conclure à une température centrale des étoiles voisine de 15 millions de degrés. Enfin, la loi de Maxwell explique comment, sous l'action de la température, les noyaux des atomes s'agitent à des vitesses suffisantes pour interagir selon la loi de Gamow. Des réactions nucléaires se produisent, dont le bilan est donné par la loi d'Einstein sur l'équivalence matière-énergie : $E = mc^2$. L'explication cohérente du rayonnement du Soleil et des étoiles, satisfaisant aux exigences causales les plus rigoureuses, démontre que les lois terrestres ci-dessus sont valables au moins dans l'Univers proche[3].

Unité, n'y es-tu ?

L'unité de l'Univers dans la structure et l'évolution de son contenu matériel est un paradigme dont les lois de la physique et de la chimie sont les manifestations les plus perceptibles. Indépendamment de l'avancée des connaissances, ce cosmos unitaire nous touche directement en défiant le temps puisqu'on le trouve aussi bien dans le *Timée* de Platon que dans les théories de cosmologie les plus avancées[4]. Le quatuor des forces est capable d'expliquer l'évolution de la matière dans l'Univers depuis le Big Bang. Le jeu de ces quatre forces offre les combinaisons les plus originales, auxquelles le hasard des rencontres entre les particules, tel que les définit la mécanique quantique, apporte son piment.

Cette unité conduit à admettre que si l'apparition de la vie dans l'Univers n'est actuellement indéniable que dans un cas unique (sur Terre), l'émergence et l'évolution d'êtres organisés sur des multitudes de planètes ne sont *a priori* ni une utopie ni une chimère. Le problème majeur consiste à savoir où et comment chercher ; c'est pourquoi il est indispensable de connaître l'Univers, les galaxies qui le composent, et parmi celles-ci notre Galaxie.

---

3. Evry Schatzman, *Les Enfants d'Uranie*, Seuil, coll. « Science ouverte », 1986.

4. *De la science à la philosophie. Y a-t-il une unité de la connaissance ?*, Albin Michel et France-Culture, 2005.

L'Univers à la Prévert

Le ciel que nous observons est très peu différent de celui que contemplaient les Anciens : les astres semblent immuablement fixés sur la voûte céleste. Il y a cent ans encore, il était difficile de donner la distance ou la dimension des étoiles, et encore moins celle des galaxies. Expliquer la cause de leur rayonnement était encore plus problématique. Pourquoi les étoiles brillent-elles ? Quelle est leur évolution ? C'est au XXe siècle, avec l'essor des moyens d'investigation, photomètres, spectrographes, et grâce aussi aux progrès en physique atomique et nucléaire, que l'on a compris l'évolution continuelle des galaxies et des étoiles, et que le milieu stellaire même joue un rôle fondamental dans notre propre histoire galactique. La variété des éléments qui composent les « briques » du vivant n'existe que parce que les étoiles les synthétisent progressivement au cours de leur longue histoire, depuis l'hydrogène jusqu'aux éléments du pic du fer, avant d'entamer les phases d'instabilité aboutissant à la formation des éléments lourds. Les étoiles nous apportent tous les ingrédients indispensables à la vie : nous sommes ainsi de véritables *poussières d'étoiles*[5]. Cette relation intime qui nous lie au milieu stellaire réduit d'ailleurs tout le charlatanisme astrologique à une peau de chagrin, dans la mesure où ce qui nous rattache aux atomes et aux molécules issus du cosmos rend parfaitement caduc le pseudo-déterminisme planétaire.

L'inventaire de l'Univers est digne de celui de Prévert par l'extraordinaire diversité d'objets qu'il abrite. Les plus grandes entités individuelles sont les galaxies, toujours rassemblées en groupes, amas et même superamas. Elles sont composées d'un mélange d'étoiles, de gaz et de poussière et classées en fonction de leur morphologie. Peu de temps après les premières observations au télescope de Hubble dans les années 1920, établissant définitive-

---

5. Hubert Reeves, *Poussières d'étoiles*, Seuil, coll. « Points Sciences », 1994.

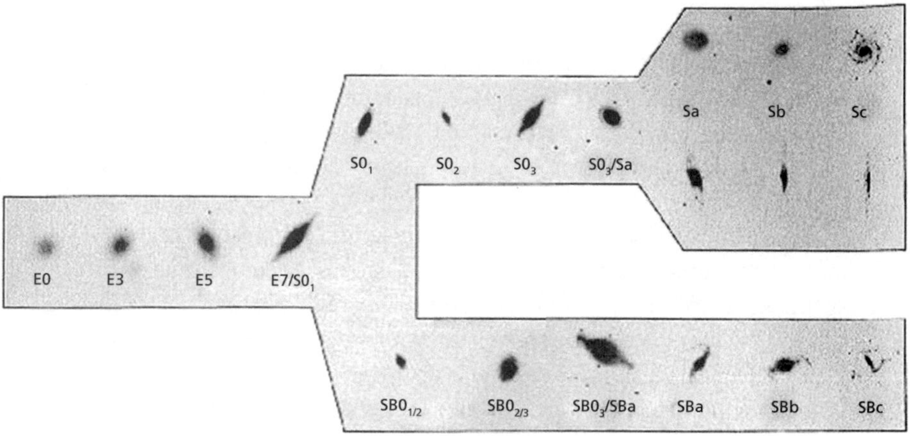

Figure 16 — La classification des galaxies d'après Hubble

ment leur nature extragalactique, les astronomes ont distingué deux classes principales : les galaxies spirales et les elliptiques. La première catégorie comporte deux sous-classes de spirales : les *spirales normales* et les *spirales barrées*. Un troisième groupe, celui des *galaxies irrégulières*, contient des objets dépourvus de toute symétrie. Au cours des années 1930, Hubble introduisit sa célèbre classification morphologique « en diapason », encore utilisée de nos jours, après quelques améliorations *(figure 16)*. Si les différents types de galaxies représentent divers stades d'évolution, les astronomes n'ont pas actuellement de modèle satisfaisant ; en particulier, les galaxies elliptiques et spirales ont des masses très différentes, indiquant que chacune des deux familles a suivi une évolution spécifique. Dans la recherche du vivant, les galaxies spirales sont des cibles privilégiées puisque la Voie lactée appartient à la même famille ; ce critère de similitude morphologique est néanmoins parfaitement arbitraire : la vie se développe peut-être beaucoup plus facilement dans une galaxie elliptique ou irrégulière. Vues « de loin », les galaxies sont comme les marguerites dans un champ, définissant l'unité de celui-ci par-delà leurs variantes secondaires. De manière similaire (mais à un ordre supérieur), l'unité de l'Univers se prouve dans le Groupe local comme à des milliards d'années-lumière[6].

Au sein du Groupe local, la Galaxie est un laboratoire d'expérimentations où interagissent les étoiles, le gaz et la poussière. Elle se laisse entrevoir par une empreinte au plus profond de la nuit noire : la Voie lactée. C'est un univers dans l'Univers, constitué d'environ 150 milliards d'étoiles, dont la plupart sont assez semblables au Soleil. Dans la Galaxie, les étoiles constituent 90 % de la masse visible, les poussières et les gaz formant les 10 % manquants. La nature de la Galaxie et de l'ensemble des galaxies ne peut se comprendre qu'en analysant les différentes interactions entre les étoiles et le milieu interstellaire. Les dizaines de milliards d'étoiles jouent un rôle majeur dans la distribution et l'évolution de la matière qui la compose. Alors qu'un mètre cube d'air contient 30 millions de milliards de milliards de molécules identiques d'hydrogène et d'azote, il est difficile de trouver deux étoiles strictement similaires dans la Galaxie. Si les étoiles se forment suivant des processus identiques, leur masse de gaz initiale différencie fortement leur évolution, et par conséquent la présence ou l'absence d'un système planétaire. C'est pourquoi les étoiles s'apparentant au type solaire sont des cibles de choix pour rechercher la vie sur des planètes lointaines en révolution autour d'elles. Comme nous le verrons au chapitre 5 (« Signes de vie »), parmi toutes les étoiles proches observées « à la loupe », seules quelques dizaines d'entre elles sont à ce jour entourées de planètes (compte tenu des limites des moyens de détection), à des stades d'évolution très différents, mais aucune des étoiles étudiées n'est véritablement jumelle du Soleil.

---

6. Evry Schatzman, *Les Enfants d'Uranie*, Seuil, coll. « Science ouverte », 1986.

La Galaxie

La répartition hétérogène apparente des astres est tout à fait évidente lorsqu'on observe le ciel par une belle soirée d'été ; une bande diffuse domine le ciel : la Voie lactée. Traversant les constellations de Persée, Céphée, Cassiopée, elle apparaît bien brillante dans le Cygne, puis se divise en deux branches descendant vers le Scorpion et le Sagittaire. Dans l'hémisphère austral, elle traverse le Centaure, la Croix du Sud, les Voiles et la Carène, pour remonter vers l'hémisphère Nord à travers le Grand Chien et Orion. L'observateur constate aisément que la Voie lactée est irrégulière, plus ou moins large, plus ou moins brillante, mais qu'elle suit à peu près un grand cercle de la sphère céleste. Dans un instrument modeste, elle est résolue sous forme d'une myriade d'étoiles, contrastant avec des zones sombres.

Un vaste manège en rotation

Être à l'intérieur de la Galaxie conduit à une situation paradoxale : il est difficile d'en connaître les dimensions. Un promeneur dans une forêt ne peut estimer directement les dimensions de celle-ci ; il n'a accès qu'aux arbres qui l'entourent. C'est pourquoi les générations successives d'astronomes ont effectué de véritables travaux de bénédictins pour déterminer les caractéristiques physiques et dynamiques de la Galaxie. Aujourd'hui, nous savons qu'elle a une structure spirale avec six bras dominants. Elle forme un disque plat de 100 000 années-lumière de diamètre et de 1 700 années-lumière d'épaisseur, dont le centre est occupé par un bulbe de 20 000 années-lumière de diamètre et de 3 200 années-lumière d'épaisseur, le tout plongé dans un immense halo sphérique de gaz, comprenant les amas globulaires. La rotation du disque ne peut expliquer à elle seule la structure spirale : depuis l'effondrement gravitationnel, les bras spiraux auraient subi des enroulements multiples, suivis d'une dissipation par interaction gravitationnelle. Ce mécanisme extrêmement complexe rend néanmoins bien compte du comportement de la matière et des processus de formation stellaire. Le Système solaire se trouve situé entre deux bras spiraux, celui de Persée à 6 500 années-lumière de nous, vers l'extérieur, et celui du Sagittaire à la même distance vers l'intérieur. Plus près de nous se trouve à 1 500 années-lumière la nébuleuse d'Orion (visible à l'œil nu), vaste complexe riche en étoiles jeunes et en régions HII (hydrogène ionisé chaud), favorables à la formation stellaire. Dans cette vaste bulle de gaz, la richesse du milieu peut être un critère favorable à l'apparition du vivant, contrairement à des secteurs moins bien pourvus, notamment un disque d'hydrogène neutre qui s'étend jusqu'à 50 000 années-lumière environ du centre galactique.

Le bulbe est la région de la Galaxie encore la plus mal connue. Indéniablement, la densité de matière y est beaucoup plus élevée que dans le disque ou le halo. La population stellaire du disque est très nettement dominée par des étoiles rouges riches en métaux. En se rapprochant du centre, la densité des nuages moléculaires et ionisés augmente, atteignant des températures supérieures à 10 000 degrés. Le voisinage du centre galactique ne contient que très peu de gaz et sa nature est complexe. Le noyau de la Galaxie proprement dit contient une puissante radio-source, Sagittarius A, immergée dans une région de 1,5 milliard de kilomètres de rayon seulement. À cette radio-source est associée une région émettant des rayons X, ainsi que des sources infrarouges. La matière contenue dans le noyau est soumise à de violents mouvements ainsi qu'à de grandes vitesses orbitales, caractéristiques de la présence d'un trou noir. Celui-ci a été mis en évidence par l'observation, en étudiant l'orbite d'une étoile proche du centre ; ce trou noir massif aurait une masse de l'ordre de 2,7 millions de fois celle du Soleil. Si la vie est présente vers le centre galactique, elle doit subir simultanément les effets de la gravitation et du rayonnement, notablement intenses. La *figure 17* montre un schéma de la structure générale de la Galaxie telle que les observations dans les différents domaines de longueurs d'onde permettent de l'interpréter.

La rotation de la Galaxie, découverte dans les années 1920, est responsable de l'aplatissement du disque galactique, qui ne tourne

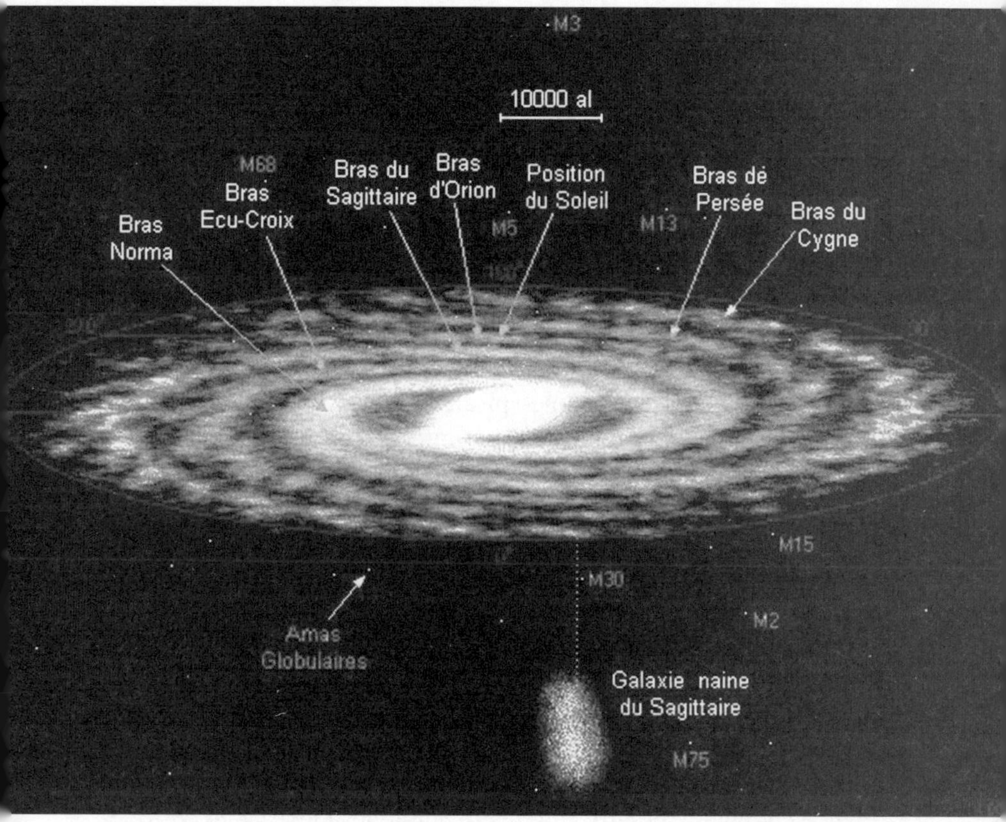

Figure 17 — Structure et dimensions de notre Galaxie

pas du mouvement global d'une structure rigide[7]. Les mesures précises montrent que le système solaire se déplace dans la ronde galactique à une distance de 30 000 années-lumière du centre galactique, et à une vitesse d'environ 220 kilomètres par seconde, soit une révolution autour du centre de la Galaxie en 220 millions d'années.

L'évolution galactique

Au cours de son histoire, la Galaxie s'est enrichie de toutes sortes d'éléments dispersés par les générations successives d'étoiles, lors de leurs phases évolutives terminales. Après avoir subi un effondrement gravitationnel qui, d'une structure plus ou moins sphérique, lui a donné la structure plane spirale que nous lui connaissons, la matière gazeuse la composant a commencé de se transformer en étoiles. Dans ces dernières, la matière évolue par le jeu des réactions nucléaires. L'interdépendance de l'évolution dynamique et chimique de la Galaxie s'explique encore imparfaitement à travers un certain nombre d'hypothèses dont celles de l'évolution stellaire, en considérant que l'abondance des éléments du pic du fer dans l'atmosphère d'une étoile reflète sa composition d'origine. Une étoile vieille est déficiente en métaux par rapport aux étoiles plus jeunes et a des paramètres cinématiques très différents. Les étoiles jeunes ont des vitesses compatibles avec la rotation galactique, présentant des orbites quasi circulaires ; par conséquent, les étoiles à forte déficience en métaux et à paramètres dynamiques élevés sont considérées comme des candidats représentatifs, témoins chimiques locaux des premières époques de l'histoire de la Galaxie.

La composition chimique d'une étoile non évoluée est un indicateur de celle du milieu gazeux dans lequel elle s'est formée ; c'est pourquoi d'une part la comparaison des abondances des éléments entre les vieilles étoiles et les astres plus jeunes (dont le Soleil) contribue à résoudre le problème du bilan de la nucléosynthèse,

---

7. La rotation différentielle est liée à la vitesse angulaire, une fonction de la distance au centre galactique.

et d'autre part les méthodes analytiques associées aux modèles évolutifs permettent d'étudier l'évolution chimique d'une étoile au cours de son histoire. L'abondance en métaux dans une atmosphère stellaire augmente avec le temps, l'étoile les synthétisant par la chaîne des réactions nucléaires qui la font briller. Vers la fin de leur vie, les étoiles rejettent dans le milieu interstellaire une fraction importante de leur masse, l'enrichissant ainsi en éléments variés. Les études de dispersion de métallicité dans les étoiles indiquent un écart inférieur à dix fois la composition chimique solaire dans les trois quarts des astres, le dernier quart atteignant des déficiences de cent ou mille fois l'abondance du Soleil. Cette dernière population proviendrait soit d'amas globulaires dilués au cours du temps, soit de nuages de composition chimique hétérogène.

Ces résultats plaident en faveur de la formation de la Galaxie par la collision, suivie de l'effondrement de nuages de composition chimique différente, plutôt que par l'aplatissement d'une sphère de gaz homogène en rotation. Les hétérogénéités chimiques observées pourraient être le dernier reflet de cette constitution fragmentaire originelle ; le système initial aurait maintenant atteint un équilibre gravitationnel, bien que ses constituants ne soient pas encore complètement mélangés. En adoptant un tel modèle d'évolution de la Galaxie, l'effondrement se serait produit il y a 10 milliards d'années et aurait duré 1 milliard d'années, permettant ainsi la synthèse d'une grande quantité de métaux. La question est de savoir si ce modèle évolutif est identique pour l'ensemble des galaxies, ou si celles qui ont bénéficié d'un tel enrichissement en éléments variés sont les seules susceptibles d'abriter un développement privilégié du vivant.

La toile des étoiles

> « Au fil du temps se déroule la gestation cosmique. À chaque seconde, l'univers prépare quelque chose. Il monte et descend les marches de la complexité. »
>
> Hubert Reeves, *Poussières d'étoiles* (Seuil, 1994)

La Galaxie bénéficie du bilan des réactions thermonucléaires des étoiles pour enrichir sa panoplie d'éléments, dont un bon nombre entre dans la composition des briques du vivant. Par leur diversité, les étoiles constituent un véritable zoo galactique, dont le Soleil est l'archétype de l'espèce majoritaire. Les étoiles sont réparties en différentes classes, des naines aux géantes, des astres froids aux astres chauds. Les observations indiquent que la majorité des étoiles du voisinage solaire, aussi bien que l'ensemble des étoiles de la Galaxie, sont confinées dans le disque mince de la Voie lactée. Comme nous pouvons observer celle-ci suivant le grand cercle céleste, on en déduit aisément que le Soleil et les planètes se promènent à proximité du plan galactique. Nous ne sommes effectivement situés qu'à 33 années-lumière de ce plan, animés de différents mouvements, dont les plus perceptibles sont la rotation terrestre et la révolution autour du Soleil.

La distance et le mouvement des étoiles

En utilisant différentes méthodes, dont une des plus précises consiste à mesurer les parallaxes soit au sol, soit à l'aide de satellites astrométriques, les astronomes sont parvenus à mesurer les distances stellaires jusqu'à 1 000 années-lumière *(figure 18)*. La méthode des parallaxes est simple et s'explique de la manière suivante : tenez un stylo verticalement dans chaque main, chacun à une distance différente des yeux. Tout en fermant un œil, essayez de les aligner ; sans bouger, changez d'œil : les stylos ne sont plus alignés. La distance entre les deux yeux (environ 7 centimètres) représente la base de triangulation à partir de laquelle il est possible de déterminer la distance du stylo le plus proche par une simple trigonométrie[8]. En utilisant le diamètre de l'orbite terrestre comme base de triangulation, soit près de 300 millions de kilomètres, on détermine les distances des étoiles proches avec une très bonne précision. Pour les astres plus éloignés, les satellites astrométriques

---

8. La méthode des parallaxes est décrite en détail dans Dominique Proust et Jacques Breysacher, *Les Étoiles*, Seuil, 1996.

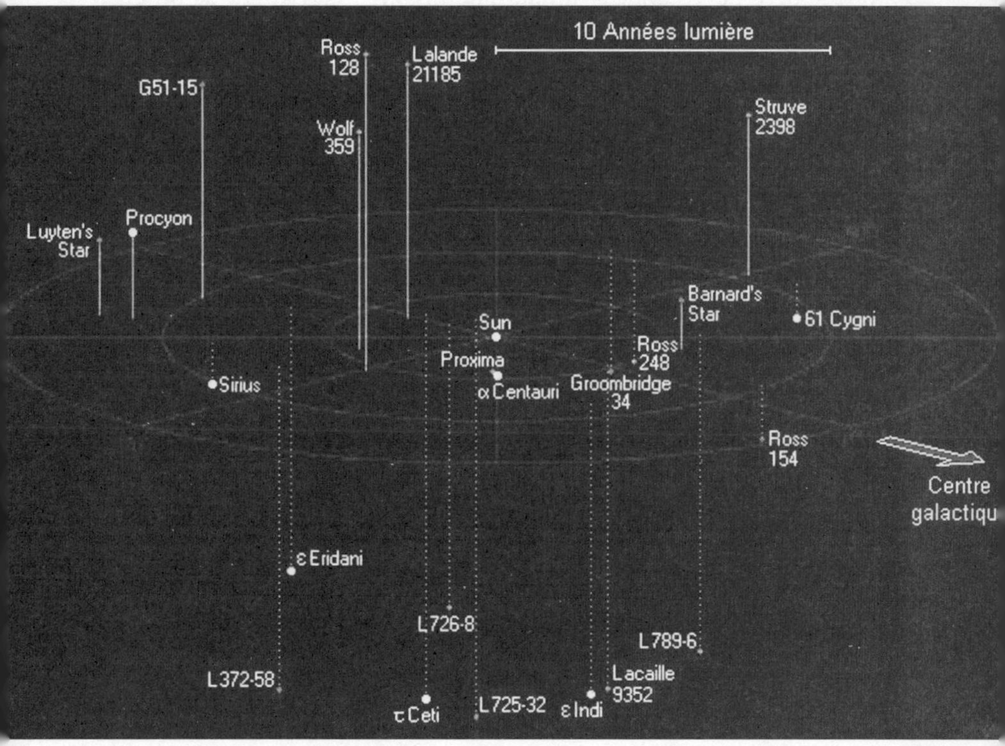

Figure 18 — Les étoiles les plus proches du Soleil

comme *Hipparcos* ont permis de mesurer les distances stellaires jusqu'à 1 000 années-lumière.

Les dix étoiles les plus proches du Soleil sont contenues dans une sphère de 10 années-lumière de rayon ; l'étoile la plus proche, Proxima Centauri, avec une masse n'excédant pas le dixième de celle du Soleil pour une luminosité 10 000 fois inférieure, n'est distante que de 4,3 années-lumière. On trouve vingt-six étoiles contenues dans une sphère de 12 années-lumière de rayon, dont trois d'entre elles seulement sont plus grandes et plus lumineuses que le Soleil. Proxima Centauri est proche du système binaire formé par α Centauri A et B, deux étoiles assez similaires au Soleil, situées à 4,4 années-lumière de nous. Les trois astres suivants sont des naines rouges, légèrement plus massives que Proxima : l'étoile de Barnard, Wolf 359 et Lalande 21185, respectivement distantes de 5,9, 7,6 et 8,1 années-lumière. Plus loin, la splendide Sirius, que Cyrano de Bergerac voyait *affublée d'un turban*[9], est 2,3 fois plus massive et 23 fois plus lumineuse que le Soleil à une distance de 8,6 années-lumière, tandis que sa compagne, Sirius B, est la première naine blanche découverte ; elle a la masse du Soleil, mais est 1 000 fois moins lumineuse et 100 000 fois plus petite que lui[10]. Au-delà, on trouve encore quatre couples, dont la belle étoile Procyon dans la constellation du Petit Chien.

Une deuxième méthode de mesure des distances stellaires repose sur la détermination des mouvements propres de courants d'étoiles. De tels procédés sont purement géométriques et ne dépendent pas des propriétés physiques intrinsèques des étoiles mesurées, celles-ci fournissant plus spécifiquement les informations nécessaires à la compréhension de l'évolution stellaire. Chaque étoile se déplace indépendamment de la rotation de la Galaxie, à des vitesses de l'ordre de plusieurs dizaines de kilomètres par seconde, tandis que les étoiles proches du Soleil se promènent à moins de 50 kilomètres par seconde, parcourant environ

---

9. Edmond Rostand, *Cyrano de Bergerac*, acte III, scène 11.
10. Nicolas Prantzos, *Voyages dans le futur*, Seuil, 1999.

1 575 millions de kilomètres par an. Ainsi, il y a 33 000 ans, l'étoile la plus proche du Soleil s'appelle Gliese 65 [11] ; aujourd'hui, elle est distante de 8,73 années-lumière. Actuellement, une minuscule étoile rouge, Ross 248, se trouve à 10,8 années-lumière de nous, bien plus froide et probablement bien plus âgée que le Soleil. Dans 32 000 ans, cet astre se situera, en raison de son mouvement propre dans notre Galaxie, à 2,9 années-lumière du Soleil. Enfin, en l'an 814 872 (environ...), parmi quatre étoiles qui se rapprochent de nous, BD+61366 ne sera qu'à 0,3 année-lumière du Soleil, soit 15 fois plus proche qu'α du Centaure. De la même manière, le Soleil et son cortège de planètes se déplacent à une vitesse de l'ordre de 20 kilomètres par seconde dans une direction précise appelée l'*apex*, située dans la constellation d'Hercule.

Les familles d'étoiles

L'avènement de la spectroscopie a permis de classer les étoiles en fonction de caractéristiques physiques communes. Le premier catalogue de spectres stellaires concerne quelque 265 000 étoiles réparties en classes et sous-classes de températures de surface, les principales portant l'une des lettres O, B, A, F, G, K, M, R, N, S [12]. Cette classification permet de répartir les étoiles suivant des températures décroissantes s'échelonnant entre 35 000 et 2 000 degrés. Le Soleil, avec ses 6 000 degrés, est une étoile G. L'analyse de la largeur des raies spectrales stellaires permet aussi de classer les étoiles en fonction de leur diamètre. Certaines étoiles sont quasiment des géantes qui, mises à la place du Soleil, engloberaient les orbites de Mercure, Vénus, la Terre et même Mars. La connaissance de la dimension des étoiles permet de les répartir en cinq groupes : les supergéantes, les géantes (deux classes), les sous-géantes et les naines.

---

11. L'astronome Wilhelm Gliese a publié en 1973 un catalogue des étoiles situées à moins de 80 années-lumière du Soleil.

12. Dominique Proust et Jacques Breysacher, *Les Étoiles*, Seuil, coll. « Points Sciences », 1996.

L'observation de la sphère céleste à l'œil nu permet de dénombrer environ 5 000 étoiles. Ce nombre augmente dès que l'on utilise un instrument, atteignant rapidement des centaines de millions d'astres ; on estime que la Galaxie contient environ 200 milliards d'étoiles. Elles se caractérisent par leur éclat, leur répartition et leur spectre. L'analyse spectrale nous fournit de précieux renseignements sur la nature de la lumière qu'elles émettent ; nous pouvons ainsi déterminer les paramètres fondamentaux de chaque astre : température de surface, gravité, polarisation, abondance des différents éléments, etc. La quantité totale de lumière émise par une étoile (la luminosité) dépend de sa température de surface. La surface émissive dépend elle-même du rayon de l'astre, qui lui-même est fonction des équilibres thermique et mécanique assurant la stabilité de l'étoile. Chaque étoile a ainsi ses propres caractéristiques qui vont régir à la fois ses conditions d'évolution et sa durée de la vie.

Évolution stellaire et catastrophes planétaires

> « Ne peux-tu prendre les étoiles ?
> Écartelée tu leur ressembles
> Dans leur nid de feu tu demeures
> Et ton éclat s'en multiplie. »
>
> Paul Eluard (1895-1952)

L'évolution stellaire joue un rôle majeur dans la recherche de la vie extraterrestre. C'est pourquoi le fait qu'une étoile de type solaire puisse, vers la fin de sa vie, enfler démesurément pour devenir une géante rouge, est lourd de conséquences pour d'hypothétiques planètes environnantes, obligeant une éventuelle civilisation, victime des humeurs de son étoile mère, soit à émigrer vers des contrées plus lointaines, soit à parvenir à domestiquer les caprices de l'étoile.

Dans les années 1910, l'astronome danois Hertzsprung et l'Américain Russell montrent indépendamment l'un de l'autre que les étoiles ne sont pas distribuées au hasard lorsqu'on porte sur un diagramme leur luminosité en fonction de leur température superfi-

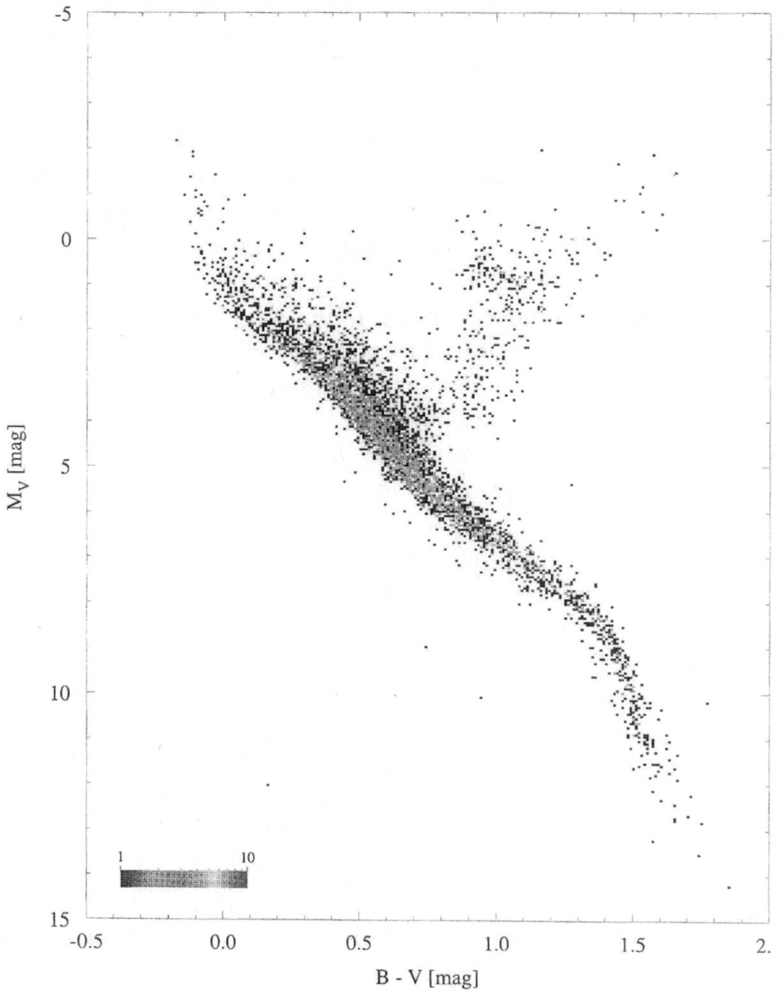

Figure 19 — Le diagramme de Hertzsprung-Russell montre l'évolution d'une étoile en fonction de sa température (différence d'indice de couleur entre la magnitude bleue B et la magnitude visible V) et de sa luminosité intrinsèque.

cielle. Le *diagramme de Hertzsprung-Russell* (ou diagramme HR) obtenu joue un rôle fondamental dans la compréhension de la structure et de l'évolution stellaires *(figure 19)*. Voici comment on interprète cette relation : le long de l'axe horizontal, les températures décroissent, tandis que le long de l'axe vertical, la luminosité augmente. La majorité des points se concentrent le long d'une diagonale descendant vers la droite : c'est la *Séquence principale*, dans laquelle se situe le Soleil. Une autre région quitte la Séquence principale et monte vers la droite : elle contient donc des étoiles à la fois de grande luminosité mais à faible température de surface, c'est-à-dire à rayon important : c'est la *Séquence des géantes*. Enfin, une zone située vers le bas du diagramme contient à la fois des étoiles de faible luminosité et de température de surface élevée : c'est la *Séquence des naines blanches*.

Les étoiles de la Séquence principale brillent grâce aux réactions nucléaires transformant l'hydrogène en hélium ; ces réactions vont se poursuivre tant que l'astre dispose d'une quantité d'hydrogène suffisante. La combustion de l'hydrogène augmente la température et la pression de la matière stellaire, qui vient équilibrer la force de gravitation créée par la masse même de cette matière : l'étoile est dite *en équilibre hydrostatique*. Une étoile est une source d'énergie d'une étonnante stabilité, dissipant l'énergie issue de ses réactions thermonucléaires centrales dans toutes les directions de l'espace.

Comme pour les humains, les étoiles suivent une loi d'évolution les conduisant vers une mort inéluctable. La phase de vieillissement intervient lorsque l'hélium résultant de la combustion de l'hydrogène remplit les couches centrales de l'astre. L'hélium entre en combustion, mais comme cette réaction se fait à une température nettement plus élevée que pour l'hydrogène (réaction dite exothermique), l'étoile devient alors une géante rouge, tandis que l'hélium se transforme progressivement en carbone puis en oxygène. Le stade ultime voit la transformation de l'oxygène en silicium, en magnésium, avec un enchaînement de réactions thermonucléaires aboutissant à la formation de noyaux de fer. À ce stade, l'instabilité du milieu et les températures sont telles que l'étoile, pour peu qu'elle soit assez massive (au moins 30 fois la masse du Soleil), finit par exploser, devenant une splendide *supernova*. Un tel phénomène augmente le rayonnement et éjecte des flux de matière tels que toute forme de vie potentielle est inéluctablement éradiquée à des dizaines d'années-lumière à la ronde. Pour notre avenir, les étoiles environnantes ne semblent heureusement pas présenter de risque potentiel, vu leur faible masse. Seul le Soleil, lorsqu'il entrera dans la phase de géante rouge (d'ici à 4 milliards d'années environ...), enflera jusqu'à l'orbite de Mars, réduisant la Terre en cendres.

La masse d'une étoile est un indicateur précieux de son espérance de vie ; plus un astre est massif, plus la combustion de l'hydrogène se fait rapidement, raccourcissant d'autant son existence. À l'aide d'une relation importante liant le rayon d'une étoile, sa luminosité et sa température de surface, on calcule son temps de vie sur la Séquence principale. Le Soleil, avec ses 6 000 degrés en surface, devrait y séjourner un peu plus de 8 milliards d'années, pour une espérance de vie totale d'une dizaine de milliards d'années. Un astre seulement 1,5 fois plus massif que le Soleil mais dont la température atteint 7 000 degrés ne survivra que 1,7 milliard d'années sur la Séquence principale, 68 millions d'années pour 5 masses solaires et 15 000 degrés, et seulement 10 millions d'années pour 15 masses solaires et 30 000 degrés ; la « légèreté » et la température modérée d'une étoile garantissent sa longévité. C'est pourquoi, dans la sélection des étoiles « favorables » à la vie sur quelques planètes voisines, il est important d'exclure d'emblée les astres trop massifs, dont l'évolution trop rapide n'offre pas les conditions suffisantes de stabilité au lent développement du vivant.

Une étoile de type solaire contient globalement 75 % d'hydrogène, 23 % d'hélium, 1,5 % d'un cocktail d'oxygène, de carbone et d'azote, les autres éléments n'intervenant que pour 0,5 %. La nucléosynthèse primordiale montre que ces éléments chimiques simples se sont formés dans les premiers temps de l'histoire de l'Univers, tandis que les éléments lourds ont été synthétisés bien plus tardivement au sein des étoiles massives, puis éjectés lors de la phase de supernova. Lors de ces explosions, tous ces éléments sont dispersés dans l'espace, se rassemblant lentement pour former de nouveaux nuages composites de matériaux qui, par condensation, donnent naissance à de nouvelles étoiles. En outre, les températures et les densités du milieu interstellaire sont faibles, permettant ainsi à tous les éléments essentiels à la réalisation des synthèses organiques d'être présents dans ces nuages. Outre ces composés, le milieu interstellaire contient également de grandes quantités de gaz et de poussières dont les diverses interactions apportent des informations déterminantes sur les conditions d'apparition et de développement du vivant.

Poussières et parfums

> « Lorsque le radical OH (alcool) fut découvert dans l'espace, on eut la conviction que la vie ne devait pas être bien loin. »
>
> Folklore des astronomes

Pendant bien des siècles, l'espace était considéré comme vide. Seules les étoiles, les planètes et les comètes figuraient au Bottin cosmique. Les progrès de la spectroscopie et de la radioastronomie ont permis de comprendre que le milieu interstellaire contient en fait de nombreux matériaux sous forme d'atomes, de molécules, de grains et de poussières, capables d'absorber et de diffuser la lumière stellaire, et d'interagir pour constituer les briques du vivant.

La nature du milieu interstellaire est connue des astronomes par les nombreuses observations effectuées dans les différents domaines de longueurs d'onde, et par les nombreuses images de la Voie lactée, révélant çà et là des régions sombres, dues non pas à l'absence de matière, mais au contraire à la surabondance d'une masse absorbante de composés hétéroclites, jouant un rôle majeur dans l'évolution de la matière interstellaire. Dans les années 1920, les astronomes découvrirent que les spectres de nombreuses étoiles présentent des raies d'absorption dédoublées, correspondant à la lumière émise non seulement par l'astre en mouvement (les raies sont décalées par effet Doppler-Fizeau[13] en raison de la cinématique stellaire) mais aussi par des nuages contenant les mêmes éléments et situés sur la ligne de visée (raies à leur position de repos). Les éléments correspondants sont identifiés avec une bonne précision, calcium et sodium en particulier. En outre, la présence dans ces nuages de raies d'hydrogène en émission indique que la majorité des étoiles partagent une composition chimique analogue à celle du milieu environnant, et que ces étoiles sont indiscutablement issues de ces régions émissives chaudes, véritables maternités stellaires. Par la suite, les nuages interstellaires de matière révèlent la présence d'ions et de radicaux tels que OH, CH, CN ou encore CH^+. À l'issue de la Seconde Guerre mondiale, les progrès rapides de la radioastronomie montrent également que la raie de l'atome d'hydrogène à 21 centimètres de longueur d'onde est universellement présente dans le plan de la Voie lactée. Cette raie, signature de la présence d'hydrogène atomique dans le milieu interstellaire avec une densité de l'ordre d'un atome par centimètre cube, vient compléter la liste des composés chimiques des nuages froids.

L'observation des radicaux interstellaires est une clé des processus liés au développement du vivant. L'évolution stellaire ne peut se concevoir sans interaction de matière entre les étoiles et les nuages

13. L'effet Doppler-Fizeau, appliqué au domaine des longueurs d'onde lumineuses, a pour conséquence un décalage global des raies spectrales vers les grandes longueurs d'onde (domaine « rouge »), lorsque la source lumineuse s'éloigne de l'observateur, et inversement vers les courtes longueurs d'onde (domaine « bleu ») en cas de rapprochement. Cet effet physique explique, dans la gamme des ondes sonores, le changement de tonalité de l'avertisseur d'un véhicule roulant rapidement, ainsi que le fonctionnement des radars. Si λ désigne la longueur d'onde mesurée d'une raie spectrale et λ_0 sa longueur d'onde au repos, la vitesse v d'un objet en mouvement, exprimée en kilomètres par seconde, se calcule avec :

$$v = c\frac{\lambda - \lambda_0}{\lambda_0}$$

où c désigne la vitesse de la lumière.

- **Composés hydrogénés :** **H_2** dihydrogène ; **HD** ; **H_3^+** ; **H_2D^+**

- **Composés hydrogénés et carbonés :** **CH** (méthylidine) ; **CH^+** (ion méthylidine) ; **C_2** (dicarbone) ; **CH_2** (radical méthylène) ; **C_2H** (radical éthynyle) ; **C_3** (tricarbone circumstellaire) ; **CH_3** (groupe méthyle) ; **C_2H_2** (éthyne) ; **C_3H** (propynylidine linéaire) ; **c-C_3H** (cycle propynylidine) ; **CH_4** (méthane circumstellaire) ; **C_3H_2** (cyclopropénylidène) ; **H_2C_3** (propadiénylène linéaire) ; **C_4H** (radical butadiynyle) ; **C_5** (pentacarbone circumstellaire) ; **C_2H_4** (éthène circumstellaire) ; **C_5H** (radical pentynylidyne) ; **H_2C_4** (butatriénylidène linéaire) ; **CH_3C_2H** (propyne) ; **C_6H** (radical hexatriynyle circumstellaire) ; **H_2C_6** ; **C_7H** ; **CH_3C_4H** (méthyldiacétylène) ; **C_8H** (octocarbone circumstellaire).

- **Composés hydrogénés, oxygénés et pouvant être carbonés :** **OH** (radical hydroxyle) ; **CO** (monoxyde de carbone) ; **CO^+** ; **H_2O** (eau) ; **HCO** (radical formyle) ; **HCO^+** (cation formyle) ; **HOC^+** ; **C_2O** (monoxyde de dicarbone) ; **CO_2** (dioxyde de carbone) ; **H_3O^+** (ion oxonium) ; **$HOCO^+$** (ion carboxyle) ; **H_2CO** (méthanal) ; **C_3O** (monoxyde de tricarbone) ; **CH_2CO** (cétène) ; **HCOOH** (acide formique) ; **H_2COH+** ; **CH_3OH** (méthanol) ; **HCCCHO** (propynal) ; **C_5O** (monoxyde de pentacarbone) ; **CH_3CHO** (éthanal) ; **c-C_2H_4O** ; **$C_2H_4O_2$** (glycolaldéhyde) ; **CH_3OCHO** ; **CH_2OHCHO** ; **HCO_2CH_3** (formiate de méthyle) ; **CH_3CH_2OH** (éthanol) ; **$(CH_3)_2O$** (diméthyléther) ; **$(CH_3)_2CO$** (acétone).

- **Composés pouvant être azotés, carbonés et / ou hydrogénés :** **NH** ; **CN** (cyanogène) ; **NH_2** ; **HCN** (cyanure d'hydrogène) ; **HNC** (isocyanure d'hydrogène) ; **N_2H^+** (ion diazénylium) ; **NH_3** (ammoniac) ;

chauds et froids. La découverte de nuages de gaz denses, dépassant 10^6 particules par centimètre cube et contenant un grand nombre de molécules notablement plus complexes que l'hydrogène, permet d'augmenter rapidement le nombre des composés. La *figure 20* donne la liste des molécules recensées jusqu'en fin 2005. Comme les ondes radio ne sont que faiblement absorbées par la matière interstellaire, il est possible de détecter des molécules vers le centre galactique. Plus le milieu est dense, plus il est protégé du rayonnement des étoiles ; les molécules échappent ainsi au risque de disso-

$HCNH^+$; **H_2CN** (cyanure d'hydrogène) ; **HCCN** ; **C_3N** (radical cyanoéthyne) ; **CH_2CN** (radical cyanométhyle) ; **CH_2NH** (méthanimine) ; **HC_3N** (cyanoéthyne) ; **HC_2NC** ; **NH_2CN** (cyanamide) ; **C_3NH** ; **CH_3NC** (méthylisocyanide) ; **CH_3CN** (cyanure de méthyle) ; **HC_3NH+** ; **C_5N** ; **CH_3NH_2** (méthylamine) ; **CH_2CHCN** (cyanure de vinyle) ; **HC_5N** ; **CH_3C_3N** (méthylcyanoéthylène) ; **C_2H_5CN** (cyanure d'éthyle) ; **HC_7N** (cyanotriéthyne) ; **CH_3C_5N ?** ; **HC_9N** (cyanooctatétrayne) ; **$HC_{11}N$** (cyanopentaéthyne).

■ **Composés pouvant contenir de l'azote, de l'oxygène, de l'hydrogène et du carbone : NO** (monoxyde d'azote) ; **HNO** (radical nitroxyle) ; **N_2O** (oxyde de diazote) ; **HNCO** (acide isocyanique) ; **NH_2CHO** (formamide) ; **SH** ; **CS** (monosulfure de carbone) ; **SO** ; **SO^+** ; **NS** (monosulfure d'azote) ; **SiH** ; **SiH_2** (silylène) ; **SiC** (carbure de silicium circumstellaire) ; **SiN** (nitrure de silicium) ; **SiO** (monoxyde de silicium) ; **SiS** (monosulfure de silicium) ; **HCl** (chlorure d'hydrogène) ; **NaCl** (chlorure de sodium circumstellaire) ; **AlCl** (chlorure d'aluminium circumstellaire) ; **KCl** (chlorure de potassium circumstellaire) ; **HF** (fluorure d'hydrogène) ; **AlF** (fluorure d'aluminium circumstellaire) ; **CP** (carbure de phosphore circumstellaire) ; **PN** (nitrure de phosphore) ; **H_2S** (sulfure de dihydrogène) ; **C_2S** (monosulfure de dicarbone) ; **SO_2** (dioxyde de soufre) ; **OCS** (sulfure de carbonyle) ; **HCS^+** (ion thioformylium) ; **c-SiC_2** (cycle dicarbure de silicium) ; **NaCN** (cyanure de sodium) ; **MgCN** (cyanure de magnésium) ; **MgNC** ; **H_2CS** (thioformaldéhyde) ; **HNCS** (acide isothiocyanique) ; **C_3S** (monosulfure de tricarbone) ; **$HSiC_2$** ; **SiC_3** ; **SiH_4** (silane circumstellaire) ; **SiC_4** (tétracarbure de silicium) ; **CH_3SH** (méthylmercaptan) ; **C_4S** (tétracarbure de soufre) ; **C_5S** (pentacarbure de soufre).

Figure 20 — La moisson des ions, molécules et radicaux interstellaires et circumstellaires

ciation et peuvent interagir plus aisément avec les composantes des nombreux nuages de poussière disséminés aussi bien dans le plan de la Galaxie que dans le milieu environnant.

Cette poussière est encore assez mal identifiée ; on suppose qu'elle se compose de grains de silicates, de graphite et de glace. Ces grains jouent un rôle important, car leur température est estimée à une trentaine de degrés Kelvin. Ils contribuent pour une part importante à l'émission dans l'infrarouge lointain ; la Galaxie rayonne ainsi autant d'énergie thermique dans ce domaine spectral que dans le visible. Au voisinage des régions du milieu interstellaire recevant un flux de rayonnement ultraviolet important par la proximité d'étoiles chaudes, les physiciens ont mis en évidence de larges bandes en émission dans le domaine infrarouge. Leur interprétation exclut l'hypothèse de radicaux libres en raison de la présence d'un fond continu de température trop élevé. Il s'agit en fait d'assemblages de cycles carbonés, appelés hydrocarbures polycycliques aromatiques, tels que le circobiphényl, le coronène ou l'ovalène. L'absorption globale due aux différents composés, radicaux, poussières, grains, hydrocarbures aromatiques contribue à l'évolution du milieu interstellaire, les derniers ajoutant une petite touche parfumée, ce qui ne gâte rien.

La masse de la Galaxie est de l'ordre de $1{,}5 \times 10^{11}$ masses solaires. Déduction faite de la masse des étoiles, composante majoritaire de celle de la Galaxie, les nuages moléculaires n'interviennent que dans une proportion bien plus faible que celle des étoiles, de l'ordre de 10^7 masses solaires ; ce sont cependant les entités individuelles les plus massives de la Galaxie. L'hydrogène et le monoxyde de carbone sont les éléments dominants de ces nuages, les autres composés de la *figure 20* ne constituant qu'une proportion comprise entre 10^{-4} et 10^{-7} de l'abondance globale. Néanmoins, cette imposante liste d'éléments laisse espérer de nombreuses combinaisons chimiques qui peuvent par transformations successives, grâce au rayonnement ultraviolet efficace fourni par les jeunes étoiles, aboutir aux chaînes moléculaires à l'origine du vivant. En dépit de sa basse température, l'espace n'est donc pas un milieu hostile bloquant les échanges chimiques, comme on l'a longtemps pensé. Dans les nuages interstellaires, les atomes et les molécules accèdent, en raison de la raréfaction du gaz, à des états énergétiques tout à fait originaux qui les rendent réactifs. Même si les fragments détectés sont encore très éloignés des protéines et des acides aminés, on peut raisonnablement en déduire que, dans les atmosphères planétaires, des enchaînements

Figure 21 — La nébuleuse Messier 42 d'Orion

complexes ont pu prendre place en suivant le fil conducteur du carbone, suggérant que le schéma biochimique développé sur la Terre aurait quelques bonnes raisons d'être très répandu dans l'espace.

De nombreuses observations confirment l'existence de grains interstellaires par l'analyse de la lumière polarisée. Diverses sources cosmiques montrent une assez forte polarisation, notamment certains types d'étoiles variables, des étoiles dont la lumière traverse de la matière interstellaire avant d'atteindre les détecteurs des télescopes, et des nébulosités particulières. Les mesures précises de polarisation permettent aussi bien d'estimer la quantité de poussières dans la Galaxie, autrement dit la densité de matériaux froids absorbants, que d'étudier les grandes nébuleuses brillantes qui émettent de la lumière, en raison de la présence en leur sein d'étoiles chaudes qui les illuminent. De cette manière, les observations de la célèbre nébuleuse Messier 42 d'Orion *(figure 21)* montrent que la poussière se répartit dans la périphérie de la nébuleuse, le centre étant le plus souvent occupé par des étoiles jeunes, bleues, très chaudes. Des structures filamenteuses très étendues sont également observées, soumises à des mouvements turbulents violents. Cette nébuleuse est une véritable pouponnière, disposant de suffisamment de matière pour fabriquer 10 000 étoiles. C'est également une région privilégiée pour étudier les nombreuses interactions entre les constituants chauds (hydrogène) et froids (molécules et grains de poussière) qui, grâce au rayonnement ultraviolet que les jeunes étoiles dispensent à profusion, peuvent favoriser les synthèses des éléments indispensables au vivant.

L'étude de la Voie lactée et de ses nuages moléculaires est riche d'enseignements. En septembre 2004, des astronomes utilisant le radiotélescope de Green Bank en Virginie découvrent un vaste réservoir froid contenant des traces de molécules de sucre dans un nuage composé de gaz et de poussière appelé Sagittarius B 2, qui s'étend sur plusieurs années-lumière, à quelque 26 000 années-lumière de la Terre, près du centre de la Voie lactée. La détection de la molécule de glycol-aldéhyde au sein d'un tel nuage est particulièrement intéressante, car le milieu est extrêmement froid, de l'ordre de 8 degrés Kelvin, autrement dit à une température où les synthèses moléculaires devraient être stoppées. En outre, cette molécule est composée de 8 atomes : 2 carbones, 2 oxygènes et 4 hydrogènes ; c'est un sucre à 2 carbones pouvant interagir avec un sucre à 3 carbones pour donner un sucre à 5 carbones, autrement dit une ribose. Or, comme nous l'avons vu dans le chapitre précédent, la ribose forme l'ossature de l'ADN et de l'ARN, porteurs du code génétique des organismes vivants.

Cette richesse de molécules interstellaires montre avec quelle facilité les ingrédients nécessaires à la vie peuvent se former dans l'espace, même à des températures extrêmement basses. De manière bien différente que sur la Terre, où la majorité des réactions se produisent dans l'eau liquide, les molécules de l'espace, comme l'eau, le méthane, l'ammoniaque, le dioxyde de carbone ou le méthanol, semblent profiter de la présence des grains de poussière pour interagir entre elles en s'agglutinant à leur surface, formant ainsi des structures plus complexes. Ainsi, les assemblages à l'origine des formes de vie prébiotiques se produisent bien avant que le nuage porteur ne commence à se condenser pour former un système planétaire. Les astronomes s'interrogent donc sur la possibilité d'une vie qui commence à se développer conjointement avec la formation de la planète nourricière, et non pas seulement une fois que celle-ci offre les conditions adéquates. Ainsi, même si la formation d'un système planétaire s'effectue à une température suffisamment élevée pour détruire les molécules les plus « vivaces », l'hypothèse selon laquelle des molécules prébiotiques resteraient confinées dans des nuages environnant la protoplanète, puis viendraient ensemencer celle-ci en bénéficiant du passage d'une queue de comète, semble trouver ici une réelle cohérence.

Un berceau pour l'humanité

> « La Terre est le berceau de l'humanité mais on ne vit pas dans un berceau pour toujours. »
>
> Attribué à Konstantin Tsiolkovski (1857-1935) [14]

La Galaxie est loin d'avoir la forme d'un berceau ; elle a tout au plus celle d'un oreiller. Mais la richesse de son milieu est un indice prometteur pour que la vie ait pu apparaître et se multiplier dans les bras spiraux. Initialement composé d'hydrogène et d'hélium, le milieu interstellaire est enrichi, grâce à l'évolution des étoiles, par l'apport d'éléments plus lourds, tels que l'oxygène, le carbone, l'azote, ainsi que ceux de la famille du pic du fer, du silicium, du magnésium, etc. Les explosions de supernovae apportent aussi leur lot de composés, depuis le nickel jusqu'à l'uranium [15]. Tous ces éléments interagissent avec les nombreux nuages moléculaires en provoquant un lent phénomène de compression gravitationnelle, engendrant une contraction progressive et une vitesse de rotation croissante, à partir desquels de nouvelles étoiles se forment, compensant la mort des astres les plus âgés, devenus naines blanches ou étoiles à neutrons.

La formation d'un système planétaire comme celui du Soleil s'effectue par l'effondrement d'un nuage de gaz, cette contraction provoquant une forte élévation de la température. On peut raisonnablement estimer, à partir des masses et des vitesses mises en jeu, qu'environ 70 % des effondrements donneront des systèmes stellaires multiples, tandis que 30 % aboutiront à une étoile centrale entourée d'un disque protoplanétaire, se fragmentant par la suite pour donner naissance à des planètes individuelles. En outre, grâce à la présence et à l'abondance dans notre Galaxie de grandes quantités de gaz et de poussières comportant une grande variété d'ions et de molécules,

14. Père de l'astronautique soviétique.
15. C'est pourquoi il faudrait répondre à toute personne s'interrogeant sur l'origine d'un bijou en or : « Il vient d'une supernova. »

ainsi qu'un intense rayonnement ultraviolet émis par les étoiles jeunes, les grains de poussière, alourdis par les molécules comme H_2O, CO, OH, CH_3, etc., et accrétés au cours du temps, subissent alternativement des phases de cuisson et de congélation. Lors des phases de contraction des nuages sous l'effet de la compression gravitationnelle, ces grains s'agglomèrent pour former des multitudes de noyaux de comètes, qui pourront ainsi libérer leurs composés volatils au voisinage d'une région chaude, formant notamment les queues observées lorsqu'elles s'approchent du Soleil.

Quant aux composés organiques non volatils demeurant piégés dans le noyau, ils sont suffisamment nombreux et variés pour réunir toutes les conditions d'émergence de la vie, sans faire appel à des processus extraordinaires. La chimie du carbone y est nettement majoritaire, autrement dit celle dont dérivent tous les organismes peuplant la Terre, tel le méthanal ou formaldéhyde (H_2CO) qui participe à la synthèse des acides aminés comme l'adénine ou la glycine. La dernière étape consiste à multiplier les collisions des noyaux cométaires avec les jeunes planètes issues des nuages denses ; les simulations montrent que, lors de la formation d'un système planétaire, les jeunes planètes subissent un véritable bombardement de noyaux cométaires, enrichissant l'atmosphère en eau et le sol en composés organiques.

L'étude de l'apparition et du développement de la vie sur Terre permet de fixer un cadre aux conditions physiques et chimiques initiales ; celles-ci sont suffisamment souples pour disposer d'une large palette de températures, de pressions, d'éléments et d'abondances applicables à l'ensemble de la Galaxie. Nous pouvons ainsi envisager la recherche de la vie extraterrestre dans la Voie lactée en termes de vraisemblance, par l'universalité des lois physiques et chimiques et l'unité des composantes, réunissant ainsi toutes les conditions favorables. Les deux prochains chapitres vont nous emmener d'abord vers notre proche banlieue, le Système solaire, berceau expérimental de la recherche d'autres formes de vie, puis vers ces nouveaux mondes en révolution autour des étoiles proches découverts ces dernières années par les astronomes, où l'espoir de signes de vie potentiels pourrait bien devenir une réalité dans un futur pas trop éloigné.

CHAPITRE 4

Horizons planétaires

« Il contempla sa propre âme à travers un télescope. Ce qui semblait n'être qu'irrégularités, il découvrit et montra que c'étaient de magnifiques constellations et il ajouta à la conscience des mondes cachés dans des mondes. »

Samuel Taylor Coleridge (1772-1834), *Carnets*

Les deux chapitres précédents ont d'une part exposé la définition même du vivant, son apparition et son évolution sur la Terre à la lumière de nos connaissances conjuguées en biologie, en astronomie, ainsi qu'en paléoclimatologie et en paléoécologie, et d'autre part inventorié le contenu chimique de la Galaxie, pour conclure que tous les ingrédients indispensables à l'élaboration du vivant y sont présents. Dans la recherche de la vie dans l'Univers, on a déjà une évidence : il existe au moins un système planétaire dans l'espace où une vie intelligente (ou supposée telle) s'est développée : le nôtre. Depuis le début du XXIe siècle, des efforts sans précédent sont effectués pour tenter de détecter d'autres formes de vie dans le Système solaire, avec une prédilection pour la planète Mars, en raison de ses nombreuses similitudes physiques avec la Terre.

« Notre planète est une petite tache dans le grand noir cosmique qui nous enveloppe », écrivait Carl Sagan en 1994[1]*. À partir d'une image de la Terre prise en 1990 par la sonde* Voyager 1, *il conclut que notre position dans le Système solaire, malgré l'importance*

1. Carl Sagan, *Pale Blue Dot*, Random House, 1994.

que nous nous donnons et la désillusion de ne pas avoir de place privilégiée dans l'Univers, conduit à relativiser l'intérêt de notre petite planète comme archétype d'un monde habité. L'astronome Guillermo Gonzalez et le philosophe et théologien Jay W. Richards présentent un point de vue radicalement différent[2] *d'une Terre privilégiée grâce à un concours de circonstances favorable, d'abord pour que la vie intelligente s'y soit développée, et ensuite pour que celle-ci ait évolué suffisamment pour pouvoir effectuer des découvertes scientifiques. Selon Gonzalez et Richards, si la Lune avait été plus proche ou plus éloignée de la Terre, il n'y aurait pas eu de conditions propices à l'apparition de la vie. Les marées océaniques liées à l'attraction de la Lune ont permis à de nombreux organismes des bandes de terre alternativement envahies et dégagées par la mer d'évoluer vers des situations privilégiant l'apparition des différentes formes de vie. L'intelligence s'est ensuite développée jusqu'à être capable d'interpréter les phénomènes naturels, notamment grâce à la perfection des éclipses, la distance de la Terre à la Lune lui donnant un diamètre apparent identique à celui du Soleil. Sans cette configuration propice, personne ne se serait intéressé à la mécanique céleste ou à la physique de la chromosphère.*

L'argumentation est ainsi généralisée en liant l'habitabilité d'une planète à la possibilité de pouvoir y effectuer des mesures. Si la première partie du raisonnement peut séduire par la simplicité des arguments avancés, on ne peut qu'être sceptique sur la relation de causalité entre les phénomènes cosmiques spectaculaires et le développement de l'intelligence. Ces digressions font de toute évidence abstraction des nombreux évènements augurant les processus d'émergence du vivant, notamment le bombardement terrestre par les comètes et les astéroïdes, ainsi que la prise en considération des paramètres physiques et chimiques régnant dans l'espace.

Dans ce chapitre, nous allons arpenter le Système solaire afin

2. Guillermo Gonzalez et Jay W. Richards, *The Privileged Planet : How Our Place in the Cosmos Is Designed for Discovery*, Regnery, 2004.

d'analyser l'éventualité d'autres formes de vie dans le voisinage de la Terre. Nous allons voir comment l'exploration spatiale entreprise depuis de nombreuses années, à défaut de nous fournir des preuves, nous laisse de bons espoirs d'envisager la vie autrement que comme un avatar exceptionnel dont la Terre a hérité, et que même si des entités vivantes sont détectées autour du Soleil sous les formes les plus rudimentaires, celles-ci pourraient suffisamment évoluer pour se manifester suivant un cheminement identique à celui de la Terre. En outre, la probabilité d'une collision de notre planète avec un astéroïde errant ou une comète vagabonde (un scénario maintenant classique des films catastrophe), et par voie de conséquence la disparition des espèces sur la Terre, commencent à être envisagées avec un certain pragmatisme. L'instinct de conservation a au moins l'avantage de réveiller parfois les consciences, et dans tel contexte, les travaux entrepris ces dernières années pour mettre en évidence de nouveaux corps potentiellement dangereux en orbite autour du Soleil ont permis une moisson inespérée de découvertes de mondes nouveaux inoffensifs, ceux-ci se situant essentiellement dans le voisinage et au-delà de Pluton. En outre, ces travaux laissent augurer l'existence d'une multitude de petites planètes encore insoupçonnées, en orbite autour des étoiles proches.

Et pour (long)temps elles tournent

Trois facteurs essentiels caractérisent le Système solaire : d'abord, les orbites des planètes se situent au voisinage d'un plan qui coïncide avec l'équateur solaire à 7 degrés près ; ensuite, toutes les planètes effectuent leur révolution dans le même sens ; enfin, ces orbites sont presque circulaires.

Descartes est l'auteur de la première cosmogonie rationnelle, décrivant en 1644, dans les *Principia philosophiae*, un mécanisme basé sur les tourbillons. Pour le philosophe, la course des planètes résulte des mouvements tourbillonnaires incessants animant le fluide subtil dans lequel baigne nécessairement notre monde. Newton, dans son œuvre maîtresse, les *Philosophiae naturalis principia mathematica*, publiée en 1687, ne formule pas d'hypothèse cosmogonique précise, mais critique sévèrement le modèle de Descartes en objectant que les queues cométaires ne sont pas déviées par les tourbillons supposés, et que ceux-ci sont en outre incapables d'expliquer la troisième loi de Kepler. Néanmoins, la gravitation universelle énoncée par Newton, en impliquant une action à distance, demeure tellement étrange que le système des tourbillons de Descartes garde une certaine faveur jusqu'au milieu du XVIIIe siècle.

En 1755, Kant présente la première théorie cosmogonique dite d'accrétion. Dans l'*Histoire naturelle et théorie générale du ciel*, il imagine un chaos primitif de poussière cosmique froide et au repos, qui se condense progressivement pour constituer des nébuleuses en rotation, l'une d'entre elles pouvant être assimilée au Soleil primordial. Dans le plan équatorial de la nébuleuse, par agglomération lente de particules en révolution, émergent des corps de plus en plus massifs et volumineux : les planètes. En vertu du principe kantien des « arrangements systématiques » de l'Univers, les satellites gravitant autour des planètes, de même que l'anneau de Saturne, procèdent du même mécanisme. Non fondée mathématiquement, la cosmogonie de Kant est évidemment plus lyrique que scientifique. Elle repose sur l'idée (fausse) qu'un système en rotation, comme le Système solaire, est issu d'un milieu au repos.

Demeurées jusqu'alors l'œuvre quasi exclusive des philosophes, les hypothèses cosmogoniques vont désormais retenir l'attention des mathématiciens. Ainsi, en 1796, dans l'*Exposition du système du monde*, Laplace formule l'hypothèse de la nébuleuse primitive, qui va connaître une fortune extraordinaire. Sa solution du problème cosmogonique repose entièrement sur la mécanique des fluides. Il suppose que le Soleil géant primitif est entouré d'une atmosphère élastique à haute température, en rotation uniforme et s'étendant au-delà de l'orbite de Saturne. Le refroidissement des couches extérieures de cette masse gazeuse, joint à la rotation d'ensemble, engendre dans le plan équatorial une succession d'anneaux toroïdaux instables, animés du même mouvement uniforme de révolution. Par condensation thermique et gravitationnelle de la matière qui s'y trouve confinée, chacun de ces anneaux donne naissance à une planète tournant sur elle-même autour d'un axe normal au plan du système. Celle-ci abandonne à son tour, et par le même processus, une famille d'anneaux satellitaires dans son plan équatorial, d'où émergeront ultérieurement les satellites. Finalement, toutes les planètes et tous les satellites ont un axe de rotation perpendiculaire au plan du Système solaire nouvellement formé.

Même si les idées de Laplace ne sont pas exemptes de faiblesses, le fait d'envisager l'existence d'une nébuleuse protosolaire établit un lien tangible avec les développements cosmogoniques les plus récents. Les modèles actuels, issus de la découverte et de l'observation des systèmes planétaires extrasolaires, empruntent de près ou de loin les thèses de Laplace ; on n'a actuellement rien apporté de très novateur à son modèle. L'étude des météorites permet cependant de contraindre fortement les modèles de formation des planètes. Les météorites sont en effet des corps composites témoins de leur temps, dans la mesure où elles sont également issues de la nébuleuse primitive proprement dite. Beaucoup d'entre elles sont constituées d'alliages d'éléments réfractaires (molybdène, rhénium, tungstène) et d'éléments du groupe du platine (platine, osmium, iridium, rhodium), dont on ne connaît aucune présence ailleurs[3].

Les chondrites, aérolithes pierreux contenant moins de 35 % de métal, constituent la famille la plus ancienne des météorites, l'agglomération des composantes qui forment la roche n'ayant pas subi de transformation notoire depuis 4,65 milliards d'années. Leur étude est ainsi riche de renseignements sur la nature de la nébuleuse primitive et sur la vitesse à laquelle les condensations se sont faites. Elles sont composées de *chondrules*, sphères microscopiques de différents minéraux formant conglomérat. On trouve dans les chondrites des globules provenant du refroidissement d'un minéral fondu, au sein d'une matrice faite de fragments miné-

3. Evry Schatzman, *Les Enfants d'Uranie*, Seuil, coll. « Science ouverte », 1986.

raux avec des arêtes aiguës, ce qui indiquerait un processus de fracture par collision. La formation des premiers *planétésimaux* du -Système solaire semble être le résultat d'une suite de processus d'accrétion et de fragmentation par collision, aboutissant à la formation des noyaux des planètes gazeuses (Jupiter, Saturne...) et des planètes solides.

L'étude de la composition chimique des planètes, comparée à celle du Soleil, permet de se faire une bonne idée de la masse de la nébuleuse primitive. D'une part, on peut admettre que la condensation primordiale a lieu dans les gaz éjectés par les étoiles. Celle-ci devait être chimiquement assez proche du Soleil, bien que l'analyse des météorites montre qu'un appauvrissement en gaz léger aurait eu lieu. D'autre part, compte tenu des abondances observées dans les planètes telluriques (fer, silicium), il faudrait que la nébuleuse primitive ait été relativement dense, ou bien qu'elle ait assez rapidement accrété beaucoup de poussière. À la suite de petites instabilités gravitationnelles, des conglomérats de poussière se forment, pour aboutir aux premiers embryons des planètes actuelles. Celles ayant un noyau solide assez dense procèdent à une capture lente mais systématique des gaz, aboutissant aux planètes géantes, tandis que les autres, aux noyaux trop peu denses, forment les planètes telluriques. Par ailleurs, l'examen des planètes telluriques montre une situation très différente pour Vénus, la Terre et Mars. Si l'atmosphère des grosses planètes a procédé de la capture des gaz par un cœur solide, l'atmosphère des planètes telluriques résulte d'un dégazage de la planète lors de son refroidissement. Nous examinerons plus loin les compositions chimiques des différentes planètes.

Harmonie des mondes

En 1788, une découverte importante apporte de nouvelles lumières sur l'ordonnancement des planètes du Système solaire, dont les conséquences permettent l'élaboration des modèles cosmogoniques, notamment celui de Laplace. En Allemagne, Johann Elert

Bode (1747-1826), directeur de l'observatoire de Berlin, reprend à son compte une relation numérique liant les distances des planètes au Soleil. Découverte en 1741 par l'astronome allemand Wolf, cette relation est précisée par son compatriote Daniel Tietz (1729-1796, qui latinise son nom en Titius). S'inspirant de ces travaux, Bode publie une relation empirique qui décrit bien les distances respectives des planètes au Soleil par une progression géométrique :

$$D = 0{,}4 + (0{,}3 \times 2^n),$$

la distance Terre-Soleil étant prise pour unité (149 millions de kilomètres), et n prenant successivement les valeurs $-\infty$ pour Mercure, 0 pour Vénus, 1 pour la Terre, 2 pour Mars, etc. La *figure 22* montre la correspondance entre les valeurs déduites de la relation de Bode et les distances réelles. Ce tableau est étendu aux trois planètes découvertes après Bode : Uranus, Neptune et Pluton.

Planète	***n***	**Loi de Bode**	**Distance réelle**
Mercure	$-\infty$	0,4	0,39
Vénus	0	0,7	0,72
Terre	1	1,0	1,00
Mars	2	1,6	1,52
Astéroïdes	3	2,8	2,80
Jupiter	4	5,2	5,20
Saturne	5	10,0	9,55
Uranus	6	19,6	19,2
Neptune	7	38,8	30,1
Pluton	8	77,2	39,5

Figure 22 — La relation de Bode

L'absence de planète entre Mars et Jupiter correspondant à $n = 3$ incite les astronomes de la fin du XVIIIe siècle à scruter le ciel à la recherche d'un monde nouveau. C'est ainsi que William Herschel découvre fortuitement Uranus en 1781. Mais, en 1801, l'abbé Piazzi découvre Cérès, le plus gros des astéroïdes avec un diamètre de 350 kilomètres. Par la suite, de nombreux petits corps sont trouvés, dont Pallas (230 kilomètres de diamètre), Junon (110 kilomètres), Vesta (190 kilomètres), etc., jusqu'à Icare (700 mètres) et Adonis (150 mètres). Ainsi, le Système solaire dispose d'une véritable ceinture composée de plusieurs milliers d'astéroïdes. On voit nettement qu'à l'exception de Neptune qui doit se faire remplacer par Pluton, la relation de Bode s'accorde bien avec la réalité.

La relation de Bode connaît un réel succès dans la communauté des astronomes du XVIIIe siècle, car elle « mathématise » ce qui était jusque-là considéré comme un processus aléatoire. Elle complète ainsi les analogies orbitales des différents corps du Système solaire : coïncidence du plan des orbites planétaires avec l'équateur solaire (à 7 degrés près), révolution dans le même sens et orbites presque circulaires. Toute règle souffrant d'une exception, Uranus est, par l'inclinaison de son axe, quasiment couchée sur l'écliptique. Il peut s'agir de la collision de la planète avec un corps dont la masse maximale n'aurait pas excédé le quinzième de la masse de la Terre, bien plus volumineux cependant qu'une comète ou un astéroïde. Pour les astronomes contemporains, spécialisés dans les domaines de la mécanique céleste et de la cosmogonie, cette distribution des distances planétaires serait vraisemblablement liée au mode de formation des composantes du Système solaire par des processus d'accrétion de matière dans une masse gazeuse originelle. L'analyse des systèmes extrasolaires à composantes planétaires multiples permettra de confronter cette relation afin de vérifier s'il s'agit, ou non, d'un artefact.

Excepté la distance des planètes au Soleil, leur répartition en fonction du diamètre échappe à une loi harmonique évidente. Les « gros » corps, de Jupiter à Neptune, sont distribués suivant un ordre au sujet duquel les astronomes vont émettre bien des hypothèses.

L'Anglais James Jeans (1877-1946) propose en 1916 un modèle cosmogonique élaboré mettant en jeu le passage d'une étoile à proximité du Soleil, dont celui-ci serait parvenu, par effets de marée, à extraire des filaments gazeux précurseurs des planètes. Il tente également de fournir une explication de la formation des satellites des planètes. Les travaux de Jeans sont repris par l'astrophysicien américain Lyman Spitzer (1914-1997) qui, se basant sur la structure interne des étoiles, conclut que l'importante masse gazeuse extirpée par des effets de marée des couches stellaires où règne nécessairement une température très élevée, va se dissiper, sitôt qu'elle aura abandonné la surface de l'étoile perturbée, pour constituer autour de celle-ci une enveloppe ténue extrêmement étendue.

Les modèles cosmogoniques impliquant l'existence d'une nébuleuse primitive recueillent la majorité des suffrages. Même si des difficultés subsistent, le modèle de Laplace, moyennant quelques retouches, apparaît certainement comme le mieux adapté pour interpréter les données de l'observation, et aussi le plus acceptable dans la mesure où il intègre le phénomène planétaire dans l'évolution stellaire, évitant ainsi de faire du Système solaire un évènement exceptionnel dans l'Univers. Les recherches dans des domaines aussi variés que la chimie du milieu interstellaire, la physique des comètes, la dynamique de la ceinture des astéroïdes, la structure des anneaux planétaires ou encore le décryptage du code isotopique des météorites, tendent toutes à corroborer l'hypothèse cogénétique, supposant que le Soleil et les planètes sont nés en même temps, à partir du même nuage de matière interstellaire. Celui-ci serait né d'une augmentation de densité provoquée par quelque phénomène violent, comme l'explosion d'une supernova à quelques centaines d'années-lumière de là, avec le passage d'une onde de choc qui aurait provoqué la condensation du nuage et la coagulation du gaz et des poussières qui le composent. Ainsi, les premiers planétésimaux ont pu se former, avec des dimensions voisines de 100 kilomètres. Les collisions et agglomérations successives de ces planétésimaux au cours du temps conduisent immanquablement à la formation d'objets de plus en plus massifs d'où surgissent finalement les planètes telluriques et les noyaux des grosses planètes gazeuses. Ce scénario — une version revue et corrigée de la théorie de Laplace — apparaît aujourd'hui comme le plus plausible pour expliquer la formation du Système solaire. Il a aussi l'immense avantage d'être un processus universel auquel aucune étoile ne devrait échapper, dès l'instant où le nuage de gaz initial a une masse suffisante. Imaginer que chaque étoile puisse avoir son cortège de planètes est finalement une première étape satisfaisante pour l'exobiologiste optimiste. Comme la majorité des exoplanètes découvertes depuis 1995 se situent dans une sphère de quelques dizaines d'années-lumière de rayon autour du Soleil, l'étude de leur formation et de leur évolution permettra de vérifier la validité de ce modèle issu d'une supernova proche.

Malgré ces savantes théories, le problème de la formation d'un cortège planétaire autour d'une étoile ne reçoit toujours pas de réponse véritablement satisfaisante. Aucun astrophysicien ne possède à ce jour dans son tiroir un modèle évolutif, couvrant 4,5 milliards d'années (l'âge estimé du Système solaire), capable de rendre compte de toutes les propriétés mécaniques et physico-chimiques des planètes, de leurs satellites, des astéroïdes et des comètes, telles qu'elles sont connues aujourd'hui. Faute d'une approche globale, les astronomes sont contraints d'identifier un nombre minimal de faits observationnels majeurs auxquels ils tentent d'apporter en priorité une explication. La cosmogonie moderne repose sur l'emploi de techniques d'analyse théorique ou numérique très sophistiquées par la simulation sur ordinateur. Que ce soit l'étude de la formation des grandes structures de l'Univers à l'aide de codes numériques utilisant des instabilités gravitationnelles ou plus localement la formation d'un système planétaire, le lien unissant les observations au télescope et les simulations ouvre des horizons très prometteurs.

> « Par la mort nous participons à la tragédie cosmique, par la naissance nous participons à l'aventure biologique, par l'existence nous participons à la destinée humaine. L'être le plus routinier, la vie la plus banale participent à cette tragédie, cette

aventure, cette destinée. [...] Nous sommes des enfants du cosmos, mais du fait même de notre culture, de notre esprit, de notre conscience, de notre âme, nous sommes devenus étrangers à ce cosmos dont nous sommes issus et qui nous demeure pourtant secrètement intime. »

Edgar Morin, *L'Identité humaine*, Seuil

Atmosphères et fluides planétaires

La vie sur une planète est intimement liée à la présence d'une atmosphère. Pour que celle-ci puisse se former, deux grandeurs fondamentales interviennent : d'une part la distance à l'étoile centrale, qui détermine la température de l'atmosphère, et d'autre part la masse de la planète, qui nous renseigne sur la masse de l'atmosphère primitive ; celle-ci étant issue du dégazage progressif des composés rocheux, il y a donc une proportionnalité entre ces deux dernières quantités. En outre, la masse de la planète contrôle la vitesse d'évasion des gaz de son atmosphère. Comme l'eau liquide est le facteur indispensable à l'apparition de la vie, il est nécessaire de déterminer dans quelles conditions une planète peut conserver son eau dans cet état.

L'étude de l'évolution d'une atmosphère planétaire est d'une grande complexité, car de nombreux paramètres doivent être pris en compte, chacun d'eux variant au cours du temps. Outre les astronomes, de nombreux scientifiques ont tenté de cerner le problème en introduisant un maximum de facteurs susceptibles de jouer un rôle majeur à un moment ou à un autre de l'évolution, tout en ayant conscience qu'il ne peut s'agir que d'une approche du problème. Les longues carottes de glace extraites de la banquise constituent ainsi une source d'information inestimable pour connaître comment l'atmosphère de la Terre a évolué au cours des dernières dizaines de millions d'années. De même, les micrométéorites piégées au cours du temps par les glaces sont soigneusement analysées. Les paléoclimatologues estiment que douze facteurs essentiels influencent l'atmosphère d'une planète :

— la vitesse de dégazage depuis l'intérieur d'une planète ;
— la condensation de la vapeur d'eau ;
— la photodissociation et l'évasion de l'hydrogène ;
— l'oxydation des minéraux superficiels ;
— la formation des carbonates sous l'effet du lessivage des silicates par l'eau chargée de gaz carbonique ;
— la présence de la vie pendant au moins 800 millions d'années bénéficiant d'une eau de température inférieure à 42° centigrades ;
— l'existence d'une limite à la biomasse par l'absence d'écran d'oxygène et d'ozone ;
— la photosynthèse et la production de sédiments organiques ;
— les réactions chimiques entre les différents gaz (N_2, O_2, H_2, H_2O, CO_2, CH_4, NH_3 en présence d'argon) ;
— la variation de la luminosité solaire ;
— la variation de l'albédo[4] de la planète ;
— l'effet de serre.

En tenant compte de tous ces paramètres, les chercheurs concluent que la Terre ne peut être habitable que si le rayon de son orbite est compris entre 0,7 et 1,3 unité astronomique (UA)[5]. En deçà de cette valeur, toute l'eau serait vaporisée, au-delà, la glace recouvrirait toute la surface du globe. Tous ces paramètres ont été pris en compte dans des modèles atmosphériques par les planétologues dès les années 1980, ainsi que l'évolution propre de l'étoile mère et l'excentricité de l'orbite[6]. Ces deux derniers critères jouent un rôle extrêmement important pour sélectionner les étoiles aptes à être entourées d'un système planétaire. C'est pourquoi les hypothèses sur la distribution des planètes, sur le type d'étoile à prendre

4. L'albédo est le rapport entre la quantité de lumière réfléchie par une planète à la quantité reçue par le Soleil.

5. L'unité astronomique (UA) est la distance de la Terre au Soleil, soit 149 millions de kilomètres.

6. Evry Schatzman, *Les Enfants d'Uranie*, Seuil, coll. « Science ouverte », 1986.

en compte, etc., sont développées au prochain chapitre, consacré à la détection des planètes extrasolaires. Finalement, la fréquence des étoiles possédant un « bon » système planétaire serait de l'ordre de 0,000 1 au mieux, soit 1 sur 10 000. Malgré la sévérité de la sélection et les contraintes imposées aux modèles, cela donne tout de même environ 15 millions d'étoiles dans la Galaxie.

Ces déterminations sont à prendre avec toutes les précautions indispensables, car on ne peut faire abstraction d'un certain nombre d'hypothèses. Par exemple, l'étude de la formation d'une étoile et de sa nébuleuse primitive s'effectue en physique suivant une méthode d'approche des milieux continus. La masse initiale de gaz, la composition chimique du milieu sont encore des données mal cernées. De même, les fluctuations de composition chimique associées au transport des éléments et à leur mélange dans la Galaxie doivent aussi être prises en compte ; la fréquence des supernovae joue aussi un rôle déterminant, notamment pour connaître l'enrichissement du milieu en éléments lourds. Ces conditions vont fortement influencer la production des composés condensables aboutissant à la formation des planétésimaux dont le nombre et la densité vont interférer sur la taille et la distance des futures planètes autour de leur étoile mère. Ainsi, d'une étoile à l'autre, les conséquences cumulées des différentes conditions initiales et des effets statistiques conduisent à des systèmes planétaires présentant d'appréciables différences par rapport au nôtre.

Quelle est l'étendue du domaine de formation d'une planète habitable avec de l'eau, un climat tempéré et la bonne composition chimique favorable à l'apparition de la vie ? Le meilleur terrain d'investigation est tout simplement le Système solaire. La présence de huit corps, aussi dissemblables les uns des autres, dont l'un abrite une vie évoluée, constitue actuellement le meilleur laboratoire d'investigation pour effectuer une étude comparative. Il est ainsi très intéressant de rassembler les résultats obtenus par les observations au sol et l'exploration spatiale pour comprendre comment chaque planète a évolué, et quelle est son histoire. Nous pouvons d'emblée exclure quelques malchanceuses comme

Mercure et la Lune, en raison de leur absence quasi totale d'atmosphère, et ne retenir, outre la Terre, que les candidats potentiellement susceptibles d'abriter ou d'avoir abrité des composés organiques.

Un autre aspect particulièrement important concerne la distribution des fluides à la surface ou dans les atmosphères des planètes par rapport à leur distance au Soleil. L'épaisse atmosphère de Vénus est riche en acide sulfurique, la Terre est recouverte d'eau à 70 % et on en trouve des traces sur Mars ; Jupiter et Saturne bénéficient d'une abondante quantité de méthane liquide, devenant de l'azote liquide sur Uranus et Neptune. Si la même variété de solvants liquides est détectée dans d'autres systèmes planétaires, leurs propriétés physico-chimiques individuelles seront de précieux indicateurs pour mettre en évidence différentes formes de vie envisageables. Ainsi la grande variété d'atmosphères et de fluides dans le Système solaire est un précieux indicateur pour envisager ou infirmer les possibilités de vie dans d'autres systèmes planétaires, sur la base à la fois d'études comparatives d'une planète à l'autre, et de mise en évidence d'analogies entre les huit corps tournant autour du Soleil.

L'enfer vénusien[7]

Vénus, la célèbre *étoile du Berger*, a inspiré l'imagination de bien des poètes depuis la nuit des temps. Reconnue comme probablement identique à la Terre par ses dimensions et sa masse dès le XIXe siècle, on ignorait bien évidemment que la planète sœur était plus un enfer qu'un paradis à cause des conditions régnant à sa surface. Emanuel Swedenborg (1688-1772) imagine sur Vénus des créatures très proches des humains, puis Emmanuel Kant (1724-1804) les remplace par une race quasi humaine d'amoureux. Dans l'histoire contemporaine, Annie Besant, la fondatrice de la

7. Il semblerait que le mot *vénusien* soit apparu en 1872 sous la plume de Charles Cros (1842-1888).

théosophie, n'hésite pas à invoquer une civilisation vénusienne[8]. Vénus a ainsi toujours stimulé l'imagination, même auprès des scientifiques. Parmi les interprétations étonnantes venant de ses observations au télescope, l'académicien soviétique G.A. Tikhov propose en 1944 sa vision originale de la botanique vénusienne[9] :

> « On peut dès maintenant dire quelques petites choses au sujet de la végétation de Vénus. La température élevée qui règne sur cette planète oblige les plantes à réfléchir le rayonnement thermique, notamment la partie visible du spectre allant du rouge au vert inclus. Avec le jaune, cela donne une couleur orange. Nos idées astrobotaniques sur la couleur de la végétation vénusienne trouvent quelque appui dans les observations de l'académicien N.P. Barabachov. Celui-ci a découvert que, dans les régions de cette planète où les rayons du Soleil peuvent traverser la couche nuageuse pour se réfléchir à la surface du sol, on observe un excès de rayonnement rouge et orange. Barabachov pense que la surface de Vénus est en quelque sorte spéculaire, et que les rayons jaunes et rouges traversent plus facilement les nuages que les rayons de l'extrémité bleue du spectre. J'ajouterai que la végétation de Vénus pourrait aussi jouer un certain rôle dans ce phénomène. C'est ce qui explique que nous avons affaire à la gamme de couleurs suivantes : sur Mars, où le climat est rigoureux, les plantes ont des teintes bleues ; sur la Terre, dont le climat est intermédiaire, les plantes sont de couleur verte ; et sur Vénus, où règnent des températures élevées, les plantes sont orange. »

Si la limite supérieure de température que la vie puisse supporter est de 115 °C (on stérilise couramment au-delà, notamment depuis que la résistance du prion responsable de l'encéphalite spongiforme dans la maladie de Creutzfeldt-Jakob a été prouvée à ces

---

8. Carl Sagan, *Cosmic Connection ou l'Appel des étoiles*, Seuil, coll. « Science ouverte », 1975.
9. *La Recherche*, mars 2001, p. 28.

températures), on imagine mal une forme quelconque de végétation, et encore moins d'une vie animale évoluée, résistant aux 464 °C du sol vénusien. Par contre, la pression atmosphérique à sa surface ne pose pas de problème puisqu'elle équivaut à celle qui règne à 900 mètres sous les océans, là où s'ébattent les grands cétacés. Malgré la difficulté de poser des engins sur le sol de Vénus en raison de la chaleur et des pluies d'acide sulfurique, plusieurs sondes ont fourni, grâce à leurs modules de descente, d'excellents résultats, depuis *Venera 7* lancée en 1970, *Venera 16* dans les années 1985, jusqu'à *Magellan* effectuant une cartographie radar du sol, puis *Galileo* survolant la planète en 1990.

Les analyses spectroscopiques effectuées dans l'infrarouge par ces sondes montrent de très faibles traces de vapeur d'eau à la surface de Vénus, seulement dans un rapport 3×10^{-5}. L'eau est présente aussi dans l'atmosphère torride de la planète, au-delà de 14 kilomètres d'altitude, soit à une température de 374 °C. Plus haut encore existe peut-être une sorte de zone d'habitabilité de l'enfer vénusien avec une température plus clémente ; cependant, avec une acidité extrême (pH = 0), on imagine difficilement comment des micro-organismes pourraient subsister dans un tel environnement, et surtout de quelle manière ils pourraient avoir quitté un sol inhospitalier pour croître et se multiplier dans la haute atmosphère de la planète. Ces traces de vapeur d'eau semblent trouver leur origine dans le dégazage de la planète lors de sa formation ; cette idée est étayée par la présence d'une quantité d'eau lourde (HDO) 100 fois plus abondante que sur Terre : lors du dégazage, les atomes de deutérium, deux fois plus lourds, se seraient dissipés moins aisément que les atomes d'hydrogène. Si cette hypothèse se vérifie, cela impliquerait qu'il y avait, à une époque lointaine, plus d'eau sur Vénus que sur la Terre ! Les travaux effectués sur Vénus ont au moins l'avantage de vérifier que les hypothèses des astronomes et des biologistes sont bien confirmées par les observations, et ensuite de fournir un cas d'école sur les risques à plus ou moins long terme de réchauffement de la Terre. Il faut cependant admettre que l'effet de serre responsable de l'enfer vénusien ne semble pas troubler les Terriens, ceux-ci manifestant majoritairement une totale indifférence aux accords de Kyoto sur la réduction dans l'atmosphère des émanations dues à l'activité terrestre.

À l'instar de Vénus, la planète Mars a longtemps été supposée abriter une civilisation évoluée. Il est probable qu'à partir de conditions initiales relativement identiques, leurs atmosphères respectives, ainsi que celle de la Terre, ont évolué de manière totalement divergente. En particulier, l'eau semble être le dénominateur commun, mais celle-ci existait à l'état de vapeur sur Vénus, à l'état liquide sur Terre, et à l'état solide (glace) sur Mars. Un petit écart de température, en changeant l'état de phase d'une molécule, a engendré des processus de grande ampleur dont l'emballement a été irréversible[10].

Les quatre saisons martiennes

Parmi les planètes du Système solaire, Mars a toujours attiré l'attention par sa couleur notoirement rouge dans le firmament. Même si la planète a su capter l'imagination, l'idée qu'elle pourrait abriter une civilisation a germé il n'y a guère plus de deux siècles. Christiaan Huygens (1629-1695) effectue les premiers dessins de la surface de Mars. William Herschel (1738-1822) et sa sœur Caroline (1750-1848) observent les calottes polaires, et sont les premiers à découvrir que la période de rotation de Mars est analogue à celle de la Terre. Dans une communication présentée à la Royal Astronomical Society en 1784, Herschel annonce que cette planète possède une atmosphère et que « ses habitants vivent dans des conditions similaires aux nôtres sous bien des aspects ». Cette idée n'a rien de très original, car il est très prisé au siècle des Lumières d'admettre que toutes les planètes du Système solaire (y compris la Lune et le Soleil) peuvent être habitées. Le fait nouveau est qu'elle émane

10. Thérèse Encrenaz, *À la recherche de l'eau dans l'Univers*, Belin-Pour la Science, 2004.

d'un scientifique reconnu, dans le cadre d'une communication officielle, bien loin des propos de table des métaphysiciens. Herschel poursuit ses observations et note la présence de taches sombres persistantes, qui mobilisent les observateurs au cours du siècle suivant. Le Père Angelo Secchi effectue de nombreuses observations depuis l'observatoire du Vatican, et remarque également en 1860 des formations récurrentes sur le petit disque. Mais l'intérêt croît dès 1877 lorsque Giovanni Schiaparelli, directeur de l'observatoire de Milan, remarque un ensemble de 79 lignes régulières qu'il baptise du nom lourd de signification de *canali* (canaux)[11]. Même si Schiaparelli resta prudent sur la possibilité d'une civilisation martienne, ses observations ont un effet retentissant dans la communauté astronomique internationale, justifiant la construction d'instruments plus puissants afin d'effectuer des observations plus précises.

Le mécénat joue un rôle important à cette époque de grandes passions, puisque Percival Lowell, riche homme d'affaires passionné d'astronomie (et dont le frère Abbott devient président de l'université Harvard), entreprend la construction d'un observatoire moderne en Arizona près de Flagstaff, sur un site choisi pour la transparence de son ciel et la stabilité de ses images. À partir de 1894, il se consacre à l'*aréographie*[12] en observant systématiquement la planète rouge et dresse la liste de près de 200 canaux, auxquels il attribue des dénominations latines. Il conclut à l'existence d'une civilisation ayant creusé un réseau de canaux de manière à irriguer les régions équatoriales de la planète à partir des réserves d'eau contenues dans les glaces des pôles[13].

11. La dénomination de « canal » n'est pas totalement dépourvue d'arrière-pensée puisque, quelques années auparavant, en 1869, le canal de Suez avait été creusé. Il illustrait la capacité, pour une civilisation, de réaliser un chantier à l'échelle planétaire.

12. L'*aréographie* est l'étude du relief de la planète Mars.

13. Cette civilisation martienne de Lowell sera à l'origine des envahisseurs du livre de H.G. Wells *La Guerre des mondes*, publié en 1898.

Si Lowell milite en faveur de l'existence des canaux, de nombreux astronomes s'étonnent de ne rien voir, notamment avec des instruments plus puissants et/ou de meilleures conditions d'observation. C'est en particulier le cas d'Eugène Antoniadi, qui utilise la nouvelle lunette géante de 83 centimètres de l'observatoire de Meudon, construite en 1877 ; il établit des cartes de la planète rouge, extrêmement précises pour l'époque, mais ne note aucune structure spécifiquement rectiligne. En outre, Alfred Wallace (qui partage avec Darwin la paternité de la sélection naturelle) publie en 1907 une étude suggérant que Mars est trop froide pour avoir de l'eau à l'état liquide, et que les calottes polaires sont constituées de gaz carbonique gelé. Selon Wallace, il est étonnant que des canaux rectilignes parcourent la planète sur des milliers de kilomètres sans même contourner le moindre obstacle naturel, montagne ou dépression. Nous savons aujourd'hui par les images des sondes spatiales que les canaux n'existent pas. Mais qu'a donc observé Lowell ? Seul l'immense canyon *Valles Marineris* correspond à l'une des formations signalées par l'astronome américain. Nous sortons ici du domaine de la science pour pénétrer celui de la psychologie : sans doute la conviction aveugle de la réalité des canaux a-t-elle fait perdre à Lowell toute objectivité.

Dans le Système solaire, l'atmosphère martienne est celle qui présente le plus de similitudes avec la Terre. Cependant, en raison de sa grande distance au Soleil, de l'ellipticité de l'orbite et de l'obliquité variable de la planète, les conditions climatiques et météorologiques ont été et sont très différentes des nôtres. Il est cependant possible d'étudier la climatologie martienne en utilisant les modèles numériques utilisés pour analyser la circulation atmosphérique terrestre et prévoir la météo.

Mars a été étudiée sur plus d'un siècle, à partir des observations de Percival Lowell. Depuis cette époque, les travaux au sol ont été relayés par les missions spatiales *Mariner*, *Voyager*, *Mars Orbiter*, etc., jusqu'au Télescope spatial et aux plus récents robots qui se sont posés en douceur sur le sol martien. Dans les conditions hivernales extrêmes de température et de pression martiennes, les observations montrent clairement la présence de dioxyde de carbone (CO_2) à l'origine des calottes de glace aux deux pôles, tandis que le long été peut réchauffer l'atmosphère jusqu'à une quinzaine de degrés centigrades. En outre, l'obliquité change de 0 à 50 degrés sur une période qui varie entre quelques centaines de milliers d'années et un million d'années. L'orbite martienne est plus excentrique que celle de la Terre, ce qui a pour effet d'augmenter le contraste des températures. La *figure 23* compare les propriétés physiques des deux planètes.

Propriétés	**Mars**	**Terre**
Rayon (km)	3 390	6 380
Rotation (heures)	24	24
Période de révolution (jours)	668,6	365,24
Composition de l'atmosphère	CO_2 : 95 % N_2 : 2 à 7 %	N_2 : 78 % O_2 : 21 %
Pression à la surface (hectopascals)	6-10	1 013
Températures minimale et maximale moyennes de surface (°C)	– 133 à + 17	– 43 à + 43
Distance au Soleil (UA)	1,38 à 1,67	0,98 à 1,02
Obliquité (degrés)	25,2	23,5

Figure 23 — Propriétés comparées de la Terre et de Mars

Les similitudes entre Mars et la Terre portent essentiellement sur l'obliquité à l'origine des saisons, l'existence d'une atmosphère, la présence de volcans, de régions désertiques et de calottes polaires. Inversement, la grande différence de pression à la surface, la composition chimique de l'atmosphère et l'évolution globale différencient les deux mondes.

Figure 24 — Une planète où le vivant est indiscutable : la Terre vue « à l'œil nu » depuis Mars

L'atmosphère martienne contient peu d'eau, à peine assez pour recouvrir la planète d'une nappe qui n'aurait qu'un dixième de millimètre d'épaisseur, mais suffisante pour pouvoir engendrer de fins nuages de glace. Le gel se forme au niveau du sol, à partir d'une humidité dont les robots martiens auront à établir l'origine. Le ciel martien n'est jamais bleu et, en raison de la faible pression et des vents violents, les poussières opacifient fortement l'atmosphère, lui donnant sans doute une large palette de couleurs, souvent bleu-gris et parfois jaune. Les vents martiens atteignent des vitesses de 48 à 80 kilomètres à l'heure et naissent en général à proximité du bord des calottes polaires, là où le contraste des températures est le plus fort. Des tornades de poussière s'élèvent ainsi à 7 ou 8 kilomètres d'altitude. La *figure 24* montre la Terre vue depuis Mars comme si vous y étiez ; la brillance de notre planète est en moyenne celle de Vénus (l'étoile du Berger) observée depuis la Terre, rendant cette dernière pratiquement visible quelle que soit la météo martienne. Cette image exceptionnelle symbolise le propos de ce livre, puisque sur ce seul point brillant isolé dans le ciel vivent et évoluent, depuis des millions d'années, des milliers d'espèces différentes.

Dès 1920, les astronomes tentent d'estimer la composition chimique de l'atmosphère martienne ; en 1947, ils mettent en évidence la présence de gaz carbonique, qui constitue en fait 95 % de celle-ci. L'exploration spatiale commencée dès 1964 avec les sondes *Mariner* est à l'origine de grands progrès dans la connaissance du milieu martien. En particulier, *Mariner 9* effectua une surveillance en orbite sur un cycle martien complet. Le programme *Mariner* s'est achevé en 1972 pour être relayé par les deux sondes *Viking*, lancées le 20 août et le 9 septembre 1975, et qui, après s'être mises en orbite, ont déposé chacune un an plus tard un module, dont le plus résistant a envoyé des informations jusqu'en 1982. Pour la première fois, des images montrent le paysage, parsemé de cailloux, bien que des tempêtes de poussière pouvant durer plusieurs mois rendent parfois la surface inobservable. Pendant ce temps, les spectromètres placés sur chaque module restés en orbite mesurent la faible abondance de la vapeur d'eau (moins de 0,1 % au maximum) et en dressent une carte selon les différentes latitudes et le cycle des saisons. L'exploration de Mars par des satellites orbitant et des modules au sol s'est intensifiée au cours des dernières années du XXe siècle. En 1989, le satellite *Phobos 2* en orbite autour de la planète fournit des résultats nombreux et importants. Par la suite, le satellite *Mars Global Surveyor* (1996), le module *Pathfinder* (1997) et les satellites *Mars Odyssey* (2001) et *Mars Express* (2004) apportent leur moisson de résultats originaux permettant d'appréhender l'histoire et l'évolution de la planète rouge, et de répondre avec certitude : *oui, il y a eu de l'eau sur Mars*.

Les (r)ides de Mars

Les sondes en orbite et les modules véhiculaires ont permis de dresser l'essentiel des caractéristiques de Mars. La sonde *Mars Express*, par exemple, dispose de sept instruments embarqués : une caméra, quatre spectromètres, un radar et un analyseur de particules. Son orbite polaire à 86 degrés d'inclinaison, avec un périastre de 260 kilomètres et un apoastre de 11 500 kilomètres pour une période de 7,5 heures, permet une cartographie à la fois à distance des régions équatoriales et à proximité des pôles. Les résultats obtenus dépassent tous les espoirs.

La topographie de la planète est particulière ; elle peut se résumer en un plateau cratérisé au sud et des plaines au nord, avec à l'équateur le plateau de *Tharsis*. Sur celui-ci, on observe d'importantes traces d'érosion, sous forme de nombreuses vallées très ramifiées identiques à d'anciens lits fluviatiles asséchés, et de vallées de débâcle. En outre, des restes de vallées glaciaires sont situés à des latitudes moyennes, sous les tropiques de la planète, et même sur les flancs des grands volcans. Pour expliquer ces grands glaciers du passé, des simulations numériques à haute résolution ont été entreprises, suivant un modèle de l'atmosphère et du cycle de l'eau sur la planète, dont l'axe était très vraisemblablement incliné à 45 degrés, il y a 5,5 millions d'années[14]. Dans ces conditions, le chauffage de la calotte polaire nord accélérait ce cycle liquide, augmentant d'autant l'humidité et la condensation dans les régions où les traces de glaciers ont été effectivement découvertes. Le système climatique martien serait donc très dépendant de l'obliquité de la planète, capable de déplacer d'importantes quantités d'eau, ce qui expliquerait les nombreuses traces d'écoulement et de ravines observées aujourd'hui. Des blocs de glace, dont l'âge est estimé à 5 millions d'années, ont d'ailleurs été

14. Ces travaux ont été menés au Laboratoire de météorologie dynamique par une équipe de scientifiques conduite par François Forget.

découverts par la sonde *Mars Express* dans la région d'*Elysium Planitia* (à l'équateur).

Il existe sur la planète rouge un champ magnétique rémanent, mais il est présent uniquement dans les plateaux anciens. Il y a donc eu par le passé une dynamo interne, mais dont les effets sont très localisés aujourd'hui, contrairement à la Terre. Le volcanisme a dû se poursuivre au-delà d'un milliard d'années après la formation de la planète, mais dès que celui-ci s'est arrêté, la température s'est mise à décroître, diminuant d'autant l'effet de serre de l'atmosphère primitive. L'eau devrait donc se trouver piégée sous forme de glace sous la croûte martienne, ainsi que le gaz carbonique primitif précipité en carbonate. Les sondes orbitales, comme *Mars Express*, ont apporté une large moisson d'observations permettant de vérifier ces hypothèses.

L'absence de sédiments carbonatés à la surface indique qu'il n'y a pas eu d'océan liquide dans l'hémisphère nord depuis au moins 3 milliards d'années ; celui-ci est partiellement recouvert de matériaux d'origine volcanique plus récents. La calotte polaire nord est essentiellement composée d'eau, le gaz carbonique gelé ne formant qu'une couche mince qui se dépose en hiver ; l'atmosphère primitive se serait donc dispersée dans l'espace peu de temps après le refroidissement de la planète, contrariant, par la disparition de l'effet de serre, un milieu humide et chaud favorable au développement du vivant. La quantité de glace d'eau est plus importante au pôle sud, comme l'indiquent les signatures spectrales relevées à des longueurs d'onde infrarouges de 1,5, 2,0 et 3,1 microns. De la même manière, elle a pu également être identifiée dans les anneaux de Saturne, dans trois satellites de Jupiter (Europe, Ganymède et Callisto), ainsi qu'à la surface de plusieurs satellites de Saturne, mais pas sur Titan, recouvert d'une atmosphère trop épaisse. Cette glace d'eau est mélangée à des poussières à l'extérieur de la calotte de CO_2. Elle se trouve à divers endroits, à 10 mètres sous la couche superficielle de gaz carbonique du pôle sud, sur un diamètre de 400 kilomètres. Ces deux calottes polaires sont à l'origine d'un transfert cyclique de 30 % de la masse atmosphérique, induisant

Figure 25 — Le sol martien vu par le robot *Opportunity*

une circulation atmosphérique importante, à l'origine des tempêtes de poussière saisonnières.

Outre les propriétés physiques analogues de Mars et de la Terre comme la rotation et l'obliquité, le relief martien présente également quelques similitudes avec quelques-unes de nos régions arides comme le désert du Ténéré *(figure 25)*, ou accidentées tel le Grand Canyon de l'Arizona. La vaste plaine de l'hémisphère nord se situe environ à 500 mètres en dessous du niveau moyen de la planète ; elle aurait ainsi contenu un vaste lac salé il y a plus de 3 milliards d'années, comme en témoignent des régions importantes de sulfates hydratés comme les sels de gypse, et où l'eau pourrait se trouver en profondeur. Cette « ligne de dichotomie » est impressionnante, car elle s'étend sur plus de 1 000 kilomètres, laissant penser qu'il pourrait s'agir d'un ancien rivage. Cette région serait d'ailleurs à explorer en priorité pour rechercher les éventuelles traces fossiles d'une vie passée. Elle contraste avec un hémisphère sud beaucoup plus montagneux dont le point culminant est le célèbre *Mons Olympus*, qui culmine à 27 kilomètres, presque trois fois l'Everest.

La sonde *Mars Express* a aussi mis en évidence, au-dessus des volcans *Olympus* et *Ascraeus*, une sorte de « trou de CO » analogue au trou de l'ozone au-dessus de notre continent antarctique ; existerait-il ainsi un couplage rémanent entre l'atmosphère et la surface de la planète ? De même, une décroissance thermique a été mesurée au-dessus des volcans, suggérant l'existence de vents de poussière ascendants. Enfin, la sonde a détecté des sulfates au fond de *Valles Marineris*, en particulier du sulfate de magnésium qui serait la trace d'un lessivage par l'eau liquide et/ou par des sources hydrothermales passées.

Malgré les immenses progrès accomplis grâce aux sondes spatiales pour percer les mystères de la planète rouge, l'observation depuis la Terre n'est pas pour autant obsolète. Des traces d'eau oxygénée (H_2O_2) ont été détectées, indiquant une oxydation de la surface. En 2004, un article est publié dans la revue scientifique *Icarus* [15] annonçant la découverte de la bande moléculaire du méthane (CH_4) à l'aide du spectromètre installé au foyer du télescope franco-canadien de 3,60 mètres à Hawaï. Le méthane ne peut être produit dans l'atmosphère, il ne semble pas être le résultat d'un volcanisme tardif (postérieur à 10 millions d'années) ni celui de sources hydrothermales, que les satellites orbitant comme *Mars Odyssey* n'ont pas du tout détectées. En outre, seule une faible proportion de ce gaz (moins de 6 %) peut résulter d'impacts de comètes ou de météorites. Il ne semble pas non plus être la trace fossile d'une ancienne biosphère que les engins sur le sol n'ont pas mise en évidence. Cette découverte est donc d'un intérêt considérable, car le méthane a une durée de vie de 340 ans, ouvrant l'hypothèse qu'il pourrait être le résultat d'une méthanogenèse provenant d'organismes souterrains. Cependant, la faible teneur détectée indique que, si une activité biologique existe, celle-ci doit être extrêmement réduite, et très localisée. En septembre 2004, le spectromètre planétaire à transformée de Fourier installé sur la sonde

15. Vladimir A. Krasnopolsky, Jean-Pierre Maillard et Tobias C. Owen, « Detection of Methane in the Martian Atmosphere : Evidence of Life ? », *Icarus*, 2004.

Mars Express a détecté à nouveau du méthane et de la vapeur d'eau, en quantité nettement plus grande, dans les couches atmosphériques situées entre 10 et 15 kilomètres au-dessus du sol. En outre, cette vapeur d'eau est parfaitement mélangée à l'atmosphère martienne et deux à trois fois plus concentrée dans trois régions équatoriales : *Arabia Terra*, *Elyseum Planum* et *Arcadia-Memnomia*. Ces régions sont celles où des couches de glace d'eau ont été découvertes par le robot *Odyssey* à quelques dizaines de centimètres sous la surface. Par contre, le méthane n'est pas uniformément réparti dans l'atmosphère, sa concentration augmentant dans ces mêmes régions équatoriales, suggérant que la vapeur d'eau et le méthane auraient une origine commune.

Actuellement, les scientifiques pensent que l'activité géothermique du sous-sol martien amènerait l'eau à l'état liquide vers la surface, pour être rapidement refroidie en glace, étant donné la basse température régnant sur la planète. Un pas est franchi dans l'hypothèse qu'une vie bactérienne produisant du méthane pourrait ainsi s'ébattre à quelques centimètres sous le sol martien. Pour l'instant, la question de la vie sur Mars peut très provisoirement se conclure en affirmant que Mars a peut-être connu, au cours de sa jeunesse, des conditions idoines pour que la vie puisse apparaître, par la présence d'eau liquide, de molécules assez complexes apportées par les impacts de météorites et de comètes et un volcanisme actif fournissant la chaleur nécessaire. Mais, par ailleurs, le sol martien est assez agressif par la richesse des composés oxydants, capables de détruire les molécules organiques. On devrait donc imaginer qu'une vie bactérienne potentielle est enfouie dans les profondeurs des sédiments martiens, là où la chaleur résiduelle maintient l'eau liquide et où les effets des agents oxydants sont moindres.

D'autres expériences sont progressivement développées afin de mettre en évidence les plus infimes traces de vie. Par exemple, des équipes de scientifiques travaillent dans l'île norvégienne de Svalbard par 80 degrés de latitude nord, là où se trouvent les sources chaudes les plus septentrionales au-dessus du niveau de la mer. Les instruments de détection à très haute sensibilité sont ainsi placés dans l'environnement arctique, à proximité de bassins de réception de sources chaudes naturelles, riches en carbonates et contenant des bactéries dites endolithiques (vivant dans le sédiment), ou encore dans des tubes de lave du volcan Sverrefjell. Les substrats de ce dernier seraient assez similaires à certaines météorites, comme la célèbre ALH 84001. En 1996, la NASA a annoncé, avec de grands effets de manche, que cette météorite trouvée dans les glaces de l'Arctique ne pouvait être que d'origine martienne, éjectée dans l'espace il y a 16 millions d'années lors d'une collision de la planète avec un petit astéroïde ou une comète, et récupérée par le champ de gravité de la Terre. Si la composition chimique est en effet proche de celle d'un corps martien[16], les scientifiques de la NASA ont néanmoins tendance à faire des découvertes retentissantes surtout au moment où le Congrès doit voter le budget de l'agence. Cependant, les gaz emprisonnés dans des petites bulles contenues dans la météorite ont bien une composition chimique identique à celle de l'atmosphère martienne.

Les instruments déployés sur l'île de Svalbard sont capables de caractériser des populations bactériennes par des méthodes génétiques, ou par le flux énergétique d'une molécule comme l'adénosine triphosphate (ATP). Il sera alors possible d'exporter ces détecteurs vers Mars ou Europe afin d'y mettre en évidence le vivant. Les concepteurs font tout de même preuve de beaucoup d'optimisme, allant même jusqu'à déclarer que, si un Martien pète, le méthane émis pourra être détecté à des dizaines de kilomètres de distance, comme signe d'une activité biologique[17]. Les preuves de la vie extraterrestre tiennent parfois à peu de chose.

---

16. Notamment par la présence d'orthopyroxène ((Mg, Fe) SiO_3), de maskélynite ($NaAlSi_3O_8$), d'olivine ((Mg, Fe) SiO_4), de chromite ($FeCr_2O_4$), de pyrite (FeS_2) et d'apatite ($Ca_3(PO_4)_2$). Voir Nathalie Cabrol et Edmond Grin, *La Recherche de la vie dans l'Univers*, Presses universitaires de France, coll. « Que sais-je ? », n° 3573, 2000.

17. Édouard Launet, *Au fond du labo à gauche*, Seuil, coll. « Science ouverte », 2004.

Le monde jovien

Entre la découverte des quatre principaux satellites de Jupiter par Galilée et leur survol effectif par les sondes *Voyager*, les astronomes ont longtemps pensé qu'en raison de leurs dimensions similaires ceux-ci devaient être globalement identiques. En fait, on peut dire que tout les différencie. Callisto montre une surface parsemée de cratères qui n'a sans doute guère changé depuis 2 à 3 milliards d'années, tandis que, recouvert d'un manteau de dioxyde de soufre, Io manifeste un volcanisme actif. Leurs distances respectives à Jupiter ne sont pas sans conséquences sur leur formation et leur évolution, ne serait-ce que par l'influence de la température. Selon les modèles de formation de ces satellites, leur noyau serait formé de silicates et de métaux, entouré d'eau liquide ou de glace. Cependant, Io échappe à ce modèle en raison de sa proximité à la planète (6 fois le rayon de Jupiter seulement) ; l'eau se serait donc échappée pour ne laisser que les matériaux soufrés, ainsi que les métaux et les silicates[18]. Les effets de marée liés à la résonance gravitationnelle d'Europe et de Ganymède sont vraisemblablement les causes génératrices du volcanisme actif, la croûte de Io étant quelque peu malmenée par le champ de gravitation de Jupiter, conjugué à ceux des deux satellites voisins.

Europe intéresse tout particulièrement les scientifiques par les nombreuses stries observées à sa surface, dont le pouvoir réfléchissant indique qu'il s'agit de glace. En outre, celle-ci pourrait flotter sur un océan encore à l'état liquide. La sonde spatiale *Galileo* a également mis en évidence un champ magnétique qui pourrait résulter d'une sorte de dynamo générée par de l'eau salée. Enfin, la distance du satellite à sa planète (9 fois le rayon de Jupiter) le soumet également à des effets de résonance gravitationnelle, moins intenses que pour Io, mais certainement non négligeables. C'est la

18. Thérèse Encrenaz, *À la recherche de l'eau dans l'Univers*, Belin-Pour la Science, 2004.

raison pour laquelle il sera extrêmement intéressant d'aller perforer la couche de glace d'Europe pour analyser son contenu liquide sous-jacent. Pour l'instant, il faut se contenter d'hypothèses.

Enfin, Ganymède et Callisto complètent la panoplie. Tous les deux sont constitués d'un mélange de glace et de roches. Le premier a une surface extrêmement hétérogène montrant un terrain très sombre contrastant avec des zones beaucoup plus claires, striées de failles. Ganymède est le plus gros satellite du Système solaire (plus gros que Mercure) et possède également un champ magnétique qui pourrait résulter d'un noyau central de fer en fusion. Comme nous l'avons indiqué un peu plus haut, Callisto a une surface très ancienne couverte de cratères, dont un géant, *Valhalla*, qui serait le résultat d'une collision remontant à quelques centaines de millions d'années. Étant en dehors des effets de résonance gravitationnelle, à une distance de 26 fois le rayon de Jupiter, l'évolution de Callisto s'est sans doute effectuée en autarcie, soumise aux seuls hasards des impacts.

Jupiter est la seule planète du Système solaire dont le rayonnement radio dans les ondes décamétriques est plus intense que celui du Soleil en période calme. Cela est très probablement une conséquence du champ magnétique d'origine interne, produisant une immense magnétosphère opposée à la direction du Soleil, s'étendant sur plus de 650 millions de kilomètres, et ayant pour effet d'accélérer les particules émises par le Soleil, induisant ainsi une forte émission radio d'origine non thermique. Pour une civilisation disposant de moyens technologiques identiques aux nôtres, les émissions provenant directement du Soleil peuvent être détectées jusqu'à une cinquantaine d'années-lumière et celles provenant de Jupiter jusqu'à 1,5 année-lumière. Les champs magnétiques planétaires sont en général causés par un mouvement turbulent, véritable dynamo associant la rotation et la convection de matériaux conducteurs internes. Les lois d'échelle prévoient que ceux-ci pourraient atteindre plusieurs gauss pour les planètes extrasolaires déjà découvertes. Leur étude temporelle nous renseigne ainsi sur l'état de « solidification » des planètes lointaines, et nous permet d'envisager la possibilité d'une vie à leur surface ; par extrapolation, on peut même envisager des civilisations ayant atteint un stade technologique extrêmement avancé, capables de moduler leurs émissions radioélectriques sous forme de signaux, décryptables sans trop de difficulté. C'est pourquoi les astronomes envisagent dans le futur (sans doute encore lointain) d'installer un radiotélescope sur la face cachée de la Lune afin d'échapper aux émissions parasites d'origine terrestre, pour étudier ces émissions lointaines. De cette manière, une détection radio provenant de planètes extrasolaires serait possible à une fréquence inférieure à 10 mégahertz.

Un travail de Titan

Titan est le plus gros des satellites de Saturne, situé à 25 fois le rayon de la planète. Sa caractéristique essentielle réside dans l'atmosphère épaisse qui l'entoure, dont la composition chimique à base d'azote et la pression atmosphérique sont voisines de celles de la Terre. Seulement, la similitude s'arrête là, car la température au sol avoisine les – 180° centigrades ! Outre les observations au sol depuis sa découverte par Christiaan Huygens en 1655, les missions spatiales ont apporté leur lot important d'informations. Titan peut être considéré comme une planète à part entière, ne serait-ce que par sa taille, intermédiaire entre Mars et Mercure. La présence de composés organiques dans son atmosphère est particulièrement intéressante. On y trouve du méthane (CH_4), de l'éthane (C_2H_6), du deutérométhane (CH_3D), de l'éthylène (C_2H_4) et de l'acétylène (C_2H_2), mis en évidence par spectrographie depuis la Terre. La sonde *Voyager 1* a complété la panoplie des éléments en détectant du cyanure d'hydrogène (HCN)[19], du propane (C_3H_8), du méthylacétylène (CH_3C_2H), du diacétylène (C_4H_2), du cyanoacétylène (H_3CN), du cyanogène (C_2N_2), du monoxyde (CO) et du dioxyde de carbone (CO_2). Ces mélanges d'hydrocarbures, de nitriles et de composés oxygénés sont suffisamment réactifs pour intéresser les

19. HCN, à l'état liquide, est l'acide cyanhydrique.

exobiologistes ; bien qu'ils se forment sans doute dans la haute atmosphère de Titan, ils sont soumis au régime des précipitations et donc tombent sur la surface. Mais la question est celle de la nature du sol de Titan ; en effet, les images prises par *Voyager 1* ont permis d'identifier trois couches de brumes opaques dans l'atmosphère, les deux premières entre 200 et 360 kilomètres d'altitude, et la troisième entre 500 et 1 000 kilomètres, rendant son observation impossible depuis la Terre.

L'atmosphère de Titan tirant sur le rouge, ainsi que sa composition chimique, ont incité les astronomes à supposer que des aérosols organiques étaient produits dans l'atmosphère par une photolyse du méthane. Les observations photométriques et polarimétriques semblent d'ailleurs confirmer cette hypothèse. Ainsi, Titan ne serait pas un satellite comme les autres ; c'est la raison pour laquelle la sonde *Cassini-Huygens* est partie de la Terre le 15 octobre 1997 pour une exploration détaillée. En sept ans, la sonde a parcouru plus de 3 milliards et demi de kilomètres, profitant de l'accélération gravitationnelle fournie deux fois de suite par Vénus puis par un retour à proximité de la Terre pour être propulsée vers Jupiter, économisant ainsi 75 tonnes de carburant. Le module orbital *Cassini* est prévu pour une durée de quatre ans afin d'étudier, outre Titan, le comportement de Saturne et des anneaux pour mieux connaître les effets dynamiques de la planète sur ses satellites, que ce soit par la gravitation ou par le champ magnétique. Il effectuera une soixantaine d'orbites autour de Saturne, en survolant aussi bien Titan jusqu'à 950 kilomètres d'altitude que quelques-uns des satellites glacés, et enfin permettra de comprendre pourquoi Saturne émet jusqu'à 80 % d'énergie de plus que la planète n'en reçoit du Soleil.

Le 14 janvier 2005, la sonde *Huygens*, après s'être désolidarisée du module *Cassini*, a plongé dans l'atmosphère de Titan, en mesurant ses propriétés physiques, chimiques et électromagnétiques, équipée d'un puissant phare et d'un micro, d'une part pour combattre l'opacité du milieu gazeux et permettre à la sonde d'envoyer des images du sol vers la Terre, et d'autre part pour faire entendre le bruit du vent. La sonde s'est posée en douceur sur une surface solide, à la frontière d'une région claire et d'une zone sombre, montrant des collines blanches atteignant 1 kilomètre d'altitude, peut-être constituées de glace d'eau, alternant avec des réseaux de drainage pouvant indiquer un ancien complexe de fleuves et de rivières dû à des remontées de méthane liquide. La grande plaine sombre pourrait être recouverte d'une couche de scories organiques provenant des gouttelettes d'hydrocarbure tombées de l'atmosphère. La *figure 26* montre le sol de Titan, avec un ensemble de galets atteignant 15 centimètres, dont les mesures spectrales indiquent qu'il s'agit de blocs de glace d'eau, fragilisés par la température extrêmement basse atteignant – 179 °C. Il semble que les précipitations, les résurgences, l'érosion, etc., aient modelé Titan de manière similaire à la Terre, le méthane liquide remplaçant ici l'eau. Le méthane serait d'ailleurs stocké à une faible profondeur sous la croûte de la planète, parvenant à s'évaporer par un dégazage dû à une activité hydrothermale souterraine[20], pour se condenser dans la haute atmosphère à 25 kilomètres d'altitude. Le méthane s'y transforme sous l'effet du rayonnement solaire (photodissociation) en éthane (C_2H_6), celui-ci retombant en pluie à la surface de Titan. Ainsi, une évolution prébiotique reste envisageable malgré la sévérité des conditions, pour peu que de l'eau liquide stagne dans le sous-sol de la planète.

Selon la mythologie grecque, Titan est l'un des enfants d'Ouranos et de Gaïa (le Ciel et la Terre) ; on peut espérer qu'il ait gardé quelques caractères maternels. Les autres satellites de Saturne ont une surface dont la composition doit être voisine d'un conglomérat de roche et de glace. Leurs spectres infrarouges et leurs albédos respectifs viennent d'ailleurs corroborer cette hypothèse. Lors du survol du système de Saturne par la sonde *Voyager*, les images envoyées vers la Terre montrent nettement que le sol du plus

20. Cette activité hydrothermale est confirmée par la détection de l'argon 40 isotopique, indiquant qu'il y aurait un « cryovolcanisme », éjectant de la glace d'eau et de l'ammoniaque.

proche satellite, Mimas, qui se trouvait opportunément à proximité de la trajectoire de la sonde, est criblé de cratères.

Au-delà de Saturne, les mondes qui se succèdent jusqu'à Pluton sont indéniablement du plus haut intérêt scientifique ; cependant, rien n'indique qu'une forme de vie quelconque y existe. Les satellites d'Uranus sont nettement plus sombres que ceux de Saturne et sans doute la glace qui les compose ne recouvre que très partiellement leur surface, diminuant d'autant la réflexion lumineuse des rayons solaires. La très grande inclinaison de l'axe d'Uranus, presque sur l'écliptique, a pour conséquence de la faire « rouler » dans l'espace, entraînant ainsi son cortège de satellites suivant des épicycles que Ptolémée n'aurait pas reniés. Cette caractéristique indique qu'Uranus aurait été percutée par un corps massif qui a fait basculer son axe de rotation, alors que la planète était à l'état d'embryon et encore entourée d'un disque de matériaux. Les satellites se sont ainsi formés postérieurement à cet évènement. La découverte d'Uranus par William Herschel en 1781 repousse les dimensions du Système solaire. Son extension continue après la découverte de Neptune par Urbain Le Verrier en 1846, puis celle de Pluton par Clyde Tombaugh en 1930. Depuis, les progrès instrumentaux ont permis d'élargir cet arpentage en mettant en évidence des mondes encore plus lointains.

Des mondes au-delà de Pluton

Après la découverte de Pluton, les astronomes ont tout naturellement recherché l'existence d'une planète transplutonienne. Il faut attendre le 29 juillet 2005 pour que l'astronome Michael Brown annonce la découverte d'un objet de magnitude 18,7 à 15 milliards de kilomètres du Soleil, en révolution avec une période de 560 ans. D'un diamètre de 2 600 kilomètres, ce nouveau venu, baptisé Xena, est plus volumineux que Pluton. Les premières observations spectroscopiques montrent nettement la présence de méthane solide (CH_4) à sa surface. Comme pour Pluton, l'orbite de cette nouvelle planète est très elliptique, et très inclinée (44°) par rapport à l'éclip-

Figure 26 — Le sol de Titan vu par la sonde *Huygens* le 14 janvier 2005

tique, et l'éventualité d'une forme de vie n'est guère envisageable à une telle distance du Soleil, où la température doit atteindre –200 °C.

Existe-t-il d'autres mondes, planètes et astéroïdes au-delà ? L'astronome américain Gerald P. Kuiper avait déduit des anomalies observées dans les comportements orbitaux d'Uranus et de Neptune qu'il doit exister une autre région riche d'astéroïdes, la « ceinture de Kuiper », qui s'étendrait entre 30 et 100 unités astronomiques (UA) du Soleil, et qui pourrait contenir plus de 100 000 objets d'un diamètre supérieur à 100 kilomètres (soit 1 000 fois plus d'objets que la ceinture Mars-Jupiter). En outre, cette ceinture serait le réceptacle des comètes périodiques, contrairement au nuage de Oort, beaucoup plus éloigné, d'où naîtraient les grandes comètes à très longue période, ou apériodiques. Le rôle de ce nuage de Oort, distant d'une année-lumière du Soleil, a été décrit dans le chapitre 2 (« Les idées claires ») ; en outre, un second nuage plus intérieur existerait à 3 jours-lumière. Afin de mettre en évidence la réalité de la ceinture de Kuiper et du nuage principal de Oort, les astronomes se sont lancés depuis de nombreuses années dans la recherche de corps plus petits que Pluton, en orbite au-delà de celui-ci. En utilisant les images des grands relevés photographiques et photométriques des télescopes, et en allant détecter quelques faibles points errant dans le champ des étoiles, des anciennes plaques photographiques des différents atlas du ciel aux plus récentes images numériques, les astronomes effectuent parfois un vrai travail de bénédictin.

Après avoir découvert quelques petits corps de la taille des astéroïdes, un objet est discerné 28 novembre 2000 par R.S. McMillan au télescope *Spacewatch* de 0,90 mètre de l'observatoire de Kitt Peak en Arizona. Il est retrouvé le 30 décembre 2000 sur des plaques photographiques prises en 1954 avec le télescope *Schmidt* de 1,20 mètre du mont Palomar en Californie. En révolution autour du Soleil à une distance de 6,476 milliards de kilomètres de celui-ci (au-delà de l'orbite de Pluton), il est baptisé « Varuna », du nom d'une déesse de la tradition védique bâtissant les cieux et la terre.

Cette détection est une véritable prouesse, car Varuna ne réfléchit que 7 % du peu de lumière reçue du Soleil, et passe à peu près inaperçue dans un champ stellaire. Fin 2001, un autre objet, Ixion, est découvert à 3 931 milliards de kilomètres du Soleil ; le 7 octobre 2002, Quaoar, du nom d'un dieu de la tribu indienne Tongva (premiers habitants de Los Angeles), est observé par les astronomes Trujillo et Brown à 6 506 milliards de kilomètres, avec une période de révolution de 285 ans, sur une orbite quasiment circulaire. Un autre encore, 2004 DW, tourne autour du Soleil à une distance peu différente de 5 920 milliards de kilomètres.

L'existence d'une ceinture lointaine semble ainsi se concrétiser. Les astronomes soupçonnent que Triton, le plus gros satellite de Neptune, proviendrait de la même région et aurait été capturé par sa planète. Actuellement, on connaît plus d'une cinquantaine de « plutoniens » dont la *figure 27* donne les caractéristiques des dix plus importants. Les astronomes ont été assez surpris de constater qu'à l'instar de Pluton ces planètes se trouvent dans la résonance 3/2 du mouvement de Neptune, c'est-à-dire qu'ils effectuent deux révolutions autour du Soleil, quand Neptune en effectue trois. Cette propriété permet une stabilisation de ces corps par rapport à l'action gravitationnelle de Neptune. Ils sont situés sur une orbite elliptique qui peut s'approcher de celle de Neptune sans subir d'effet notable. Les estimations faites en comparant le nombre de corps lointains découverts par rapport à la portion de ciel analysée suggèrent qu'il pourrait en exister plus de 1 400 ayant un diamètre d'au moins 100 kilomètres.

Si la réalité de la ceinture de Kuiper ne fait plus aucun doute, l'existence du nuage de Oort est encore controversée. La mettre en évidence permettrait d'étayer le modèle cosmogonique décrit au chapitre 2 (« Les idées claires ») et les hypothèses de l'ensemencement de la jeune Terre par les comètes riches en composés organiques. Jusqu'à une période récente, le nuage de Oort est considéré comme un réservoir de comètes qui de temps en temps en laisse s'échapper, celles-ci atteignant le voisinage terrestre et devenant en général particulièrement spectaculaires, comme les comètes

Nom	Découverte	Date	Distance au Soleil (10^6 km)	Période de révolution (ans)	Diamètre (km)
Pluton	C. Tombaugh	1930	5 900	248	2 200
Charon	J. Christy	1978			1 190
47171-TC36[21]	Rubenstein Strolger	1999	5 901	248	550
2004 DW	Brown Trujillo Rabinowitz	2004	5 920	248	1 305
Ixion	Buie	2001	6 931	248	1 200
24835-SM55	Danzl	1995	6 282	272	550
Varuna	Spacewatch	2000	6 476	285	900
19308-TO66	Trujillo Jewitt Luu	1996	6 478	285	650
Quaoar	Trujillo Brown	2002	6 506	285	1 280
Chaos	Buie	1998	6 893	313	550
Xena	Brown	2005	15 000	560	2 600

Figure 27 — Les 10 planètes transneptuniennes les plus importantes

Hyakutake et Hale-Bopp, apparues dans les années 2000. Cependant, le 15 mars 2004, la NASA annonçait la confirmation d'une découverte faite en 2003 par les astronomes Mike Brown, Chad Trujillo et David Rabinowitz : une petite planète de 1 570 kilomètres de diamètre ayant une période de rotation de 40 jours effectue une révolution autour du Soleil en 10 500 ans, à une distance de 79 740 millions de kilomètres. Cet objet, baptisé Sedna, du nom d'une déesse de la mer chez les Inuits, est le corps en révolution

21. Il possède un satellite.

autour du Soleil le plus lointain connu. Son orbite, très excentrique, va de 76 UA au périhélie (11 400 millions de kilomètres) à 900 UA, soit 130 milliards de kilomètres. Actuellement, aucun télescope ne peut observer la surface de Sedna, mais cette découverte d'un corps aussi lointain dans le Système solaire permet d'affiner les modèles cosmogoniques, en mettant en jeu un disque protoplanétaire initial extrêmement étendu. Si le nombre de planètes, grosses ou petites, en révolution autour du Soleil ne cesse d'augmenter, on peut présager que la moisson des planètes extrasolaires sera particulièrement fructueuse, augmentant d'autant les espoirs de détection de la vie.

Les futures détections

La détection des corps planétaires lointains a maintenant quitté largement le domaine anecdotique des programmes scientifiques pour occuper une grande partie des nuits d'observation des astronomes. Outre le télescope de 3,60 mètres de l'Observatoire européen austral (ESO) à La Silla au Chili, sur le même site, le télescope suisse *Euler*, avec son miroir de 1,20 mètre et sa technologie particulièrement adaptée, assure un complément indispensable, observant à longueur de nuit les étoiles proches du ciel austral. Dans de nombreux autres observatoires, que ce soit avec le télescope *Keck* à Hawaï, dont le miroir est constitué d'un savant assemblage d'hexagones de 1,80 mètre avec un diamètre total de 10 mètres, ou encore le *Very Large Telescope*, avec ses quatre télescopes de 8,20 mètres, installé par l'ESO à Paranal au Chili, ces instruments sont maintenant équipés de spectrographes et de caméras de plus en plus performants, bientôt capables de détecter aussi bien de nouveaux petits corps lointains du Système solaire que des planètes de la taille de la Terre autour des autres étoiles. La batterie d'instruments au sol sera au cours des prochaines années complétée dans l'espace par une nouvelle génération de satellites dont les performances ne cessent d'augmenter, tant par le diamètre grandissant des miroirs embarqués, que par le pouvoir de résolution croissant et le traitement de plus en plus performant des signaux reçus.

Le télescope Spitzer

Le télescope spatial *Spitzer*, connu sous l'acronyme *SIRTF (Space InfraRed Telescope Facility)* et baptisé en l'honneur de l'astrophysicien Lyman Spitzer (1914-1997), a été lancé le 25 août 2003 pour effectuer un programme prévu pour durer entre 2 et 5 ans. Sa mission consiste à détecter le rayonnement des objets de l'espace aux longueurs d'onde infrarouges de 3 à 180 microns (μm), indétectables depuis le sol en raison de l'atmosphère terrestre faisant écran. Le satellite consiste en un télescope de 85 centimètres de diamètre équipé d'un spectrographe et d'une caméra associés à trois détecteurs, refroidis dans des cryostats. Il est capable de détecter de vastes étendues de gaz et de poussière, ainsi que des nuages moléculaires inobservables depuis le sol, grâce au rayonnement infrarouge provenant des étoiles en formation. Il peut mettre en évidence l'existence de disques protoplanétaires en construction autour des étoiles, ainsi que des étoiles naines extrêmes (naines brunes), des exoplanètes et de nouvelles molécules, y compris des composés organiques. Comme l'infrarouge est avant tout une émission thermique, le télescope est refroidi à une température proche du zéro absolu (– 273 °C) de manière à ne pas provoquer d'interférence par son propre rayonnement. Pour cette raison, le télescope Spitzer est protégé des rayons du Soleil, et observe exclusivement dans le cône d'ombre de la Terre.

Parmi les résultats significatifs, ce télescope en orbite a découvert des matériaux organiques, mélanges glacés de poussière de méthanol et de dioxyde de carbone, dans l'environnement de cinq jeunes étoiles de la constellation du Taureau, à 420 années-lumière de nous. Cette détection pourrait expliquer l'origine des comètes, et comment celles-ci auraient ensemencé la Terre, apportant de l'espace des matériaux propices à l'apparition de la vie. En outre, l'une d'elles semble avoir un planétoïde en train de grossir par accrétion des poussières dans un disque protoplanétaire, comme le fait un aspirateur sur une moquette poussiéreuse en laissant une traînée propre et en remplissant son sac à poussière. Comme l'étoile centrale ne semble être âgée que d'un million d'années, la planète en formation serait encore plus jeune. Un autre résultat intéressant concerne la découverte de deux disques protoplanétaires autour de deux étoiles en formation dans une vaste pouponnière, dans la direction du Centaure, à 13 700 années-lumière ! Loin d'être un phénomène local, les maternités stellaires seraient donc présentes dans tous les « coins » de la Galaxie. Ces premiers résultats sont donc particulièrement encourageants, soulignant ainsi que la matière ne cesse d'évoluer et de se renouveler sous forme d'étoiles nouvelles, venant combler les vides stellaires laissés par les étoiles défuntes.

La mission COROT

Les astronomes mettent beaucoup d'espoirs dans la découverte de nouvelles planètes à l'aide du satellite *COROT* (pour *COnvection, ROtation and planetary Transits*) qui sera capable de les détecter lors de leur passage devant leur étoile mère, tout comme Vénus, passant devant le Soleil, modifie très légèrement l'éclat de celui-ci. Le dernier passage de Vénus date du 8 juin 2004, et ce phénomène de transit planétaire ne présente plus d'intérêt scientifique autre qu'éducatif, pour calculer la distance de la Terre au Soleil avec juste un petit peu de trigonométrie. Mais appliqué à d'autres étoiles, il devrait permettre de démasquer de nouvelles planètes extrasolaires.

Le satellite *COROT*, prévu pour être lancé fin 2006, est équipé d'un photomètre afin d'étudier l'intérieur des étoiles grâce à la sismologie. La sismologie stellaire est l'étude de l'activité d'un astre par les mouvements de matière se produisant en son sein. Les bouillonnements issus de l'activité thermonucléaire provoquent des ondes acoustiques, qui ont pour effet de provoquer des oscillations de l'astre suivant des modes « propres » spécifiques de leur structure. Ces fréquences d'oscillation nous renseignent sur la structure interne de l'étoile, mais en cas de présence d'une ou de plusieurs planètes, leurs actions gravitationnelles peuvent créer une confusion, d'où l'importance d'effectuer des analyses très précises. Un télescope spécifique, un objectif imageur dioptrique ainsi que des caméras CCD de grande dimension comme détecteurs sont installés. Un ensemble électronique et informatique permet un traitement sommaire des données. Le satellite se place sur une orbite polaire, à une altitude oscillant entre 800 et 900 kilomètres. Une fois l'instrument pointé, un programme systématique d'observations commence en analysant la lumière de plusieurs dizaines d'étoiles sur une période d'une vingtaine de jours pour détecter les variations dues aux phénomènes de sismologie, puis sur une période pouvant atteindre 150 jours pour les mesures plus précises. Le passage d'une planète devant son étoile mère permet ainsi de découvrir sa nature, gazeuse ou tellurique, et de parvenir ultérieurement à déterminer la composition chimique de l'atmosphère, si du moins celle-ci est très étendue.

La mission GAIA

Les prochaines missions astrométriques vont mesurer pendant plusieurs années les positions de plusieurs millions d'étoiles avec une précision de l'ordre de 50 microsecondes d'arc. De cette façon, plusieurs centaines de corps de la taille de Jupiter devraient être détectées. À plus long terme, les missions d'interférométrie spatiale qui effectueront à la fois de l'astrométrie et de l'imagerie atteindront une précision 10 fois supérieure, permettant la détection de planètes ayant la masse de Saturne jusqu'à une distance de 50 années-lumière, et celle de la Terre jusqu'à 20 années-lumière. Le projet *GAIA* (du nom de la déesse grecque de la Terre) va apporter une carte stéréoscopique et cinématique de la Galaxie avec des précisions de l'ordre de quelques microsecondes d'arc. Il s'agit d'un satellite programmé pour 2012, capable de déterminer les distances, les mouvements tangents et radiaux et les magnitudes dans quinze bandes photométriques de plus d'un milliard d'objets ; cette mission permettra d'obtenir des données de base pour tous les types d'étoiles de toutes les populations stellaires de la Galaxie à tous les stades d'évolution, ainsi que pour des dizaines de milliers de petits corps du Système solaire et, à des échelles plus lointaines, de quasars, de supernovae et de galaxies. Il sera ainsi possible de détecter des dizaines de milliers de systèmes planétaires extrasolaires. On peut raisonnablement s'attendre à découvrir des « grosses Terres » (10 fois la masse de la nôtre) autour d'une centaine d'étoiles de type solaire dans un rayon de 30 années-lumière, et des planètes de type Jupiter autour de quelques-unes des 500 000 étoiles contenues dans une sphère de 700 années-lumière de rayon. Si on fait l'hypothèse que 5 % des étoiles ont au moins un compagnon planétaire, on peut espérer découvrir environ 25 000 nouvelles planètes.

Les autres projets, NGST, SIM, DARWIN, TPF et KEPLER

Les détections d'exoplanètes par la méthode des transits (passage devant l'étoile mère) font, depuis plusieurs années, l'objet de programmes à long terme. Le télescope spatial *Hubble* est engagé dans ces observations depuis 1999. La NASA envisage un successeur au télescope spatial *Hubble* après 2013 ; le *NGST (Next Generation Space Telescope)* serait un télescope de 6,5 mètres, qui, parmi une pléiade de programmes scientifiques, pourrait détecter des planètes de type Jupiter autour des étoiles proches. La mission *SIM (Space Interferometry Mission)* devrait permettre de détecter des planètes de l'ordre de 2 ou 3 fois la masse de la Terre à une distance de 15 années-lumière. Ce satellite utilisera l'interférométrie optique aussi bien pour ce programme que pour sonder les distances interstellaires et intergalactiques, et ainsi affiner les modèles cosmologiques.

D'autres projets sont envisagés, comme le trio de satellites européens *DARWIN* (en hommage au célèbre naturaliste) qui devraient être lancés après 2020. Ils seront placés à une distance de 1,2 million de kilomètres de la Terre, sur l'un des points de Lagrange[22] en opposition du Soleil, de manière à pouvoir effectuer des observations sans

22. Les points de Lagrange de deux corps en interaction gravitationnelle (le Soleil et la Terre par exemple) sont des points d'équilibre pour un troisième corps soumis à l'attraction des deux premiers. Ils furent mis en évidence par le mathématicien Joseph Louis Lagrange (1736-1813). Ils sont au nombre de cinq : trois de ces points sont situés sur l'axe Terre-Soleil et les deux autres sur l'orbite de révolution de la Terre, formant deux triangles équilatéraux avec la Terre et le Soleil.

que le Soleil, la Terre et la Lune viennent jamais interférer dans le champ du télescope. En outre, ce point est suffisamment éloigné de la Terre pour empêcher celle-ci d'influencer par son environnement. *DARWIN* sera formé d'un module triangulaire collectant et combinant les signaux d'une flottille de trois télescopes dont chacun aura un diamètre de 1,5 mètre, de façon à pouvoir repérer les planètes sans être ébloui par l'étoile. Grâce à cette technologie éprouvée, le satellite *DARWIN* permettra aussi bien la détection de planètes de la taille de la Terre, que l'analyse de la composition chimique de leur atmosphère, l'étude de la formation des étoiles et des galaxies au stade des premiers balbutiements, ainsi que de la structure et des effets des trous noirs au centre des galaxies. Loin d'être totalement futuristes, les résultats obtenus au sol dans le domaine de la haute résolution angulaire sont extrêmement encourageants. On mesure couramment les diamètres des étoiles, même lorsque ceux-ci n'excèdent pas quelques millièmes de seconde d'arc. On peut très raisonnablement s'attendre à une véritable pêche miraculeuse de planètes nouvelles, que les astronomes captureront dans leurs nouveaux filets spatiaux.

Au projet européen *DARWIN*, la NASA répond par *TPF (Terrestrial Planet Finder)*, un ensemble de télescopes en orbite, placés sur une structure rigide. D'ici à 2009, le projet *KEPLER* prévoit un télescope ayant un champ de 100 degrés carrés. En cinq ans de fonctionnement, il devrait mettre en évidence plusieurs centaines de planètes analogues à la Terre.

La difficulté majeure de certains projets consiste à s'abstraire de l'émission dans le domaine spectral infrarouge, produite par l'abondante poussière du Système solaire (la *lumière zodiacale* qui diffuse le rayonnement du Soleil dans le ciel par une belle nuit d'été). De même, il faudra prendre en compte les rayonnements similaires dus aux poussières dans les autres systèmes planétaires, qui jouent également un rôle d'absorbant. On suppose que l'intensité de la lumière zodiacale d'un système planétaire identique au nôtre est 300 fois plus puissante que l'émission d'une seule planète. Dans le cas de l'étoile ε Eridani, on estime même que cette lumière zodiacale locale est encore 10 fois plus intense que celle du Système solaire ! C'est pourquoi les astronomes préfèrent se cantonner à des projets limités au domaine visible et dans l'infrarouge proche jusqu'à 10 microns de longueur d'onde, où l'émission de poussières interplanétaires et interstellaires est transparente aux instruments de détection. Actuellement, les cartons des scientifiques sont remplis de projets tout à fait réalistes pour un coût raisonnable ; le problème majeur consiste à convaincre les bailleurs de fonds.

Le Système solaire représente un véritable banc d'essai de la recherche du vivant hors de la Terre. Si nous pouvons affirmer sans grand risque que nous sommes localement les seules formes « évoluées » du vivant, les scientifiques gardent néanmoins espoir que, même à des stades rudimentaires, la vie existe au moins sous les strates de Mars. L'un des aspects les plus importants de cette recherche dans le Système solaire porte d'une part sur les technologies mises en œuvre, que ce soit par les sondes spatiales, les modules d'atterrissage, la sensibilité des instruments embarqués, etc., et d'autre part sur les leçons tirées du déroulement de ces programmes, que ce soit dans les protocoles d'analyses physicochimiques, l'échantillonnage des régions d'investigation (montagnes, plaines, volcans), ainsi que les spécimens d'étude. L'exploration de la Lune dans les années 1970 a permis de rapporter plusieurs dizaines de kilos de roches. Le choix des astronautes s'est orienté selon des critères plus esthétiques que géologiques, comme la couleur attrayante ou la forme spécifique des cailloux. Or les roches scientifiquement les plus intéressantes ont été sélectionnées par le seul astronaute ayant reçu une formation de géologue. Généralisées à l'exploration du Système solaire, les missions futures devront se dérouler suivant des protocoles bien définis. Nous sommes encore au début de l'ère spatiale, et les résultats acquis proviennent de données protéiformes, n'offrant encore qu'une vue d'ensemble de la planète ou du satellite exploré. Les interprétations s'appuient sur des paramètres physico-chimiques globaux, dont l'imprécision peut occulter des manifestations d'un vivant en gestation ou en développement. La prochaine étape consistera en des expériences beaucoup plus ciblées, notamment pour la détection de la vie extraterrestre.

CHAPITRE 5

Signes de vie

« Il y a plus de choses au ciel et sur la terre, Horatio, que dans les rêves de la philosophie. »

William Shakespeare (1564-1616), *Hamlet* (acte I, scène 5)

Nous avons évoqué au cours du chapitre « Les idées claires » la difficulté de définir l'origine et le creuset du vivant, de repérer le « point d'inflexion » permettant de passer de l'inerte au vivant, ainsi que les contacts potentiels avec des vies extraterrestres. Ces questions, qui défient le temps, sont déjà soulevées par Ibn Tufayl (?-1185), médecin-philosophe qui, à la suite d'Avicenne, publie un conte allégorique intitulé Épitre du vivant fils du vigilant sur les secrets de la sagesse illuminatrice. *Un petit être, soit issu de la fermentation d'une argile particulière d'une île équatoriale, soit abandonné par sa mère, une princesse persécutée, est recueilli, protégé et allaité par une gazelle. En grandissant, il acquiert la connaissance supérieure du monde physique et métaphysique, et rencontre à l'âge de cinquante ans un homme sage venu d'une île voisine qui lui enseigne le langage et l'initie à la sagesse supérieure. Au cours de leurs pérégrinations sur l'île, les deux hommes tentent en vain de diffuser cette sagesse autour d'eux, le commun des mortels ne pouvant percevoir que des symboles*[1].

1. Nicolas Witkowski (dir.), *Dictionnaire culturel des sciences*, Seuil-Éd. du Regard, 2001, entrée « Vivant fils du vigilant (le) ».

Ce récit presque millénaire est d'une étonnante actualité ; d'une part il évoque la possibilité d'une émergence du vivant à partir des argiles, telle que le suggèrent les recherches rappelées précédemment, et d'autre part il relate une rencontre initiatique entre un homme et un démiurge, établissant un lien spatial direct entre un Terrien et un visiteur extraterrestre. Nous avons envisagé ce contexte sémantique et comportemental prévisible vis-à-vis d'un organisme plus avancé que l'homme. Entre des organismes ayant le même degré d'évolution, nous partageons facilement la panoplie des comportements, majoritairement affectifs, qui nous sont propres. Il peut en être de même, à un degré moindre, du rapport entre l'homme et l'animal (nous ignorons totalement ce qui se passe dans le cerveau d'un chien ou d'un chat). Dans chacune de ces situations, la relation entre les organismes supplante leur caractère individuellement vivant. Strictement parlant, il n'y aurait pas de vie en tant que telle, mais des signes de vie manifestes entre individus. Cela dit, c'est une constatation empirique que tout objet avec lequel nous entretenons une relation vivante a une architecture physico-chimique complexe (molécules, cellules, organes...). Aucune théorie philosophique, psychologique ou biochimique n'a d'ailleurs jamais expliqué cette corrélation ; on ne peut que la constater. En l'appliquant aux étoiles environnantes, les astronomes suivent une démarche identique pour chercher la vie au-delà de la Terre, d'abord par l'évidence de conditions favorables au développement du vivant, et ensuite par des signes tangibles permettant d'établir des contacts entre les deux mondes.

Dans ce chapitre, nous passons en revue les indices susceptibles de débusquer les « lieux » et les « signes » de vie dans la Galaxie par la détection des planètes extrasolaires. Nous avons envisagé le développement de formes de vie très différentes de la nôtre dans le chapitre 2 (« Les idées claires »), notamment en mettant en jeu d'autres éléments que le carbone. Mais nous conjecturons ici que la vie existe bien ailleurs, avec une structure physico-chimique semblable à la nôtre, et qu'elle se localise sur des planètes en révolution autour d'étoiles, à l'instar du Système solaire. Nous définis-

sons avant tout la zone d'habitabilité, condition nécessaire (mais non suffisante) à l'intérieur de laquelle le vivant peut s'épanouir dans un milieu physiquement acceptable, sur des mondes ni torrides ni gelés. Nous détaillons ensuite les critères permettant d'abord de sélectionner des étoiles candidates parmi la multitude des astres observables, et ensuite d'affirmer avec une quasi-certitude la présence d'une ou de plusieurs planètes en révolution autour de plusieurs dizaines d'entre elles. Les méthodes de détection des planètes extrasolaires et les instrumentations adaptées sont décrites en détail, ainsi que les limites actuelles (fin 2006) du pouvoir de résolution de ces dernières. Nous analysons, dans une logique « géobiomorphique »[2]*, les indices possibles de la présence du vivant dans une atmosphère planétaire, et enfin nous évoquons l'instrumentation programmée au sol et dans l'espace qui permettra de détecter dans un avenir assez proche une multitude de nouvelles planètes de plus en plus distantes de leur étoile mère, et de masse voisine de celle de la Terre ou des principaux satellites du Système solaire.*

Régions habitables

Une question fréquente porte sur la différence entre une étoile et une planète. Une étoile brille grâce à son énergie nucléaire interne, transformant, pendant la majeure partie de la vie de l'astre, l'hydrogène en hélium. Par contre, une planète se distingue d'une étoile essentiellement par son absence de source d'énergie interne, durable sur des milliards d'années ; seule une masse gazeuse égale au minimum à 13 fois celle de Jupiter serait susceptible d'offrir les conditions suffisantes pour que des réactions thermonucléaires s'allument. À défaut de disposer d'une masse initiale suffisante, une planète demeure un corps sans énergie thermonucléaire interne, dont la surface bénéficie de la lumière et de la chaleur fournies par

2. Ce néologisme généralise l'anthropomorphisme au profit d'une « similitude à la vie sur la Terre ».

son étoile mère. Pour des planètes isolées, seule une géothermie interne peut éviter que le sol ne connaisse les conditions de froid extrême du milieu interstellaire.

Une planète habitable, au sens biologique et géobiomorphique, doit posséder un certain nombre de propriétés favorables au développement de la vie. Plusieurs critères essentiels sont ainsi retenus. Tout d'abord, une température moyenne favorable au développement biologique doit régner à sa surface ; cette fourchette thermique impose que les planètes habitables soient situées à des distances compatibles avec les propriétés physiques de leur étoile mère ; celle-ci doit aussi être stable pour fournir des flux d'énergie et de lumière constants. D'autre part, des nuages interstellaires proches, riches en molécules, doivent être présents dans l'environnement, de façon que les systèmes planétaires, en mouvement relatif dans la Galaxie, soient amenés à les traverser au cours de leurs pérégrinations. Les petits corps accompagnant le cortège planétaire, les comètes et les météorites récupèrent ainsi toute une moisson d'éléments qui vont « ensemencer » la croûte et l'atmosphère des planètes lors des collisions. En outre, la planète doit également disposer d'un champ de gravité suffisant pour retenir les apports cométaires et leur permettre de s'adapter au milieu. Elle doit être simultanément constituée d'une croûte solide et d'un milieu liquide, celui-ci favorisant considérablement le transport des matériaux nécessaires à une activité biochimique (nous l'avons décrit au chapitre 2). Enfin, l'environnement doit disposer de conditions physiques adéquates pour que les synthèses organiques puissent se produire.

Outre le milieu aqueux favorable, une autre condition « universelle » est de disposer, dans le cadre des concepts thermodynamiques traditionnels, d'une source d'énergie « noble » (c'est-à-dire non thermique) à entropie très basse. Elle doit par ailleurs être permanente, car son interruption conduirait à la destruction des organismes. La meilleure source énergétique, persistante, abondante et de basse entropie, connue à ce jour, est le rayonnement des étoiles dont la température de surface T_* est comprise entre 3 000 et 7 000 °K ; l'endroit le plus adapté où l'on trouve à la fois de l'eau liquide et une source constante et intense de lumière est une planète en révolution autour d'une étoile de cette sorte, à une distance telle que sa température au sol soit d'environ 300 °K (de 0 à 30° centigrades). La planète doit être suffisamment massive pour empêcher l'eau de s'en échapper, sous l'effet de la force de marée produite par l'attraction de l'étoile mère, mais pas trop, sinon l'eau est confinée dans ses couches profondes et sans lumière. On est ainsi conduit à chercher en priorité la vie sur des planètes ayant de une à quelques masses terrestres, et situées à une distance de leur étoile mère s'échelonnant entre 0,1 UA (pour une étoile naine froide à $T_* = 3\,000$ °K) et 2 UA (pour une étoile plus grosse et plus chaude à $T_* = 6\,500$ °K), bien qu'une planète riche en eau et chauffée par effet de marée soit envisageable à des distances plus grandes ; c'est d'ailleurs le cas d'Europe, l'un des quatre gros satellites de Jupiter, comme nous l'avons vu au chapitre précédent. Cette distance critique, dépendant du type d'étoile, s'appelle la *zone d'habitabilité*[3]. Pour les astres plus chauds, la zone d'habitabilité est supérieure à 2 UA, mais ce type d'étoile évolue trop rapidement pour avoir une température et des conditions stables sur des échelles de temps de plusieurs milliards d'années afin que la vie s'y développe durablement.

Cette zone est d'une importance primordiale, car elle définit des régions très limitées où le développement du vivant est possible. L'application des équations de la thermodynamique donne une estimation brute de la zone d'habitabilité autour d'une étoile. En voici la recette simplifiée : choisissons une étoile et introduisons dans l'équation sa luminosité, ainsi que le domaine de températures où

3. Ainsi une planète, orbitant à une distance a d'une étoile ayant un rayon R_* et une température T_*, acquiert par chauffage une température T_p telle que :

$$T_p = \{(1 - A)^{1/4} / \sqrt{2}\} \times (R_* / a)^{1/2} \times T_*,$$

où A est l'albédo moyen de la surface de la planète. Une planète ayant une température idéale de 27 °C doit être à une distance de l'étoile donnée (pour $A = 0{,}55$) telle que $a = 0{,}7\, R_* \, (T_* / 300)^2$.

l'eau persiste à l'état liquide ; ajoutons l'équivalent mathématique de la capacité de l'atmosphère planétaire à renvoyer une partie de cette chaleur dans l'espace. Appliquée au Système solaire, cette recette donne une zone d'habitabilité comprise entre 0,7 et 1,3 fois la distance de la Terre au Soleil. Il faut prendre également en considération d'autres caractéristiques propres à la planète, telles que la rotation, la composition chimique, la densité et l'opacité de son atmosphère. Les deux dernières grandeurs sont importantes car elles interviennent majoritairement dans l'atmosphère considérée. Ainsi, bien que Vénus se situe à l'intérieur de la région d'habitabilité, son épaisse atmosphère jouant le rôle d'une serre piège la chaleur émise par le Soleil, et la température atteint 460 degrés à sa surface. La Terre a une atmosphère moins dense que celle de Vénus, mais sans son effet de serre la température au sol serait beaucoup trop basse. Le problème écologique grave des nombreux rejets de l'activité humaine dans notre atmosphère a pour effet d'augmenter son opacité (donc l'effet de serre) et d'élever ainsi graduellement la température ; dans l'avenir, il n'est donc pas exclu que les humains soient obligés de s'adapter à ce milieu évolutif, ou bien d'émigrer vers des mondes plus propices. Un tel flux migratoire d'extraterrestres est l'un des scénarios classiques de la science-fiction.

Les épreuves de la sélection stellaire

> « Elles-mêmes les planètes, l'usure les a rongées un peu et les géantes rouges du ciel explosent à l'heure de leur supernova. Les grandes invariances dérivent, le monde a perdu le retour éternel. »
>
> Michel Serres, *Le Tiers-Instruit*

Les étoiles que nous observons sur la toile noire de nos nuits blanches ne sont pas toutes des candidates idéales pour y rechercher la vie alentour, loin s'en faut. Pour un certain nombre d'étoiles, les caprices de l'évolution stellaire ne leur ont pas permis de disposer d'un cortège planétaire en révolution, et les conditions physiques initiales n'ont pas laissé à la vie la possibilité de s'y développer durablement. L'astronomie stellaire est riche d'enseignements car elle permet de définir un ensemble de critères tels qu'une étoile ne répondant pas à *au moins* l'un d'entre eux soit impitoyablement éliminée, évitant ainsi à l'astronome une perte de temps dans ses investigations.

Nous avons vu au chapitre 3 (« Un groupe d'univers ») les différentes familles d'étoiles, leur distance, leur évolution et leur destin. Un astre présentant des similitudes avec le Soleil en fait évidemment un candidat de choix pour la recherche du vivant. Outre ce premier critère, la distance des étoiles joue un rôle déterminant car les plus lointaines sont évidemment les plus inaccessibles à l'observation. Les mesures effectuées par les satellites astrométriques ont permis de dresser des catalogues précis de distance (donc de luminosité) pour plusieurs dizaines de milliers d'étoiles avec une incertitude inférieure à 20 %. Nous pouvons donc éliminer sans pitié toutes les étoiles dont la distance est inconnue ou trop incertaine.

Un second critère important concerne les données photométriques, qui doivent être également nombreuses et précises afin de déterminer le type de l'étoile, et donc les zones habitables respectives, ainsi que les informations indispensables sur la variabilité et la multiplicité des astres. Pour ces raisons, une sélection sévère est effectuée de manière à ne conserver que les étoiles qui se situent sur la Séquence principale du diagramme de Hertzsprung-Russell, ou dans son proche environnement (voir la *figure 19*). Les étoiles plus chaudes que le type spectral F sont rejetées en raison de l'intensité de leur rayonnement ultraviolet, car les molécules biologiques comprenant les acides nucléiques, les aminoacides (protéines) et les lipides des membranes cellulaires sont détruites si ce rayonnement est trop intense. Malgré la capacité des cellules à se régénérer, la vie sur Terre n'aurait pu se développer sans la protection efficace de la couche d'ozone atmosphérique contre le rayonnement ultraviolet que le Soleil émettait dans sa prime jeunesse. Pour une étoile naine de type spectral F 5, ayant une température de surface de l'ordre de 6 800 °C et une luminosité quatre fois supérieure à celle du Soleil, le rayonnement ultraviolet entre 200 et 280 nanomètres de longueur d'onde est dix fois plus intense que pour ce dernier. Le problème est rendu complexe par le fait que la molécule d'ozone (O_3) se forme sous l'action des photons ultraviolets à partir de la molécule d'oxygène O_2. C'est pourquoi une planète habitable tournant autour d'une étoile F devrait avoir des couches atmosphériques protectrices plus épaisses que celles des planètes en révolution autour d'étoiles plus froides.

Pour les étoiles froides (type M par exemple), le rayonnement ultraviolet étant globalement moins intense, ses effets sont moins nocifs pour les organismes susceptibles de se développer dans leur environnement. Si on exclut une faible proportion d'astres de cette famille dérogeant à la règle par de puissants sursauts dans l'ultraviolet, ce type d'étoiles est intéressant, car il représente environ 70 % de la population stellaire de la Galaxie. Ces astres avaient cependant été exclus des premières cibles du programme *SETI* de recherche de signaux dans l'espace, car leur rotation rapide s'accompagne fréquemment de *flares*, jets de matière provoquant une variation rapide de leur éclat, bien que ces émissions soient à même de stimuler la production d'ozone dans la haute atmosphère d'une éventuelle planète environnante. Ces sursauts restent néanmoins d'intensité modérée et non périodique. En outre, en raison de la diminution du rayonnement stellaire (suivant une loi inverse du carré de la distance), une planète en équilibre thermal avec son étoile a une température proportionnelle à la racine carrée de la luminosité stellaire. De cette manière, la zone habitable d'une étoile de type M 0 se situe à 0,28 UA (42 millions de kilomètres) de distance ; les sursauts de l'étoile mère ne présentent donc pas d'obstacle majeur à l'émergence et au développement du vivant sur une planète voisine. D'autre part, malgré leur instabilité, ces astres ont des durées de vie analogues à celle du Soleil (environ 10 milliards d'années), ce qui donne à une civilisation potentielle un laps de temps suffisant pour apparaître et évoluer (quelques centaines de millions d'années), laissant par ailleurs envisager l'existence de *zones d'habitabilité continues* autour de ces astres. Les étoiles froides sont donc de bonnes candidates.

Pour les étoiles doubles ou multiples, leurs interactions mutuelles ont une grande incidence sur la définition et la localisation de la zone habitable, ainsi que sur la stabilité d'une orbite planétaire. Ce critère est d'ailleurs d'une très grande sévérité car les astronomes estiment qu'environ deux tiers des étoiles de type solaire sont des systèmes binaires ou multiples. Cependant, si les composantes de ces systèmes sont suffisamment distantes les unes des autres, des planètes peuvent se former et évoluer autour de l'un de ces astres pendant des milliards d'années sans subir les avatars d'une éjection ou d'une accrétion. Ainsi, des composantes planétaires ont été détectées autour d'une des composantes des étoiles binaires 16 Cygni B (constellation du Cygne), 55 Cancri (dans le Cancer), τ Bootis (dans le Bouvier) ainsi qu'autour des systèmes triples HD 178911 (étoile β dans les Poissons) et HD 188753 (Cygne). Cependant, si une planète tourne autour d'une étoile membre d'un système double, elle est sujette à recevoir des effluves de rayonnement et de particules plus ou moins intenses, suivant sa distance au compagnon stellaire. C'est pourquoi la définition de la zone d'habitabilité d'un système binaire exige la prise en compte des possibles interactions entre la planète et l'étoile compagne.

Finalement, le choix se porte de préférence sur des étoiles morphologiquement voisines du Soleil (c'est le cas des quatre étoiles citées ci-dessus) et d'un âge supérieur à 2 milliards d'années, correspondant à l'entrée en « maturité » de l'astre, période au cours de laquelle celui-ci ne va guère évoluer, tant que sa chaudière thermonucléaire reste bien approvisionnée en hydrogène. On peut donc éliminer toutes les étoiles présentant des instabilités de comportement, trop âgées ou trop jeunes. Les nombreuses données physiques et dynamiques provenant directement de l'observation stellaire comme la température, la masse, la vitesse de rotation, l'émission de rayons X ou la composition chimique, permettent de déterminer l'âge d'une étoile avec une « bonne » précision, de quelques dizaines à quelques centaines de millions d'années. Celui-ci est un critère important, car une planète du genre de la Terre ne peut se former que si la proportion d'éléments lourds synthétisés par l'étoile est suffisante. Le Soleil lui-même a la métallicité des étoiles naines de type G situées dans un rayon de 80 années-lumière autour de nous ; il est cependant moins riche en éléments lourds qu'environ deux tiers des étoiles ayant une planète géante proche en orbite. La métallicité est un indicateur sérieux non seulement de la probabilité de détection des planètes, mais aussi de leur masse, et détermine la fourchette à l'intérieur de laquelle un corps de type Terre a une occurrence sérieuse de se former. Cette valeur de la métallicité en dessous de laquelle une planète ne peut naître est cependant difficile à évaluer en raison des très nombreux paramètres mis en jeu, notamment la composition chimique du disque protoplanétaire initial. Ces critères visent à établir un échantillon cohérent afin d'optimiser les chances de découvrir des planètes favorables au développement de la vie.

Cependant, comme les étoiles évoluent vers le stade de sous-géantes puis de géantes, on ne peut exclure que des planètes initialement trop froides deviennent habitables au cours du temps sous l'effet de l'expansion de l'étoile mère. Faute de modèles élaborés, les astronomes reproduisent ce qui se passe dans le Système solaire, ce qui les conduit à chercher la vie sur des planètes situées à environ une unité astronomique d'une étoile très semblable au Soleil. Ils s'intéressent néanmoins aux étoiles supergéantes, stade d'évolution très avancé d'étoiles semblables au Soleil, pouvant réchauffer des planètes à la surface desquelles l'eau était initialement gelée. Ces domaines de température autorisant la présence d'eau liquide sont dans certains cas suffisamment pérennes pour permettre à la vie d'apparaître. Une étoile vieillissante devient de plus en plus lumineuse et, par conséquent, la zone habitable s'éloigne peu à peu de l'astre, balayant les orbites des planètes éventuelles. Les astronomes ont ainsi déduit que le balayage de la zone habitable pour les planètes situées entre 2 et 15 UA de leur étoile parente dure de quelques millions à 2 milliards d'années. Il s'agit donc d'une durée suffisamment longue pour que la vie puisse émerger autour des vieilles étoiles cataloguées dans les familles des sous-géantes et des géantes rouges. En effet, pour la Terre, l'émergence de la vie n'a demandé que de quelques centaines de millions à un milliard d'années, compte tenu des incertitudes sur l'âge des cyanobactéries fossiles.

À partir du cahier des charges défini ci-dessus, les astronomes ont effectué un tri sélectif aboutissant à une liste de 64 120 étoiles. Elles ont en général des masses inférieures à celle du Soleil, et sont toutes situées sur la Séquence principale. Vu l'ampleur de l'échantillon, la sélection s'est ensuite volontairement limitée à 2 000 étoiles de type spectral F, G, K, M appartenant à la Séquence principale, chacune d'elles répondant aux stricts critères suivants :

— être répertoriée dans le catalogue *Hipparcos*, afin que la parallaxe soit bien établie, donc la distance bien calibrée ;

— avoir une magnitude visuelle supérieure à 8,5, afin que l'étoile ne soit pas trop petite et dispense un minimum d'énergie pour que la vie puisse se développer ;

— avoir un indice de couleur B – V supérieur à 0,55 ; cet indice de couleur résulte de la différence entre la magnitude dans le « bleu » (B) du spectre (courtes longueurs d'onde) et la magnitude visuelle (V). Cette valeur est caractéristique d'une naine F 8, type spectral correspondant à une température de surface d'environ 6 800 °C. Les étoiles candidates doivent être plus froides et se rapprocher des caractéristiques solaires.

Pour un système binaire :

— avoir une séparation supérieure à 2 secondes d'arc afin d'éviter les effets mutuels préjudiciables à la stabilité d'une zone d'habitabilité ;

— avoir un âge stellaire supérieur à 2 milliards d'années, afin que la vie ait eu le temps de se développer ;

— enfin, ne pas être une étoile géante, dont l'enveloppe serait trop instable.

Comment détecter les exoplanètes ?

Une fois les étoiles candidates sélectionnées, il reste à trouver les méthodes les plus efficaces pour détecter des planètes dans l'entourage stellaire et mettre en évidence leurs caractéristiques physiques : la masse *(M_p)*, le rayon *(R_p)*, la température *(T_p)*, la distance *(a)* à l'étoile mère, la période orbitale *(P)*, la luminosité *(L_p)*, la distance *(D)* au Système solaire et l'inclinaison *(i)* de l'orbite. L'idée la plus simple consiste en l'obtention d'une image du système planétaire où la planète apparaîtrait comme un point faiblement lumineux à côté de son étoile. Malheureusement, la planète est vue par l'observateur à une distance angulaire $\alpha = a / D$ de son étoile mère, c'est-à-dire très proche de celle-ci (quelques fractions de secondes d'arc). Le rayon de la planète étant beaucoup plus petit que la distance à son étoile, le rapport de sa luminosité à celle de l'étoile est extrêmement faible, ne dépassant guère 2 milliardièmes et demi pour une composante ayant les caractéristiques de Jupiter. La planète est ainsi noyée dans le halo lumineux de son étoile, en deçà de la limite de diffraction du télescope le mieux adapté. La séparation minime des deux corps et leur très grande différence de luminosité rendent donc toute détection visuelle excessivement difficile.

C'est pourquoi, pour remédier à ces inconvénients, les astronomes se sont mis en quête de méthodes de détection indirectes. Celles-ci ont en commun d'essayer de minimiser les effets indésirables de l'éclat de l'étoile centrale, par exemple en l'atténuant par un « masque de phase » (ce procédé est décrit plus loin). Cependant, les perturbations de l'atmosphères terrestre provoquent des effets parasites inévitables. Il est heureusement possible d'en atténuer fortement les conséquences grâce à l'usage de l'*optique adaptative*, une technique de correction en temps réel agissant par une très légère déformation du miroir du télescope. Ainsi l'instrument *ADONIS (ADaptive Optics Near Infrared System)*, installé au télescope de 3,60 mètres de l'Observatoire européen austral au Chili, a obtenu en 1998 l'image d'un disque de poussière autour de l'étoile ι Horlogii (constellation de l'Horloge, près du pôle céleste sud), déjà connue pour avoir une planète de masse au moins égale à deux fois celle de Jupiter, pour une orbite identique à celle de la Terre. Ce disque de poussière, incliné à 42 degrés, est très étendu et se situe à 10 milliards de kilomètres de l'étoile. Malgré les extrêmes difficultés de détection, à la limite des possibilités instrumentales, les astronomes espèrent pouvoir étudier dans un proche avenir l'évolution temporelle de tels disques, et même parvenir à mettre en évidence les caractéristiques individuelles des planètes découvertes, telles que la période de rotation, les variations saisonnières, la présence d'océans à la surface, etc., en analysant leur réflectivité à travers différents filtres. *ADONIS* a été remplacé par *NACO*, instrument de nouvelle génération équipé d'un coronographe fonctionnant sur l'un des quatre télescopes de 8,2 mètres du *VLT* de l'ESO au Chili.

Pour détecter des planètes autour des étoiles, plusieurs méthodes d'une remarquable subtilité sont utilisées, dont deux ont donné à ce jour des résultats probants, l'astrométrie et la spectroscopie. Ces méthodes permettent de repérer indirectement les planètes grâce aux perturbations gravitationnelles que celles-ci exercent sur leur étoile parente.

La perturbation dynamique de l'étoile par la planète

Les méthodes dynamiques consistent à détecter la perturbation des mouvements de l'étoile induite par la révolution orbitale de la planète. Ces mouvements sont régis par les lois de la mécanique céleste. L'étoile (de masse M_*) et la planète (de masse M_p) tournent toutes les deux autour de leur centre de gravité commun. Pour une planète située à une distance a de son étoile, l'étoile est à une distance du centre de gravité, telle que :

$$a_* = aM_p / (M_p + M_*).$$

Si la planète a une orbite circulaire, alors a et a_* sont constants, de telle sorte que l'étoile suit une trajectoire circulaire autour du centre de masse. Ce mouvement s'observe de trois manières. Tout d'abord, on note des variations de la vitesse radiale, c'est-à-dire la projection du vecteur vitesse de l'étoile sur la « ligne de visée » qui joint l'étoile à l'observateur. Ensuite, les mesures astrométriques très précises des variations de la position apparente de l'étoile sur le fond du ciel par rapport aux autres étoiles permettent de détecter ce mouvement *in situ*. Enfin, le chronométrage mesure la variation de distance entre l'étoile et l'observateur ; la meilleure méthode pour mesurer cette variation est de calculer la variation de temps que met la lumière à nous parvenir de l'étoile[4].

De cette manière, les astronomes déterminent la position d'une étoile sur la voûte céleste. Si cette position oscille légèrement au fil des nuits, cela signifie que l'étoile est « tiraillée » dans une direction puis dans la direction inverse par une masse en orbite qui a toutes les chances d'être une planète. Il faut donc mesurer de façon très précise le balancement résultant de l'étoile, le long de la ligne de visée, l'astre tournant autour du centre de gravité du système planétaire auquel il est associé. Cette méthode est d'autant plus sensible que la planète massive est proche de l'étoile *(figure 28)*. Cette oscillation de l'étoile est détectée par l'effet Doppler-Fizeau, déjà décrit à la note 13 du chapitre 3 « Un groupe d'univers », c'est-à-dire par les décalages périodiques des longueurs d'onde de son spectre lumineux.

La vitesse radiale, l'astrométrie et le chronométrage subissent ainsi des perturbations d'une périodicité égale à la révolution de la planète incriminée et d'une amplitude fonction de la masse de celle-ci. En outre, les mesures de vitesse radiale et de chronométrage sont fonction du sinus de l'angle d'inclinaison *(i)* du plan de l'orbite de la planète par rapport à la Terre. Généralement, celui-ci n'est pas connu, mais, la valeur du sinus étant comprise entre 0 et 1, on a une estimation maximale de la masse avec sin $(i) = 1$ (pour sin $(i) = 0$, aucune dérive n'est détectable, la révolution planétaire s'effectuant alors « de face »).

4. Michel Mayor et Pierre-Yves Frei, *Les Nouveaux Mondes du cosmos*, Seuil, coll. « Science ouverte », 2001.

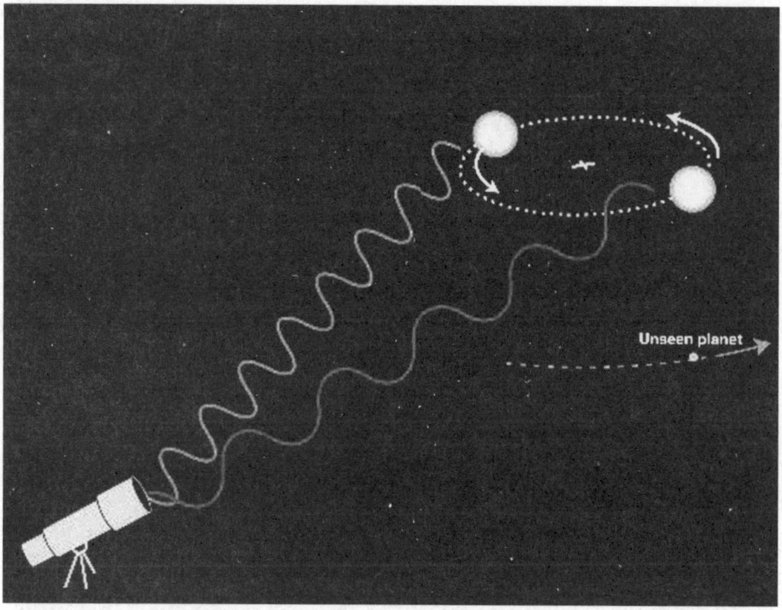

Figure 28 — Décalage spectral par effet Doppler provoqué par l'oscillation d'une étoile due à la présence d'une planète en révolution.

Pour le chronométrage, le plus simple est de mesurer les variations de temps d'arrivée d'un signal périodique ; en présence d'une planète, celui-ci subit des fluctuations identiques à la vitesse radiale, et se trouve donc en avance ou en retard sur l'instant « nominal » d'un signal non perturbé. Les signaux périodiques détectés à ce jour sont de deux types. D'une part, les pulsars émettent des signaux radio d'une remarquable stabilité (à quelques fractions de seconde près), et la présence d'une planète en révolution vient en troubler la régularité. La première des trois (ou quatre) planètes découvertes suivant cette méthode par Wolszczan et Frail se situe autour du pulsar PSR 1257+12. L'amplitude d'oscillation de la vitesse radiale est de 13 mètres par seconde, correspondant à un corps de la masse de Jupiter, situé à une distance de 5 UA de son étoile mère ; nous reviendrons plus loin sur cette observation. D'autre part, les étoiles binaires à éclipses sont constituées d'un couple stellaire en révolution mutuelle, la Terre se trouvant dans le voisinage du plan orbital. Une des deux composantes, plus sombre, éclipse périodiquement l'autre en passant devant ; une planète en révolution autour d'une des étoiles va trahir sa présence en modifiant légèrement cette périodicité entre deux minima. Actuellement, la précision dans les mesures de vitesse radiale est de l'ordre de 3 mètres par seconde, ce qui correspond à la détection d'un « Saturne ». Pour pouvoir détecter une « Terre », la perturbation n'excède par 10 centimètres par seconde, rendant une telle détection actuellement impossible.

Les transits planétaires

Dans cette chasse aux planètes extrasolaires, tous les moyens sont bons pour en découvrir de nouvelles. Une autre méthode encore consiste, si par un heureux hasard la Terre est dans le plan de l'orbite, à profiter du passage de la planète devant l'étoile pour essayer de la détecter par la très faible variation lumineuse produite par cet effet « d'éclipse ». Cette méthode relève de la prouesse car déjà les passages de Mercure ou de Vénus devant le disque du Soleil, aussi spectaculaires soient-ils pour l'observateur terrestre muni d'un télescope, ont un effet quasi négligeable sur sa luminosité ; même les éclipses de Soleil ne sont détectables spontanément par l'œil que si plus de 80 % de sa surface est assombrie par le disque lunaire. En outre, cette méthode n'est applicable qu'à deux conditions : tout d'abord, le plan orbital de la planète doit, on l'a dit, être correctement orienté de manière à ce que celle-ci passe devant son étoile, et ensuite la précision sur la photométrie de l'étoile mère doit être suffisante pour être sensible à des variations minimes de son éclat. Pour le premier critère, la probabilité que la Terre se trouve à proximité du plan de l'orbite d'une planète aux dimensions de celles de Jupiter autour d'une étoile analogue au Soleil n'est que de 0,1 %, et de 0,5 % pour une jumelle de la Terre. Quant à la précision photométrique, un corps de type Jupiter ferait varier le flux de l'étoile de 1 %, et une Terre, de seulement 1 / 10 000. Si des « Jupiter » peuvent ainsi être détectés depuis le sol, des « Terre » ne sont observables que depuis l'espace, grâce à l'absence complète de turbulence atmosphérique. Actuellement, c'est la seule méthode capable de découvrir des mondes de la taille de la Terre. Elle a en outre l'avantage de ne pas être dépendante de l'inclinaison de l'orbite, puisque la Terre se trouve dans le même plan. Les futurs instruments permettront ainsi d'établir des liens précis entre les différents paramètres, tels que les densités moyennes, les rayons orbitaux, les masses, l'abondance en métaux, etc. À ce jour (fin 2006), les astronomes ont découvert une quinzaine de planètes de cette manière.

Les lentilles gravitationnelles

> « Fiche-moi la paix avec cet Einstein ! Je ne veux pas d'ennuis avec les voisins ! »
>
> Fernand Raynaud, sketch *C'est étudié pour !*

Le phénomène de lentille gravitationnelle est une application de la théorie de la gravitation d'Einstein. Un rayon lumineux arrivant au voisinage d'un champ de gravité produit par la présence d'un corps, étoile ou galaxie, ne se propage plus en ligne droite, mais subit une courbure qui est fonction de l'intensité de ce champ. Si nous nous trouvons sur la trajectoire, l'image du corps lointain nous apparaît alors démultipliée et amplifiée en plusieurs images (toujours en nombre impair). Ainsi, une planète peut provoquer l'amplification de la lumière d'une étoile lointaine jusqu'à un facteur 100 si celle-ci se trouve à au moins 10 000 années-lumière de nous. Cette méthode n'est applicable que pour des planètes très lointaines, qui ne sont détectables par aucun autre moyen. De plus, un effet gravitationnel est un évènement quasiment unique, en raison des mouvements propres des différents corps, étoiles et planètes, dans la Galaxie en perpétuelle rotation ; si de telles circonstances se produisent, c'est bien grâce au hasard des alignements de la planète et de son étoile mère avec la Terre. Même si ces méthodes gravitationnelles relèvent ainsi du hasard pour mettre en évidence l'existence de planètes lointaines, elles ont permis de montrer par la négative que moins de 25 % des étoiles auraient des planètes de la masse de Jupiter, en révolution à des distances supérieures à 3 UA. Une planète a ainsi été découverte début 2006 ; ses caractéristiques sont décrites un peu plus loin.

Détection décamétrique

Dans le Système solaire, des planètes comme Jupiter émettent davantage que le Soleil dans le domaine des ondes radio décamétriques. Cette émission radio trouve sa source dans les régions aurorales de la planète, autrement dit dans les hautes latitudes magnétiques où se produit un mécanisme de type maser (analogue au laser des fréquences lumineuses, mais appliqué au domaine des longueurs d'onde radio). Il est donc très intéressant d'orienter les radiotélescopes vers les étoiles potentiellement candidates, et de caler les antennes sur les bandes métriques (330 et 1 400 mégahertz de fréquence) et décamétriques (18 et 32 mégahertz). Ainsi, une émission provenant d'une planète lointaine peut nous renseigner sur l'intensité de son champ magnétique, sur le sens et le taux de la polarisation et enfin sur d'éventuelles variations temporelles pouvant être liées à la présence d'un satellite. Des observations sont entreprises au *Very Large Array (VLA)*, un réseau de radiotélescopes implantés dans le désert du Nouveau-Mexique, ainsi qu'à celui de Kharkov en Ukraine. La difficulté majeure consiste à trouver une méthode d'analyse efficace qui fasse la distinction entre des signaux d'origine extraterrestre et les émissions parasites naturelles (orages ou éclairs) ou artificielles (industrie, télécommunications, radars, etc.). Un logiciel sophistiqué de traitement des données avec reconnaissance et élimination des parasites est en cours d'achèvement.

Imagerie directe

Cette méthode est de loin la plus riche et la plus prometteuse. Elle nécessite cependant de disposer d'une instrumentation qui est encore en cours d'élaboration. La détection directe consiste à prendre une image globale (ou partielle) du système planétaire, où la planète apparaît comme un point. Il est ainsi possible d'avoir accès à de nombreuses propriétés des planètes. Il y a deux modes différents d'obtention de l'image émanant d'une planète : on peut soit recevoir la lumière de l'étoile réfléchie par la planète, soit capter une émission thermique propre à la planète, chauffée par l'étoile. Chacun nécessite une instrumentation particulièrement adaptée. Lorsque les astronomes parviendront à réaliser ces images, la confrontation entre les deux types d'émission permettra d'abord de déceler ce qui est propre à la planète, et dans un deuxième temps d'en faire une analyse fine par spectroscopie. Le problème majeur, déjà mentionné plus haut, concerne la très grande luminosité de l'étoile parente, qui plonge tout système planétaire potentiel dans un vaste halo lumineux ; c'est à peu près comme si on essayait de détecter la lumière d'un lampyre femelle (ver luisant) placé sur le bord d'un projecteur de terrain de football. Autrement dit, le contraste entre une étoile et une planète atteint un facteur de 1 milliard dans le rayonnement visible et le proche infrarouge, et de 1 million dans l'infrarouge moyen. L'autre difficulté consiste à individualiser la composante planétaire ; pour une planète de type Terre en orbite autour d'une étoile à 35 années-lumière de nous, la séparation angulaire est de l'ordre de 0,1 seconde, soit 10 fois moins que la taille d'une image stellaire après son passage à travers notre atmosphère.

De nombreuses techniques sont donc mises en œuvre pour atteindre cet objectif. Le coronographe stellaire à grande dynamique est un instrument capable d'atténuer considérablement la lumière de l'étoile sans pour autant modifier le flux reçu d'un objet hors axe, comme une planète. Les premiers coronographes ont été réalisés par Bernard Lyot dans les années 1930 pour observer la couronne solaire. Pour les étoiles, l'instrument est équipé d'un « masque de phase à quatre quadrants » qui divise l'image d'une source ponctuelle en quatre domaines. Une différence de phase est appliquée à deux d'entre eux, si bien que l'image est éliminée par interférence destructrice. Les premiers tests ont permis d'atténuer l'image de l'étoile centrale par un facteur 90 000, ce qui permettait de détecter un compagnon d'une magnitude 10 fois plus faible que l'étoile, pour une séparation angulaire égale à 3 fois la résolution du télescope. Ce dispositif équipe l'instrument *NACO* installé sur le *VLT* au Chili ; à condition d'avoir une excellente correction des effets de la turbulence atmosphérique, la coronographie stellaire apporte une amélioration très importante à la compensation de l'effet d'éblouissement, une étape nécessaire (mais pas encore suffisante) pour détecter les planètes extrasolaires.

Terre ! Terre !

En septembre 1916, l'*Astronomical Journal* et la revue *Nature* publient la découverte, par l'astronome E.E. Barnard, d'une étoile faible se déplaçant à très grande vitesse sur la sphère céleste à raison de 10,3 secondes d'arc par an. Située à une distance de 5,95 années-lumière, l'étoile « de Barnard » est identifiée comme une naine froide (type M). Les astronomes sont très intrigués par ce petit astre rouge vagabond, unique en son genre, s'approchant lentement du Soleil, et calculent qu'il ne se trouvera « qu'à » 3,8 années-lumière de nous... en l'an 11 800. Ils entreprennent donc de rassembler un maximum d'informations à son sujet, et Peter Van de Kamp, à l'observatoire Sproul (USA), découvre, à partir des mesures de positions précises sur plus de 2 000 plaques photographiques prises au télescope de 24 pouces de 1916 à 1919 puis de 1938 à 1962, que l'étoile vagabonde a une trajectoire oscillante qui serait due à un compagnon ayant une masse égale à 1,7 fois celle de Jupiter, en révolution sur une période de 25 ans. En 1969, Van de Kamp publie de nouveaux résultats sur l'existence de deux planètes en révolution circulaire autour de l'étoile de Barnard, avec des périodes de 12 et 26 ans. Infatigable, notre astronome continue de collecter des plaques photographiques et de les mesurer jusqu'en 1982. Mais, en 1973, Gatewood et Eichhorn, examinant à leur tour des plaques photographiques prises aux lunettes de 20 pouces de l'observatoire Van Vleck et de 30 pouces de l'observatoire Allegheny (USA), ne constatent pas la moindre oscillation.

Reprenant la collection de plaques de Van de Kamp, John L. Hershey note que plusieurs étoiles de chaque plaque ont des trajectoires oscillantes, d'où la suspicion que le télescope de 24 pouces de Sproul pourrait avoir des problèmes de stabilité. Les mesures ultérieures effectuées par Robert Hurrington sur 400 plaques prises au télescope de 61 pouces de l'observatoire Lowell en Arizona, et par Laurence Frederick à la lunette de 26 pouces de l'observatoire McCormick (Virginie), concluent en 1985 en une possible oscillation dans le sens nord-sud, mais à la limite des barres d'erreur ; en outre, ils ne trouvent aucune périodicité. Van de Kamp défend âprement l'existence de ses deux planètes jusqu'à sa mort, en 1995, mais aucune des observations effectuées ultérieurement ne parvient à justifier son acharnement planétophile. Bien qu'ayant consacré cinquante années à rechercher en vain la première exoplanète, il est au moins le précurseur de la méthode dynamique, laquelle sera ensuite complétée par celle des transits pour tenter de détecter, dès le début des années 1960, des systèmes planétaires autour des étoiles les plus proches (proximité qui permet les observations les plus précises).

> « Le moyen le plus sûr de ne pas se tromper est de miner certitude après certitude. »
>
> Emil Cioran (1911-1995), *De l'inconvénient d'être né*

La persévérance est sans doute une des vertus cardinales des astronomes. Suivant le même principe que pour l'étoile de Barnard, l'étoile de type solaire Lalande 21185, dans la constellation de la Grande Ourse, fait l'objet de 54 observations de 1988 à 1991 afin d'analyser les oscillations de son mouvement propre important (4,78 secondes d'arc par an). En 1992, l'astronome Gatewood conclut qu'il n'y a aucune perturbation particulière. Cependant, en analysant d'anciennes plaques photo sur cinquante ans, l'astronome constate une variation temporelle de la vitesse de l'étoile, pouvant correspondre à un compagnon planétaire de masse comprise entre 0,5 et 2 fois celle de Jupiter, en révolution avec une période de 35 à 50 ans à une distance de 9,5 UA de son étoile parente. Comme pour l'étoile de Barnard, aucune confirmation de l'existence de cette planète ne sera obtenue par la suite.

Après un certain nombre de fausses alertes, la première détection d'un système exoplanétaire est annoncée en 1991, mais contre toute attente autour du pulsar PSR 1257+12, corps massif et dense issue de l'explosion d'une supernova. Cette découverte suscite la méfiance auprès des astronomes, car les pulsars sont des astres étranges qui n'ont pas de point commun avec le Soleil ni avec aucune autre étoile, et dont la faible luminosité ne saurait suffire à chauffer la surface d'une planète pour y stimuler l'apparition de la vie. Un pulsar est le stade ultime de l'écroulement de la matière restante du cœur d'une étoile massive ayant explosé. Au cours de cet effondrement, les protons et les électrons fusionnent en donnant des neutrons, la masse volumique atteignant alors des valeurs gigantesques de plusieurs milliards de tonnes par centimètre cube, de telle manière que le diamètre du pulsar ne dépasse pas quelques kilomètres. En outre, le rayonnement produit n'est pas thermiquement efficace[5], tout en émettant de brèves émissions radio (pulses) à grande fréquence. Autour de leur pulsar, situé dans la constellation de la Vierge à 1 630 années-lumière, les astronomes Alex Wollszczan et David Frail détectent deux planètes, dont ils estiment la masse respectivement à 2,8 et 3,4 fois celle de la Terre, et un troisième corps de la taille de la Lune.

Si les planètes observées autour du pulsar de la Vierge font relativement peu parler d'elles, il en va tout autrement de la découverte d'une planète autour d'une étoile semblable au Soleil. En octobre 1995, les astronomes suisses Michel Mayor et Didier Queloz

5. Le rayonnement produit par les pulsars est de type synchrotron. Il est produit par les électrons proches des pôles magnétiques accélérés le long de spirales dues au champ magnétique. Ceux-ci émettent un rayonnement analogue à celui des accélérateurs de particules.

annoncent dans la revue *Nature* qu'à l'observatoire de Haute-Provence, après une année d'observations à l'aide du spectrographe *ELODIE* et du télescope de 1,93 mètre, ils ont mis en évidence par effet Doppler une oscillation de 59 mètres par seconde de la vitesse de l'étoile 51 dans la constellation de Pégase *(figure 29)*[6], astre identique au Soleil (type spectral G 2,3) et situé à une distance de 42 années-lumière. Les mesures sont effectuées avec un soin extrême afin d'éliminer tout risque d'erreur pouvant résulter d'autres phénomènes, comme une pulsation de l'étoile ou encore la présence de taches à sa surface. Poursuivant l'analyse de leurs résultats, Mayor et Queloz montrent que la planète a une période de révolution de 4,2293 ± 0,0011 jours sur une orbite à très faible excentricité ($e = 0{,}01$)[7] et qu'elle est en révolution, à une distance de 7,5 millions de kilomètres de l'étoile mère ; sa masse maximale est estimée à 0,47 fois celle de Jupiter. Dans ces conditions, les astronomes doivent cependant tempérer leur enthousiasme, car la température à sa surface doit atteindre 1 300 degrés. En outre, en raison des effets de résonance gravitationnelle et de l'accrétion rapide de matière « visqueuse » au cours de ses révolutions successives (récupération des matériaux brûlants se trouvant sur sa trajectoire), la planète perd rapidement son énergie cinétique et devrait terminer sa brève existence d'ici à un milliard d'années, en « tombant » sur l'étoile. Les deux astronomes envisagent également la présence d'une deuxième planète beaucoup plus distante à partir de possibles perturbations sur une grande échelle de temps ; celle-ci n'est actuellement pas confirmée. La découverte du compagnon planétaire de 51 Pegasi a un grand retentissement dans la communauté scientifique, car, pour la première fois, un système extrasolaire est mis en évidence, après tant d'années de recherches,

6. Michel Mayor et Jean-Yves Frei, *Les Nouveaux Mondes du cosmos*, Seuil, coll. « Science ouverte », 2001.

7. L'excentricité d'une orbite est définie par le rapport e du petit axe au grand axe de l'ellipse décrite par un corps en révolution autour d'un autre (première loi de Kepler). Pour une orbite circulaire, $e = 0$.

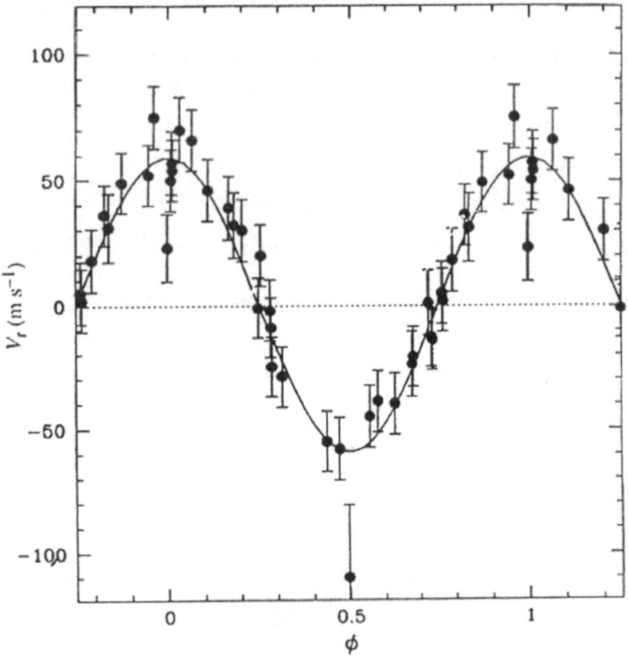

Figure 29 — La variation de la vitesse radiale de l'étoile 51 Pegasi

d'efforts et de spéculations. La *figure 30* permet de retrouver cette étoile dans le ciel. Peu de temps après cette découverte, des astronomes de l'observatoire Lick (Californie), du High Altitude Observatory (Arizona) et du Harvard-Smithsonian Center for Astrophysics (Massachusetts) ont corroboré les observations de Mayor et Queloz.

Après cette grande première, les découvertes se succèdent à un rythme accéléré, grâce notamment aux progrès accomplis tant dans la finesse des observations que dans le traitement et l'analyse des données par ordinateur. En décembre 1995, deux mois après la découverte de 51 Pegasi, Geoffrey Marcy et Paul Butler, de l'université de San Francisco, détectent une planète plus grosse que

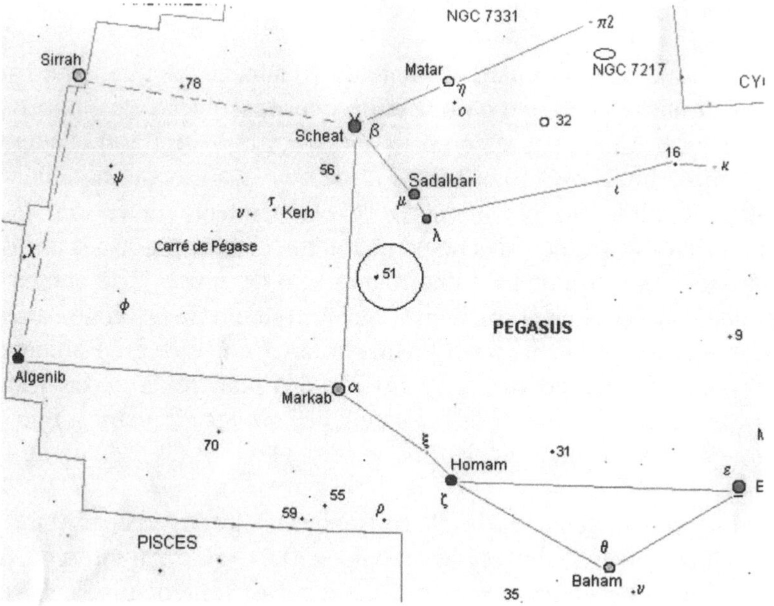

Figure 30 — Comment repérer l'étoile 51 dans la constellation de Pégase

Jupiter à 300 millions de kilomètres de 47 Ursae Majoris (Grande Ourse), autre étoile identique au Soleil et distante de 47 années-lumière, en observant, sur 34 spectres pris entre 1987 et 1996, les oscillations des raies de l'iode. À partir des variations de la courbe des vitesses, ils déduisent que la planète a une masse inférieure à 4,8 Jupiter, pour une période de révolution de 2,98 années sur une orbite presque circulaire ($e = 0{,}03$). En conséquence, vu sa distance à son étoile mère, la planète reçoit une insolation comparable à celle que le Soleil dispense sur Mars, ouvrant ainsi des perspectives sur la possibilité de vie. Dans la foulée, Marcy et Butler annoncent également la découverte d'une planète sur une orbite excentrique ($e = 0{,}40$) à 70 millions de kilomètres de l'étoile 70 de la Vierge, autre étoile de type solaire distante de 70 années-lumière, en utilisant la même méthode de détection que pour 47 Ursae Majoris. La planète a une masse comprise entre 6,6 et 9 Jupiter, pour une période orbitale de 116,6 jours. Sur ce nouveau monde, la température atteint tout de même 90 °C. Cependant, en raison des contraintes instrumentales ne permettant la détection que des corps massifs, les astronomes s'interrogent afin de savoir si le compagnon de 70 Virginis est bien une planète et non pas une étoile naine massive, couramment appelée naine brune. Cette idée est d'ailleurs étayée par le processus de formation des planètes à partir d'un disque de poussière : celles-ci suivent des orbites circulaires. Finalement, la communauté scientifique admet l'existence d'un compagnon planétaire.

D'autres systèmes extrasolaires sont aussi découverts par Marcy et Butler en 1996. Une planète de masse 0,84 fois Jupiter tourne, à 18 millions de kilomètres de ρ Cancri, autre étoile de type solaire (naine G 8), dans la constellation du Cancer, en 14,65 jours, sur une orbite très faiblement excentrique ($e = 0{,}05$). Malheureusement, la température à sa surface dépasse 400 °C, rendant toute forme de vie difficile à envisager. Dans la constellation du Bouvier, ils mettent en évidence, à 7,5 millions de kilomètres de l'étoile τ Bootis, encore de type solaire, un véritable enfer avec une masse de 3,87 Jupiter, une période de 3,312 jours, mais une température à la surface de 1 100 °C ! Une autre étoile identique au Soleil, υ - Andromedae, fait l'objet d'une série de 18 observations aboutissant à la découverte d'une planète de masse 0,68 Jupiter tournant en 4,611 jours à une distance de 7,55 millions de kilomètres de son étoile mère. Mais, à une distance aussi faible, la température de surface atteint 1 000 °C. L'étoile de type solaire ρ Coronae Borealis est aisément observable à l'œil nu dans la constellation de la Couronne boréale, à 50 années-lumière de nous. Utilisant le spectrographe à fibre optique du télescope de 1,50 mètre de l'observatoire du mont Hopkins en Arizona, Robert Noyes conclut à l'existence d'une planète en orbite presque circulaire ($e = 0{,}028$) à une distance de 35 millions de kilomètres de son étoile mère, avec une période de

39,6 jours, et une masse équivalente à 1,3 Jupiter. Les conditions à sa surface sont à nouveau assez rudes : 300 °C.

Ainsi, de 1995 à 1997, la moisson des planètes extrasolaires découvertes est spectaculaire ; sur environ deux cents étoiles observées, une douzaine de mondes ont été détectés autour d'étoiles de type solaire (sans compter une planète découverte autour d'une naine rouge, et trois planètes découvertes autour d'un pulsar). À l'heure du premier bilan, cinq étoiles de type solaire sur cent possédaient de grosses planètes. Cependant, toutes ces planètes sont à la fois très proches de leur étoile et particulièrement massives, car les instruments utilisés n'ont pas encore la sensibilité requise pour détecter des corps de masse très inférieure à celle de Jupiter ; en outre, plus ceux-ci sont éloignés de leur étoile mère, moins l'oscillation qu'ils lui imposent est importante. Néanmoins, ce premier tableau de chasse ouvrait aux astronomes de nouvelles perspectives sur la détection de systèmes extrasolaires.

La moisson continue

Les astronomes poursuivent leur moisson de planètes extrasolaires. Progressivement, des particularités sont mises en évidence dans le comportement de certaines étoiles. L'étoile 16 Cygni B (dans le Cygne) est une composante d'un système binaire bien connu des astronomes amateurs, accessible avec un petit télescope. L'astronome Cochran a découvert que cette étoile de type solaire montre des oscillations de 51,2 mètres par seconde, correspondant à la présence d'un corps en orbite de période 800,8 jours. En outre, l'orbite est une ellipse de forte excentricité $e = 0{,}68$. Cette planète, particulièrement massive (5 Jupiter) et située à 1,8 UA de son étoile mère, pourrait être aussi soumise à l'attraction de l'étoile A située à environ 1 100 UA. L'action d'un système binaire d'étoiles pourrait ainsi rendre compte de la grande excentricité d'une orbite planétaire. Tout aussi intéressante, l'étoile 14 Herculis (Hercule) possède une planète tournant en 4,82 jours sur une ellipse $e = 0{,}37$, dont la masse maximale serait 4,9 fois celle de Jupiter. Plus complexe, une planète à très forte excentricité orbitale tourne autour de l'étoile 16 Virginis (la Vierge) en 116,6 jours. Il semble qu'outre la planète un disque de gaz et de poussière vienne jouer les perturbateurs. Dans cette recherche de nouveaux mondes, les astronomes prennent un maximum de précautions dans l'interprétation de leurs résultats. Les systèmes stellaires triples peuvent, par exemple, imiter les perturbations astrométriques provoquées par une planète, donnant lieu à une fausse déduction.

Grâce à l'amélioration continuelle des méthodes d'observation, des systèmes planétaires multiples sont aussi détectés. La mise en évidence de deux ou plusieurs composantes relève d'une véritable prouesse de précision, car la deuxième composante n'est détectée qu'après avoir (numériquement) « retiré » la première de l'oscillation globale, et observé une oscillation résiduelle. Ainsi la petite étoile naine solaire HD 37124, dans la constellation du Taureau, est entourée de deux planètes d'après les observations de Butler en 2003 ; la première, sur une orbite d'excentricité ($e = 0,10$), effectue une révolution en 153 jours, et la seconde, sur une orbite beaucoup plus excentrée ($e = 0,69$), tourne en 1 600,6 jours. Il en est de même de l'étoile HD 12661, naine K 0 du Bélier, dont les deux composantes effectuent leur révolution respectivement en 262,6 et 1 626,7 jours.

Toujours plus fort, l'étoile 55 Cancri (constellation du Cancer), jumelle spectrale du Soleil (type G 8 V), est un système solaire miniature avec au moins trois planètes. La composante principale effectue une révolution sur une orbite $e = 0,23$ en 14 ans, à peu près similaire en masse et en période à Jupiter. Une composante plus proche tourne sur un cercle presque parfait en 14,6 jours, et une troisième, dont la masse atteint le quart de celle de Jupiter, effectue sa révolution en 44,3 jours. Les distances des trois composantes seraient à peu près celles de Vénus, de la Terre et de Jupiter ; en outre, une quatrième composante a été détectée fin 2005. Actuellement, la planète « proche » la moins massive découverte, qui a 7 fois la masse de la Terre (0,023 fois celle de Jupiter), tourne sur une orbite circulaire autour de l'étoile Gliese 876, petite naine froide de type M 4, en 1,937 76 jour, à une distance de 15 années-lumière, dans la constellation du Verseau. Au début de l'année 2006, une équipe de 73 astrophysiciens du programme *PLANET (Probing Lensing Anomalies NETwork)* a annoncé dans la revue *Nature* la découverte d'une exoplanète dont les caractéristiques se rapprochent de celles de la Terre, mais située à 25 000 années-lumière de nous. Ce résultat a été obtenu en analysant les effets d'amplification gravitationnelle (décrits plus haut) d'une étoile du bulbe de la Galaxie. Baptisée OGLE-2005-BLG-390-Lb[8], cette planète de seulement 5 masses terrestres se trouve à 2,9 UA de son étoile mère, et effectue une révolution en 10 ans. Malgré ces caractéristiques encourageantes, la température à sa surface est de –220 °C, rendant les possibilités de vie bien aléatoires. Néanmoins, cette découverte ouvre de très importantes perspectives dans la détection, par cette méthode, de planètes du genre Terre.

Parmi les planètes découvertes à ce jour, outre celle de 16 Cygni, une quinzaine orbitent autour d'étoiles appartenant à des systèmes binaires. L'un des plus intéressants est la brillante étoile γ dans la constellation de Céphée à 37 années-lumière de nous, car c'est le couple binaire le plus serré connu à ce jour. L'étoile elle-même a un diamètre de 6 fois celui du Soleil, et produit une énergie 11,5 fois plus intense que celui-ci. La planète découverte est presque deux fois plus massive que Jupiter, à une distance de 2,1 UA de son étoile centrale. Des études ont montré que cette planète est sur une orbite stable, mais la question est de savoir comment elle a pu se former dans un tel système binaire, car l'étoile compagne est tellement proche, à 18,5 UA, pour une masse de l'ordre du quart de la composante principale, que les effets perturbateurs semblent empêcher l'accrétion des matériaux planétaires. Le modèle standard de formation planétaire suppose un environnement dynamiquement calme, pour que des chocs suffisamment

8. *OGLE* est l'acronyme du programme de détection par effets gravitationnels *Optical Gravitational Lensing Experiment*.

mous entraînent l'accrétion de planétésimaux. La théorie est venue apporter une explication, à l'aide de simulations numériques. Dans le système de γ Cephei (entre 1 et 4 UA), la présence de gaz issu de la nébuleuse primitive a tendance à réduire fortement la vitesse des collisions mutuelles, tout en alignant les orbites, compensant ainsi les perturbations dues au compagnon stellaire. Ce gaz doit avoir une densité suffisante pour amortir les chocs et favoriser l'agglomération des planétésimaux, pour finalement aboutir à la formation d'un corps final, massif et structuré. Indéniablement, la présence d'un disque de gaz joue un rôle très important pour donner à une planète une chance de voir le jour. L'exemple de γ Cephei souligne qu'un modèle dit « standard » doit être appliqué avec précaution, car il ne peut expliquer la formation de tous les systèmes perturbés.

La méthode des transits, décrite plus haut, a également permis la détection d'exoplanètes. L'une d'elles est en révolution à 4 millions de kilomètres de l'étoile naine de type G0 HD 209458, située à 150 années-lumière de nous, dans la constellation de Pégase. L'existence de cette nouvelle planète a été ensuite confirmée par un examen minutieux des archives photométriques du satellite *Hipparcos*, montrant effectivement d'infimes variations d'éclat de l'étoile mère lorsque la planète passe devant son disque. La méthode des transits a aussi l'avantage d'estimer directement la masse de la planète (mais toujours au sinus de l'angle d'inclinaison de l'orbite près) et de montrer, comme dans le cas présent, que celle-ci est en révolution dans le même sens que la rotation de l'étoile, avec une période de 3,52 jours ; elle a été baptisée « Osiris ». Un autre compagnon a été détecté autour d'une étoile naine froide (type K 0), faible et lointaine, dans la constellation du Cygne, à 492 années-lumière de nous ; son nom est « Tres 1 ». Ces deux nouvelles planètes ont été observées en infrarouge, à l'aide du satellite *Spitzer*, en mars 2005. En mesurant la différence de flux infrarouge reçu lorsque la planète passe devant et derrière son étoile mère, les astronomes ont obtenu la luminosité propre de chacune des planètes. Ils ont également déterminé pour chacune d'elles l'albédo, et ont déduit que la température était de 857 °C sur Osiris et de 787 °C sur Tres 1. On voit que la méthode des transits est promise à un bel avenir.

Disques de stationnement

Outre les planètes bien structurées, les astronomes ont également détecté, dans le domaine infrarouge, des disques de poussière autour de certaines étoiles, comme Véga (α Lyrae) et β Pictoris. Ces disques ont une importance considérable car ils sont des témoins remarquables de l'état d'un système planétaire *avant* l'agrégat des planétésimaux générateurs des futures planètes. L'exemple de β Pictoris est véritablement un cas d'école. Cette étoile est la seconde plus brillante de la petite constellation du Peintre[9], visible uniquement depuis l'hémisphère austral. Distante de 50 années-lumière environ, cet astre de magnitude 4 et de type spectral A 5 V (donc assez chaud) est sorti de l'anonymat en 1983, lorsque le satellite infrarouge américano-anglo-hollandais *IRAS* a révélé qu'il présentait, comme quelques autres étoiles proches, un important excès de luminosité dans l'infrarouge. Une année plus tard, grâce à la coronographie, deux astronomes américains, Smith et Terrile, publient la première image optique directe de β Pictoris et de son disque de poussière vu par la tranche. Depuis, β Pictoris a fait l'objet d'innombrables investigations, aussi bien dans le domaine visible que dans l'ultraviolet. En 1991, une équipe d'astronomes de l'Institut d'astrophysique de Paris obtenait une image du disque s'étendant jusqu'à moins de 2 secondes d'arc de l'étoile *(figure 31)*, ce qui correspond à environ 30 UA, soit la distance de Neptune au Soleil.

Les études spectroscopiques, facilitées par l'orientation favorable du disque, dont l'extension spatiale est d'au moins 400 UA,

9. Cette constellation était initialement dénommée le *Chevalet du Peintre* par l'abbé La Caille, dans sa révision des *Constellations du ciel austral* en 1752.

révèlent des phénomènes tout à fait inattendus. L'interprétation du comportement insolite de certaines raies spectrales, susceptibles de varier très rapidement et de manière totalement sporadique, conduit les astrophysiciens à suspecter l'existence d'une multitude de planétésimaux en orbite dans le disque entourant β Pictoris. Parfois, certains de ces objets, assimilables à des comètes, doivent frôler l'étoile et se volatiliser ou être absorbés, provoquant les variations spectrales observées. Des coupes sombres dans le disque, tels des sillons creusés par un soc de charrue, suggèrent que des planètes nouvellement créées pourraient vivre au sein de cet étonnant milieu. Des simulations numériques montrent qu'un modèle comportant au moins une planète de la taille de Jupiter dans la partie interne du disque rend bien compte des phénomènes observés ; les perturbations gravitationnelles engendrées sont capables de modifier les trajectoires de nombre de planétésimaux et de les précipiter sur l'étoile. Plus récemment, des astronomes ont conclu que deux planètes en fait viennent jouer les trouble-fête dans le disque de β Pictoris.

Ces prédictions théoriques correspondent-elles à une réalité astrophysique ? Il est certain que β Pictoris est plus jeune et plus volumineuse que le Soleil, et que son disque protoplanétaire est effectivement susceptible d'héberger des planétésimaux, des comètes et sans doute les deux planètes suspectées. Les conditions sont donc réunies pour raisonnablement supposer que nous sommes les observateurs privilégiés de ce qu'était vraisemblablement le Système solaire peu de temps avant l'individualisation de ses composantes. Les anciennes hypothèses cosmogoniques de Laplace, décrites au début du chapitre précédent, reviennent ainsi sur le devant de la scène ; il n'est pas rare en astronomie de faire du neuf avec du vieux. Outre cette théorie rajeunie, les autres processus déjà envisagés, notamment l'effondrement d'un nuage de gaz suivi d'une phase de condensation dont la densité demeure cependant insuffisante pour que des réactions thermonucléaires puissent s'allumer, laissent ouvert le débat cosmogonique. Une des hypothèses, déduite de la possible évaporation de comètes

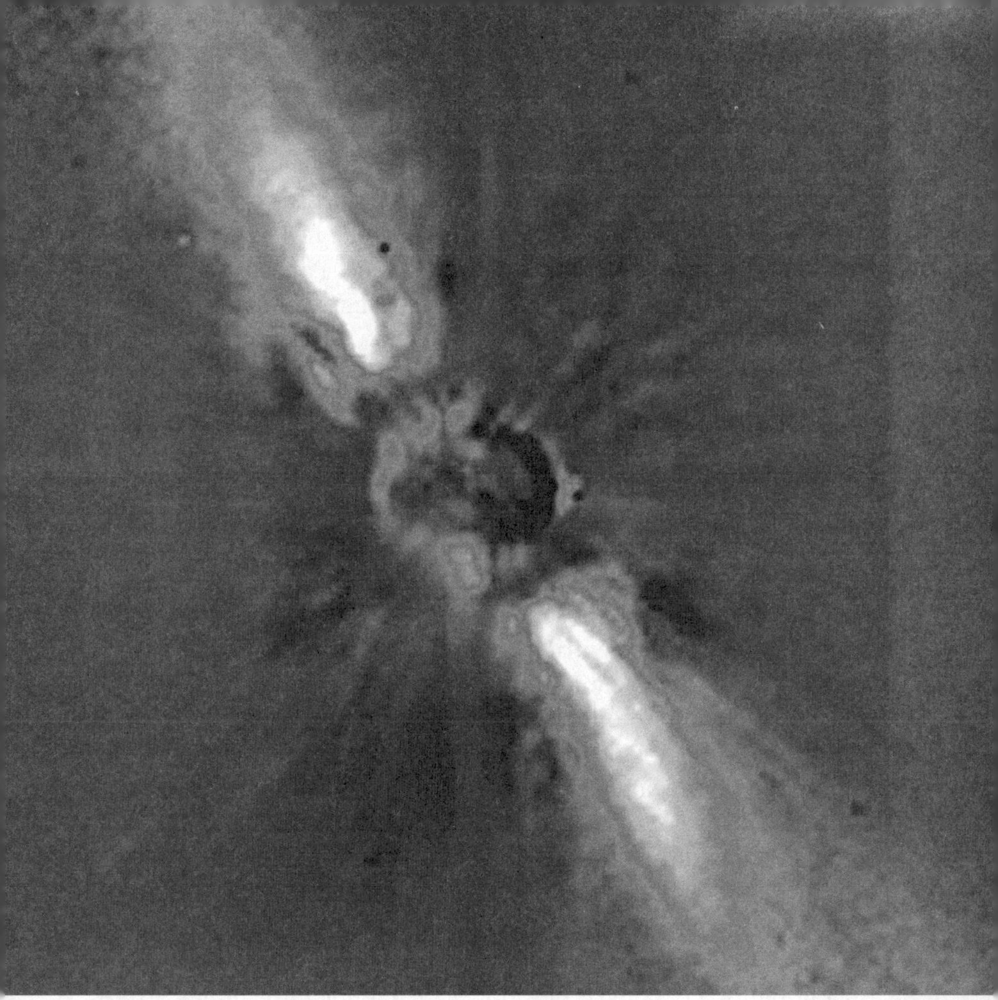

Figure 31 — Le disque de poussière autour de l'étoile β Pictoris ; celui-ci se situe à moins de 25 unités astronomiques de l'étoile

hébergées par le système β Pictoris, suggère dans de tels disques l'existence d'un réservoir très important de petits corps. La détection des comètes peut se faire par la méthode des transits, lorsque leur queue de poussière passe devant l'étoile. Pour une quantité de comètes analogue au Système solaire, le taux de détection serait d'une comète mensuelle.

Le bilan des planètes extrasolaires

Au moment où ces lignes sont rédigées (fin 2006)[10], plus de 200 planètes ont été découvertes autour d'étoiles, dont une vingtaine de systèmes multiplanétaires. Ces exoplanètes ont une grande variété de masses et de paramètres orbitaux, et contrairement aux grosses composantes du Système solaire, leurs orbites peuvent avoir des excentricités importantes. Comme nous l'avons vu plus haut, la planète la moins massive actuellement détectée[11] tourne autour de l'étoile Gliese 876 et n'a que le douzième de la masse de Jupiter ; cependant, toutes les exoplanètes semblent être de type jovien, géantes gazeuses sur lesquelles la vie, au sens où nous la définissons, ne peut pas se développer aisément. Néanmoins, celles qui se trouvent dans la zone d'habitabilité sont un terrain favorable à son émergence, notamment si l'excentricité de l'orbite n'est pas très importante, et si cette planète n'est pas trop soumise aux humeurs de l'étoile centrale. Les astronomes s'attendaient plutôt à découvrir des clones de Jupiter, suivant des orbites pratiquement circulaires à 5 UA environ de leur étoile mère. Comme les détections de planètes extrasolaires sont de plus en plus fréquentes, l'information la plus récente est sans cesse remise à jour, tout en étant aisément accessible sur différents sites de la

10. Les astronomes découvrent en moyenne deux nouvelles planètes chaque mois.

11. Étant située à 25 000 années-lumière de nous, OGLE-2005-BLG-390-Lb, bien qu'ayant une masse égale à 5 fois celle de la Terre, n'est pas prise en compte dans la statistique des masses.

toile[12]. Les caractéristiques inattendues de ces nouveaux mondes soulèvent tout naturellement de nombreuses interrogations concernant leur formation et leur évolution. Heureusement, l'échantillon collecté à ce jour permet maintenant d'effectuer des études statistiques concernant aussi bien les planètes que leurs étoiles hôtes, afin de contraindre les modèles de formation et d'évolution.

Les récentes mesures effectuées sur les étoiles proches indiquent que 7 % d'entre elles auraient des planètes en révolution ayant au moins la masse de Jupiter, ou à la rigueur de Saturne, dans un rayon de 3 UA, et 0,8 % auraient des planètes dans un rayon inférieur à 0,1 UA. Il est cependant étonnant que des compagnons comme celui de 51 Pegasi ne soient situés qu'à quelques millions de kilomètres de leur étoile mère, ce qui est bien inférieur à la distance de Mercure au Soleil. On imagine difficilement qu'un *Jupiter chaud* puisse se former à proximité d'une telle fournaise stellaire ; il semble plus vraisemblable qu'un tel corps ait vu le jour à une distance beaucoup plus importante et ait progressivement migré sous l'effet d'une interaction gravitationnelle avec le disque de matière originel. Cette hypothèse séduisante doit cependant être à même d'expliquer quand et comment s'arrête ce processus migratoire. De fait, la distribution des périodes des exoplanètes montre deux pics à 3 et 4,5 jours sans aucune orbite plus rapide, contrairement aux étoiles binaires spectroscopiques dont les périodes sont notoirement plus courtes *(figure 32)*. Il semblerait donc que le processus migratoire s'arrête à une distance correspondant à cette période. Ce phénomène ne semble pas affecter les composantes plus lointaines ; différentes causes, telles que la viscosité, la masse, etc., les maintiennent en stabilité orbitale.

La *figure 33* montre la distribution des demi-grands axes orbitaux des planètes extrasolaires détectées. Le diagramme inférieur donne leur répartition jusqu'à 1 UA ; à l'échelle du Système solaire, ces 95 planètes se situent entre le Soleil et la Terre. Le record de

12. En particulier http://exoplanet.eu

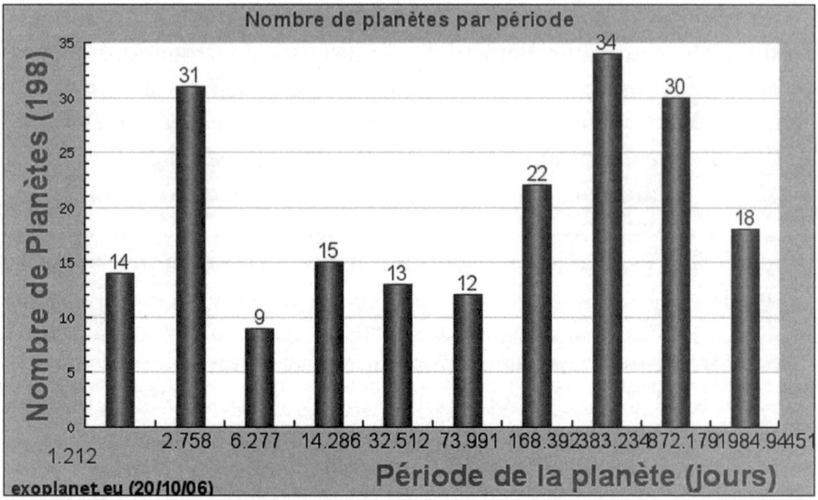

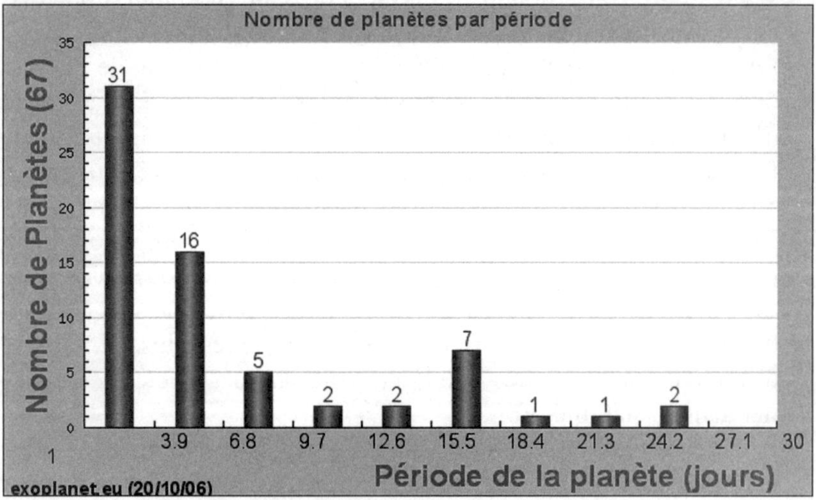

Figure 32 — *En haut :* La distribution de la période de révolution de 198 exoplanètes découvertes et confirmées. — *En bas :* Même distribution pour les 67 planètes dont la période est comprise entre 1 et 30 jours.

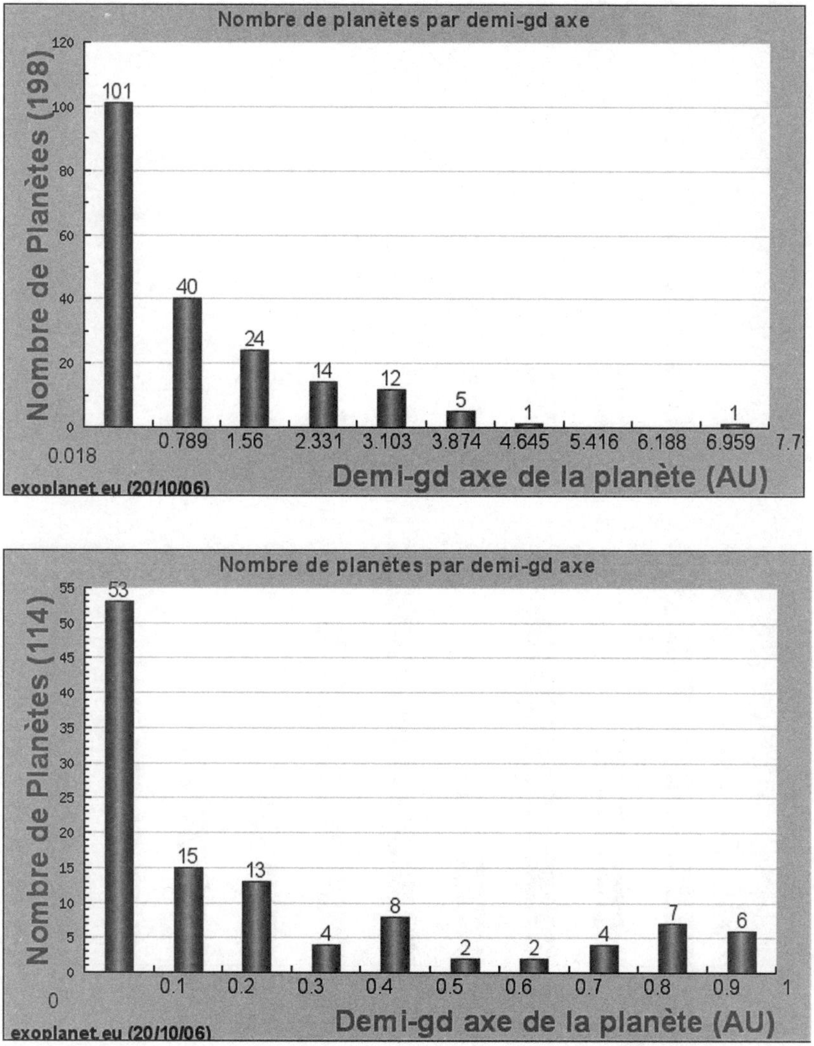

Figure 33 — Distribution des demi-grands axes orbitaux des planètes extrasolaires détectées. Le diagramme inférieur montre leur répartition jusqu'à 1 UA. À l'échelle du Système solaire, ces 114 planètes se situent entre le Soleil et la Terre.

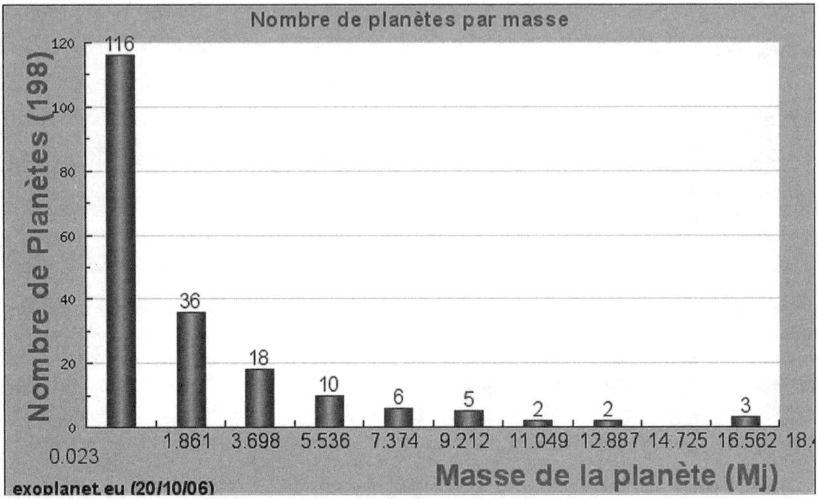

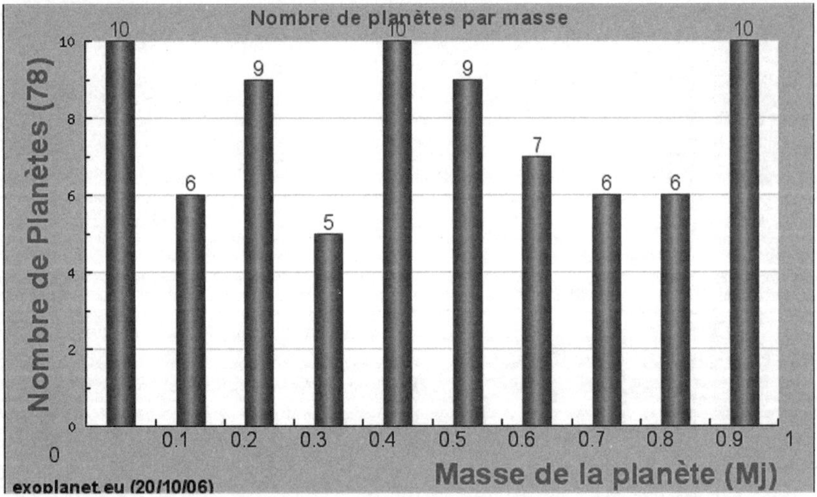

Figure 34 — La distribution des masses des exoplanètes par rapport à celle de Jupiter *(M_j)*. Le diagramme inférieur montre leur répartition entre 0 et 1 M_j.

proximité concerne la planète *Osiris*, déjà évoquée plus haut, située à une distance d'environ 4 millions de kilomètres de son étoile, HD 209458. Comme *Osiris* passe devant le disque stellaire tous les trois jours et demi, et que cette mini-éclipse de trois heures est observable depuis la Terre, il est ainsi possible d'étudier son atmosphère. En observant ces transits dans le domaine ultraviolet avec le télescope spatial *Hubble*, les astronomes ont pu déterminer que l'hydrogène atmosphérique s'étend sur plus de 200 000 kilomètres autour de la planète, mais s'échappe de celle-ci à raison de 10 000 tonnes par seconde, à une vitesse de près de 100 kilomètres par seconde. Cette évaporation est due à la température du gaz chauffé par l'étoile, et soumis à sa forte attraction gravitationnelle. *Osiris* serait ainsi à une distance minimale de son étoile mère, en deçà de laquelle on ne trouve plus de planète, ce phénomène d'évaporation leur étant totalement préjudiciable. Des observations extrêmement précises suggèrent effectivement que les planètes s'approchant trop imprudemment de leur étoile mère finissent par être quasiment cannibalisées. Les excentricités orbitales se répartissent entre une orbite quasi circulaire, jusqu'à l'excentricité record $e = 0{,}9$ du compagnon de l'étoile de type solaire HD 80606, dans la Grande Ourse. Cette variété d'excentricités se retrouve aussi pour des étoiles binaires serrées, posant le problème d'une évolution similaire possible entre les orbites des planètes formées dans des disques de matière, et celles des systèmes stellaires en révolution. À ce jour, aucune explication véritablement satisfaisante n'est avancée.

La *figure 34* montre la distribution des masses des exoplanètes par rapport à celle de Jupiter (M_J). Celles-ci s'échelonnent de 7 masses terrestres (0,023 Jupiter) jusqu'à 17 fois celle de Jupiter, avec un maximum compris entre 0 et 2 Jupiter (le diagramme inférieur de la *figure 34* détaille la répartition entre 0 et 1 M_J). Cette statistique est une conséquence directe de la résolution spatiale atteinte à ce jour avec les télescopes et leurs équipements ; elle évoluera rapidement vers des masses terrestres au fur et à mesure des progrès instrumentaux. Actuellement, les techniques les plus avancées ne permettent pas de détecter de planètes moins massives que Jupiter à de grandes distances de leur étoile centrale.

L'étoile de type solaire HD 82943, dans la constellation de l'Hydre, est accompagnée de deux planètes en révolution sur des ellipses d'excentricité $e = 0{,}41$ et 0,54, à des distances moyennes de 24 et 109 millions de kilomètres. Ces composantes sont suffisamment distantes pour être à l'abri de la voracité de leur étoile mère. Cependant, la découverte d'un isotope du lithium, ^{6}Li, dans l'atmosphère de l'étoile pose la question de son origine. Cet élément fragile devrait être détruit dans l'atmosphère chaude de l'astre, car les matériaux « froids », dont cet isotope fait partie, se mélangent avec les gaz stellaires particulièrement chauds. La présence du lithium ^{6}Li ne peut donc actuellement s'expliquer que par la phagocytose d'une ou de plusieurs planètes ou bien de matériaux planétaires. Ce cannibalisme pose de nombreuses questions : ce cas est-il isolé, ou bien de nombreuses étoiles ont-elles ainsi absorbé des matériaux extérieurs ? Est-il fréquent ou non ? Quels sont les effets induits sur la métallicité ? Une caractéristique commune à ces systèmes planétaires est en effet la métallicité élevée des étoiles centrales, par rapport aux astres dépourvus de planètes.

La majorité des systèmes planétaires découverts semblent avoir une étoile mère particulièrement riche en métaux. Ceci implique que les disques de matière générateurs des planétésimaux initiaux devraient être pourvus d'une importante quantité de matériaux rocheux, jouant probablement un rôle clé ; dans ces conditions, le planétésimal va croître assez rapidement pour aboutir à la formation d'une planète géante avant la dissipation du disque protoplanétaire. Ainsi, la métallicité semble jouer un rôle prépondérant dans la formation des systèmes planétaires actuellement découverts. Restons tout de même prudents ; nous ne pouvons actuellement déterminer comment la métallicité influence la formation et l'évolution des planètes sans connaître précisément les conditions initiales telles que la masse du disque protoplanétaire par exemple. Il existe des exceptions à cette riche métallicité, comme l'étoile sous-naine, de type G 3, HD 6434, à 140 années-lumière de nous, dont l'abondance en métaux atteint à peine le tiers de celle du Soleil. Une planète de masse 0,48 Jupiter est en révolution à une distance de 10 millions de kilomètres de l'étoile, avec une période de 22,09 jours. Ces étoiles déficientes constituent la plus vieille population de la Galaxie ; elles dateraient de l'époque lointaine (environ 10 milliards d'années) où celle-ci s'est effondrée pour former le disque que nous observons aujourd'hui. Elles se répartissent d'ailleurs plus dans le halo de la Galaxie que dans son disque. Il faut donc disposer d'une statistique solide de l'occurrence de systèmes planétaires autour de ce type d'astre pour pouvoir compléter les scénarios cosmogoniques.

Les systèmes multiplanétaires jouent également un rôle important dans l'élaboration des théories cosmogoniques. Même si actuellement on n'en recense qu'une vingtaine, il est certain que bon nombre d'étoiles pour lesquelles un unique compagnon a été découvert laissent entrevoir, par leur profil de vitesse radiale, une certaine multiplicité des composantes. Une fois de plus, le pouvoir de résolution croissant des futurs instruments permettra sans nul doute de passionnantes découvertes. De manière identique au Système solaire, des résonances dues à des effets séculaires et/ou à des effets de mouvement moyen y sont présentes. Celles-ci jouent un rôle important dans la structure d'un tel système, bien que des planètes isolées puissent également subir des effets similaires. l'étoile HD 82943, décrite un peu plus haut, a deux composantes dont les périodes de révolution respectives sont de 220 et 440 jours ; le système triple Gliese 876 comporte, outre sa composante de 7 masses terrestres, deux autres planètes avec des périodes de 30,1 et 61,02 jours. Un tel effet peut rendre compte du cannibalisme de l'étoile mère et de la présence de l'isotope du lithium ^{6}Li dans l'atmosphère stellaire, comme nous l'avons vu plus haut. Il est indéniable que les interactions entre les différents corps jouent un rôle majeur dans l'évolution de leurs paramètres orbitaux.

Un cas particulier concerne la détection de nouveaux mondes dans les nombreux systèmes binaires qui peuplent la Galaxie.

Quelle place y a-t-il pour eux ? Nous avons vu que plusieurs couples stellaires cohabitent avec une planète ; en outre, il semblerait qu'un compagnon lointain soit systématiquement présent. Malgré les instabilités gravitationnelles générées par la duplicité stellaire, il est établi que des planètes peuvent survivre et évoluer dans ces conditions particulières, d'où la possibilité d'affiner les modèles de formation et d'évolution. Les modèles actuels permettent d'envisager qu'une planète géante puisse se former par accrétion du gaz autour d'un noyau rocheux ayant une dizaine de fois la masse de la Terre. Cette formation se produirait à une distance analogue à celle de Jupiter au Soleil. Tout naturellement, des modèles inverses proposent la formation des planètes par des condensations locales résultant d'instabilités gravitationnelles du disque protoplanétaire. Sur ce point, les théories s'opposent avec une certaine virulence, malgré une statistique encore insuffisante. La réponse peut se trouver dans la dynamique des systèmes binaires où l'une des étoiles peut jouer un rôle essentiel dans la formation des planètes, par exemple en cisaillant le disque protoplanétaire au cours de sa révolution. Un tel phénomène peut définir les conditions limites au sein desquelles des planètes peuvent évoluer au voisinage de tels couples.

Des aiguilles dans des bottes de foin

Dans ce jeu passionnant mais difficile, les risques d'une erreur d'interprétation sont évidemment nombreux. L'obtention du spectre d'une étoile donne les informations sur tout le disque stellaire par l'assemblage de photons en provenance des différents points de la surface émettrice. Mais chaque point a ses particularités physiques, en particulier une vitesse qui lui est propre, dépendant des mouvements de matière à la surface de l'astre. Des phénomènes tels que la pulsation stellaire, ou la présence de taches (comme sur le Soleil), induisent des variations périodiques de la vitesse, qui pourraient à tort être interprétées comme révélant la présence d'une planète. Les interprétations erronées soulignent la difficulté et la minutie de l'entreprise ; à titre d'exemple, l'étoile HD 166435, de magnitude 7 et de type spectral G 0, est pourvue d'une tache sombre à sa surface, et non pas d'un compagnon planétaire en révolution. Bien entendu, plus la précision des mesures des vitesses augmente, plus les « effets secondaires » non planétaires sont présents. Il faut donc mettre en place des stratégies efficaces permettant d'effectuer rapidement la distinction entre les différentes causes possibles de dérives des vitesses, notamment pour les futurs instruments dont la précision atteindra 1 mètre par seconde.

Les étoiles naines tardives, dont le Soleil fait partie, sont de bonnes candidates aux détections planétaires à haute résolution, car leur faible activité chromosphérique résulte de la stabilité des réactions thermonucléaires entre l'hydrogène et l'hélium. Ces astres peuvent séjourner plusieurs milliards d'années sur la Séquence principale du diagramme de Hertzsprung-Russell *(figure 19)* sans subir d'évolution notable, rendantant possibles l'émergence et l'évolution de la vie sur des planètes en orbite, comme en témoigne l'histoire de la Terre. Néanmoins, dans l'échantillon d'exoplanètes découvertes à ce jour, seulement cinq sont liées à des naines froides M. La faible masse d'une telle étoile, conjuguée à l'action gravitationnelle d'un ou plusieurs compagnons de type Jupiter, devrait pourtant rendre compte d'effets dynamiques assez facilement détectables depuis la Terre. On ne peut donc mettre en cause un quelconque effet de sélection pour expliquer cette carence de grosses planètes ; en revanche, ces étoiles peuvent être accompagnées de nombreuses composantes de type Terre, actuellement indétectables avec les « moyens du bord ». Comme ce type d'étoiles représente à lui seul 80 % des composantes de la Séquence principale, il est crucial de pouvoir estimer la proportion de celles qui possèdent des planètes, car les différents scénarios de formation et d'évolution de ces systèmes dépendent d'un tel échantillon.

Nous venons de voir quelles étaient les performances obtenues à ce jour dans la détection des exoplanètes. Il faut maintenant découvrir des planètes ayant des masses moindres, à des distances plus grandes de leur étoile centrale. Lorsque la sensibilité instrumentale permettra de détecter des corps plus petits, on peut affirmer sans grand risque que leur nombre devrait rapidement doubler, et qu'au moins 10 % des étoiles de type solaire se révéleront posséder des planètes. Cette proportion donne déjà du grain à moudre aux théoriciens, ne serait-ce qu'afin d'en comprendre les raisons dans le cadre de la théorie des formations planétaires. D'autre part, si cette proportion est réelle pour les planètes géantes, que devient-elle pour les planètes telluriques comme la Terre, Vénus ou Mars ? Elle peut en effet être très différente dans la mesure où la théorie de la formation des petits corps ne relève pas des mêmes mécanismes. Cette question est particulièrement importante dans le cadre de la recherche de planètes du genre de la Terre.

Une autre conséquence importante du pouvoir de résolution croissant des instruments concerne la méthode des transits. Actuellement, une planète n'est détectable de cette manière que si elle est suffisamment massive, donc composée de roches solides dominant largement sur le gaz ; inversement, si la masse gazeuse est dominante, elle doit atteindre une densité minimale et ainsi se confiner dans un rayon ne faisant que le tiers de celui de Jupiter, rendant sa détection improbable avec l'instrumentation actuelle. Ainsi Osiris, le compagnon de l'étoile HD 209458 déjà évoquée plus haut, a pu être détecté de cette manière, car son diamètre est un tiers de fois plus important que celui de Jupiter, avec une masse appréciable de 0,6 Jupiter. Cette technique est donc particulièrement sensible à la constitution physique des planètes extrasolaires, et permettra, grâce à une meilleure résolution, de faire la distinction entre les composantes solides et gazeuses.

Malgré la moisson fructueuse de planètes découvertes depuis 1995, bien des questions ne sont pas résolues. Tout d'abord, les astronomes s'attendaient à ne trouver des planètes qu'autour d'étoiles de la Séquence principale. En fait, les premières ont été détectées autour d'astres beaucoup plus exotiques, comme les pulsars. Comprendre comment ces planètes ont pu survivre à proximité d'un astre ayant explosé en supernova, le phénomène le plus violent actuellement connu dans l'Univers, est assez problématique. Se sont-elles formées à partir des restes laissés par l'étoile après son explosion ? Les astronomes ne disposent pour l'instant d'aucune explication. Un autre résultat particulièrement surprenant porte sur la distance moyenne à leur étoile de la majorité des planètes géantes ; celle-ci est une centaine de fois inférieure aux attentes des astronomes. En particulier, pour des étoiles de la Séquence principale de masses comprises entre le dixième et dix fois celle du Soleil, on suppose que les planètes se forment à une distance comprise entre 4 et 5 UA. À cette distance, la température est inférieure à 160° Kelvin (113 °C), permettant aux cœurs glacés des planètes de se former. Or de telles planètes se trouvent fréquemment à 0,05 UA de leur étoile mère. Cette contradiction s'explique lorsqu'un noyau planétaire atteint une masse suffisante dans un disque protoplanétaire ; il crée, par attraction gravitationnelle de gaz et de poussière, une zone dont le rayon définit la « sphère de Hill », à l'intérieur de laquelle l'attraction gravitationnelle du noyau est plus forte que l'attraction de l'étoile mère. Il se produit des effets de marée entre le cœur et les bords du noyau, en raison de leurs différences de densité. Un tel effet a pour conséquence d'attirer progressivement l'orbite de la planète vers l'étoile. Enfin, un bon nombre de ces planètes ont des orbites dont les excentricités ont une importance inattendue. Cela met en question l'hypothèse d'une formation à partir d'un disque de poussière protoplanétaire, puisque les processus de dissipation interne ont pour conséquence de circulariser les orbites des grains de poussière. Ces planètes semblent au contraire s'être formées de manière analogue aux étoiles de très faible masse, c'est-à-dire par condensation gravitationnelle du gaz, sans noyau solide. Pour la planète en révolution autour de l'étoile 16 Cygni B, nous avons vu que la forte excentricité $e = 0{,}68$ peut être un effet de l'étoile compagne 16 Cygni A. L'excentricité des orbites peut également être la conséquence d'un mouvement migratoire ; une planète peut en chasser une autre, ce qui, du point de vue de la conservation du moment angulaire, implique des orbites assez excentriques.

Dans un avenir relativement proche, de nouveaux spectromètres, toujours plus élaborés dans leur sensibilité et leur précision, viendront augmenter le nombre de systèmes exoplanétaires. Le futur se dessine au sol avec des instruments comme *ALMA* sur le plateau du Chajnantor au-dessus de San Pedro de Atacama dans les Andes chiliennes *(figure 35)*; *ALMA*, avec ses 64 antennes, formera un réseau interférométrique capable d'effectuer des mesures de position avec une précision de 100 microsecondes de degré, ce qui correspond à des corps ayant la masse de Jupiter pour des périodes de révolution de 10 ans. Il recherchera à la fois la poussière cosmique froide et les raies de transition des nombreuses molécules dans tous les objets célestes, des quasars lointains aux disques protoplanétaires et aux régions de formation d'étoiles lointaines. Ce réseau devrait commencer à fonctionner à partir de 2007 pour atteindre sa pleine capacité en 2011. Il sera ainsi passionnant de détecter des mondes autour des 3461 étoiles se trouvant dans une sphère de 75 années-lumière de rayon autour de nous.

Mais quels sont les apports de telles découvertes dans la recherche de la vie extraterrestre? Tout d'abord, les corrélations observées entre les paramètres orbitaux de ces planètes fournissent aux astronomes des théories nouvelles sur la formation et l'évolution des systèmes planétaires. C'est pourquoi il est indispensable d'augmenter le nombre des découvertes pour donner aux différentes statistiques toute leur réalité, sans se limiter à des spéculations dépendantes de barres d'erreur trop importantes. Ensuite, les spectromètres actuels ne donnent accès qu'à des planètes de masse supérieure à une limite fixée par la sensibilité instrumentale. Nous ignorons actuellement quelle peut être la masse minimale d'une planète géante, et son possible lien avec la période orbitale.

Des signes qui ne trompent pas

Tel saint Thomas, l'astronome éprouve le besoin bien légitime de « voir » ces nouvelles planètes, même si leur réalité est jusque-là mise en évidence de manière indiscutable par les oscillations de la vitesse de l'étoile mère, ou bien grâce aux variations minimes de l'éclat lors des transits. Avec ces deux méthodes, à l'aide desquelles

Figure 35 — Le projet *ALMA* de 64 antennes dans le domaine des ondes millimétriques, en cours de construction sur le plateau du Chajnantor (5 200 mètres d'altitude) au Chili.

il est possible de déduire les principaux paramètres orbitaux (période de révolution, distance du compagnon à son étoile mère, masse et température de surface de celui-ci), les scientifiques disposent d'une base de données précieuse. Cependant, pour être totalement satisfaisante, une nouvelle étape de cette passionnante entreprise doit être franchie, à l'aide des nouvelles caméras mises au point dans la dernière décennie. Celles-ci utilisent les procédés d'*optique adaptative*, capables de traiter les images individuelles en supprimant les effets perturbateurs des instabilités de l'atmosphère terrestre, par l'intervention d'un dispositif appelé *analyseur de front d'onde*. Il permet d'obtenir des images stellaires dans des conditions analogues à celles d'un satellite en orbite autour de la Terre, sans la moindre turbulence atmosphérique. Les générations précédentes d'astronomes en avaient rêvé, les ingénieurs opticiens et instrumentistes ont réalisé ces nouvelles caméras qui équipent maintenant la majorité des grands télescopes et qui, pour la première fois, permettent de « voir » les planètes extrasolaires.

Les premières images des mondes lointains

En avril 2004, une équipe internationale d'astronomes étudiant un ensemble d'étoiles âgées de 8 millions d'années seulement, appelé « association TW Hydrae » (constellation de l'Hydre), obtient la première image d'un compagnon planétaire autour de 2 M 1207, minuscule étoile naine très froide (spectre M 8) à 220 années-lumière de nous, dont la masse n'est que de 0,025 fois celle du Soleil. Cette observation, réalisée à l'aide de la caméra *NACO* installée au *Very Large Telescope* au Chili, montre un faible point rouge *(figure 36)*, mais ne permet pas d'affirmer avec certitude que celui-ci est lié gravitationnellement à l'astre voisin, car il pourrait fort bien se situer en avant ou en arrière-plan. Il faut attendre les observations ultérieures effectuées quatre mois plus tard par le télescope spatial *Hubble*, puis de nouveau au sol avec le *VLT*, pour corroborer en mars 2005, soit près d'un an plus tard, la réalité du système. Le compagnon tourne à une distance de 55 UA de son étoile mère, en 2 450 ans, avec une masse comprise entre 4 et

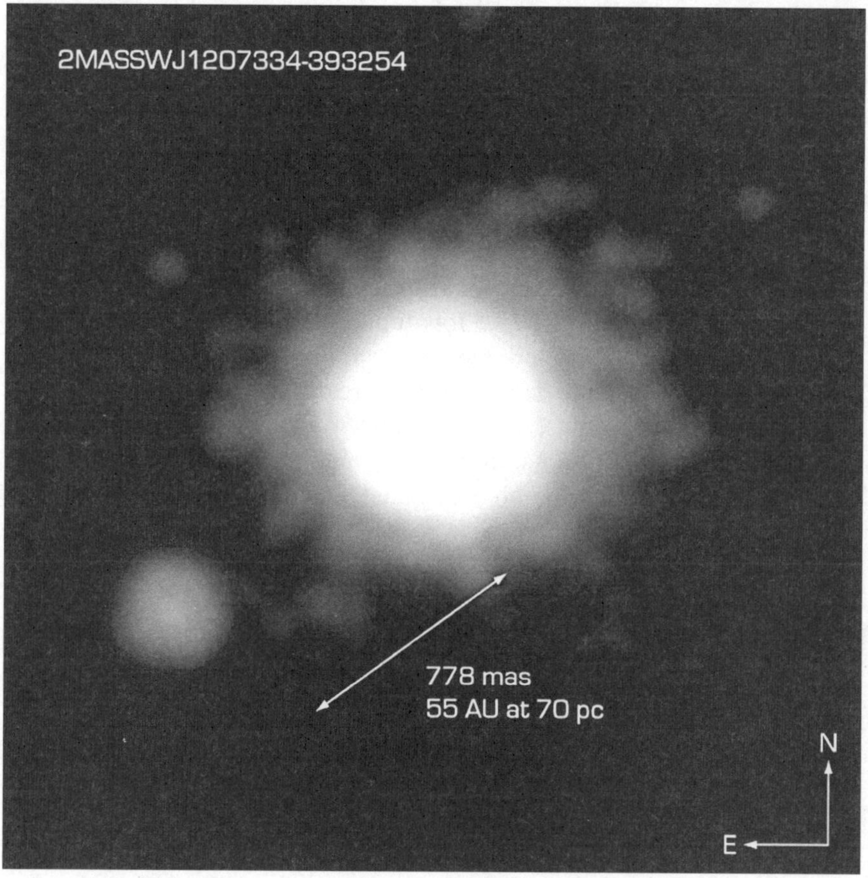

Figure 36 — Le compagnon planétaire de l'étoile 2 M 1207

6 Jupiter, et un rayon égal à 1,5 fois celui de Jupiter. En outre, les observations spectroscopiques montrent la signature de molécules d'eau dans l'environnement du système.

Dans le cadre du même programme, les astronomes observent pendant une année l'étoile naine AB Pictoris (constellation du Peintre), de type spectral K 2, située à 145 années-lumière de nous. En utilisant la même instrumentation que précédemment, ils repèrent un faible point *(figure 37)* à 275 UA de l'étoile (soit 9 fois la distance de Neptune au Soleil) et concluent qu'il s'agit d'une planète de masse environ 13,5 fois Jupiter, en lente révolution avec une période supérieure à 4 000 ans, ce qui en fait actuellement la planète la plus distante de son étoile mère détectée à ce jour.

Forts de ces résultats, les chercheurs envisagent déjà l'étape suivante, qui consiste tout naturellement à mettre en évidence les possibilités de vie sur les nombreuses planètes extrasolaires découvertes depuis plus d'une décennie. Si la zone d'habitabilité représente déjà un critère sélectif de choix, elle ne peut justifier à elle seule que la vie se développe effectivement à partir de l'unique argument que l'eau peut être présente à l'état liquide. De nouveaux indices doivent permettre de rassembler un faisceau de présomptions. L'analyse chimique des atmosphères des planètes et des satellites du Système solaire a incité les astronomes à aller voir de plus près si des formes de vie existent. C'est par exemple le cas de Titan, le plus gros compagnon de Saturne, où une épaisse atmosphère avait été détectée.

Oxygène et ozone

« Un brin d'herbe est le fruit du long travail d'une étoile. »

Walt Whitman (1819-1892)

Si la vie existe sur une planète, elle se traduit par des échanges entre les individus et leur milieu ambiant, ce que doit indiquer dans son atmosphère la présence d'éléments issus de la chimie organique. L'existence de l'oxygène et de l'ozone dans l'atmosphère terrestre est la conséquence des réactions de photosynthèse des végétaux chlorophylliens :

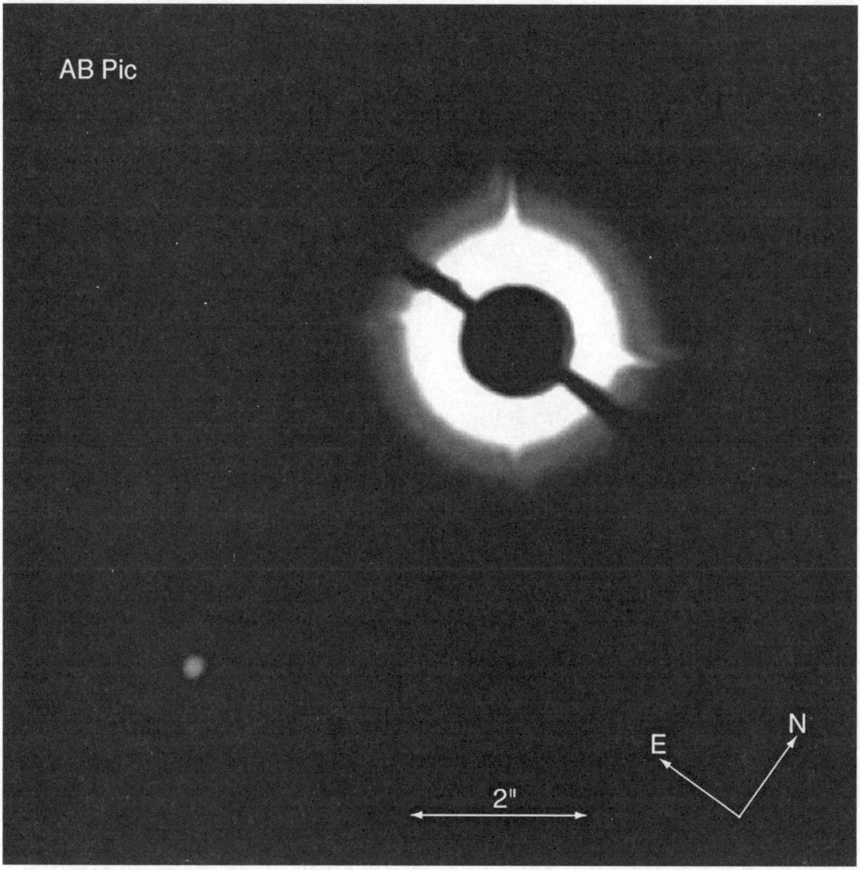

Figure 37 — Le compagnon planétaire de l’étoile AB Pictoris

$$2\,H_2O + \textit{rayonnement} + \textit{catalyseur} \rightarrow 4\,H + O_2$$

$$H + CO_2 + \textit{catalyseur} \rightarrow \textit{matière organique (sucres).}$$

Un autre processus de production d'oxygène est la photolyse de la vapeur d'eau atmosphérique :

$$H_2O + \textit{rayonnement} \rightarrow OH + H$$

$$2\,OH \rightarrow H_2O + O$$

$$O + OH \rightarrow O_2 + H.$$

L'hydrogène fabriqué selon ce mécanisme s'évade de la planète par un phénomène d'évaporation (les atomes les plus agités thermiquement s'échappent dans l'espace). Un tel phénomène peut ainsi expliquer pourquoi l'eau a disparu de la surface de Vénus. Cependant, l'oxygène restant oxyde aussi la surface de la planète et disparaît de son atmosphère, comme cela est observé pour Vénus et Mars. On peut donc considérer que la présence d'oxygène et d'ozone dans une atmosphère est une indication encourageante de la possibilité de vie. En outre, l'exemple de la Terre montre que la vie peut se développer sur une planète si elle possède une grande quantité d'eau à sa surface, des éléments lourds (comme le phosphore) et une source énergétique fournie par l'étoile mère.

Supposons donc qu'une planète de taille terrestre soit découverte dans la zone d'habitabilité de son étoile mère, est-il possible de déceler des traces de vie ? La réponse est simple : on peut actuellement détecter la signature spectrale des substrats d'une chimie organique complexe sous deux formes. La première méthode consiste en la recherche d'oxygène moléculaire et d'ozone indiquant la présence de la vie, puisque ces molécules sont le résultat d'une activité biologique. Cependant, comme ces éléments sont également présents dans l'étoile mère, il faut disposer d'un interféromètre ayant une base d'au moins 20 mètres afin de séparer les sources, ce que le projet *DARWIN* (décrit au chapitre précédent) devrait être en mesure d'accomplir. En outre, cette méthode est perturbée par la photodissociation de l'eau dans certaines conditions telles que l'alimentation continue en eau par les nombreuses chutes de comètes. De plus, l'approvisionnement en oxygène est une conséquence secondaire de la photosynthèse de type terrestre, et nous ignorons actuellement si celle-ci est accidentelle ou universelle. Actuellement, il existe beaucoup de variétés de bactéries photosynthétiques sur Terre qui ne fournissent pourtant pas d'oxygène, mais plutôt des composés sulfurés. La seconde méthode consiste à mettre en évidence « une » chlorophylle, qui permet sur Terre la transformation par les plantes de la lumière absorbée en énergie chimique. Cependant, si la chlorophylle absorbe 80 % de la lumière dans le visible, sur d'autres planètes cette réaction peut aboutir à un autre type de molécule. Mais même si la fonction chlorophyllienne ne représente que quelques pour-cent sur un monde lointain, nous serons dans un très proche avenir suffisamment équipés pour la détecter. Pour en confirmer la réalité, une émission périodique indiquant un cycle saisonnier sera la bienvenue.

La multitude des planètes

> « Dans le cosmos, il doit y avoir une infinité de soleils, avec des planètes et la vie autour d'elles. »
>
> Giordano Bruno (1548-1600), *De l'infini, de l'Univers et des mondes*

Les prochaines générations d'instruments au sol et dans l'espace nous permettront de découvrir des planètes dont les périodes de révolution seront de plus en plus importantes et les masses voisines de celle de la Terre et des principaux satellites du Système solaire. Les modèles actuels prédisent que la formation et l'évolution de planètes à longue période devraient être majoritaires. Nous sommes déjà entrés de plain-pied dans une ère où la détection des planètes similaires à Jupiter, Saturne, Uranus ou Neptune est possible. Dans un proche avenir, nous devrions savoir si le Système solaire est d'une grande banalité ou s'il est parfaitement original dans le concert des systèmes planétaires. Ces recherches apportent également une meilleure connaissance des différents phénomènes stellaires, notamment les plus jeunes étoiles qui manifestent des instabilités et des variabilités tant dans leur éclat que dans leurs vitesses, que ce soit par la présence de taches à leur surface ou par des éruptions chromosphériques. Les observations permettront également d'effectuer des modélisations de l'activité stellaire en fonction des différents types d'étoiles, et d'affiner nos connaissances quant à leur formation et leur évolution.

Les techniques mises actuellement en œuvre pour détecter de nouvelles planètes rendent prématurée l'observation de détails plus fins dans d'autres systèmes, tels les anneaux planétaires, les satellites et les comètes. Cette détection peut même être plus aisée que la découverte des planètes proprement dites. Les anneaux ont une masse tellement faible qu'ils n'ont aucun effet sur la dynamique de l'étoile. Mais, comme pour Saturne, ils peuvent être bien plus étendus en surface que la planète proprement dite. Dès l'instant où leur densité de gaz et de matériaux les rend opaques aux rayons lumineux, ils sont plus faciles à mettre en évidence par l'imagerie directe ou par les transits qu'un disque planétaire. Les satellites géants des planètes sont, au moins pour le Système solaire, comparables aux planètes telluriques ; c'est pourquoi leur détection par imagerie nécessite de pouvoir les distinguer de leur planète de rattachement, et seules de très longues lignes de base de plusieurs kilomètres dans l'espace donneront le pouvoir de résolution suffisant. La détection du transit des satellites d'une dimension comparable à celle de Titan passant devant une étoile de petite dimension (naine M ou K) impose une précision photométrique d'au moins 0,000 1 magnitude, ce que devrait pouvoir réaliser le satellite *COROT*. Même si le transit du satellite lui-même n'est pas détecté, il parvient cependant à avancer ou retarder celui de sa planète mère dans sa révolution orbitale. Pour un compagnon de type Terre en révolution autour d'une Saturne, ce décalage temporel, qui peut atteindre 15 minutes, est aisément repérable par un observateur terrestre.

La découverte de nouveaux systèmes planétaires est un élément crucial dans la recherche de la vie extraterrestre, car celle-ci peut ainsi être localisée et évaluée en termes de vraisemblance, compte tenu des conditions physiques localement envisageables. Les télescopes géants et les instruments de plus en plus performants ouvrent dans ce sens beaucoup d'espoir ; il en est de même des futures observations faites par les missions spatiales. Ces nouvelles méthodes permettront de détecter des planètes aux dimensions de la Terre, des satellites et des comètes, tout en accédant à des informations statistiques sur un grand nombre d'étoiles. Les méthodes de détection ne cessent de progresser. La photométrie des transits est capable, par son filtrage, de discriminer les évènements réels du « bruit » résiduel des mesures. Le gain en résolution permettra, avec les futurs hypertélescopes dont les miroirs atteindront 100 mètres de diamètre, et dans l'espace avec les futures missions, de détecter des centaines puis des milliers de nouveaux mondes, dont une bonne proportion sont potentiellement aptes à héberger la vie.

Au moment où la rédaction de ce livre s'est achevée (fin 2006), des astronomes européens ont observé pendant près de deux ans l'étoile HD 69830 située dans Puppis (constellation australe de la Poupe), avec le spectrographe à haute résolution HARPS (High Accuracy Radial velocity Planet Searcher), *installé au télescope de 3,60 mètres de l'ESO au Chili. Située à 41 années-lumière de nous, cette étoile, à la limite de visibilité à l'œil nu, est un peu moins massive que le Soleil. Les astronomes ont mis en évidence des oscillations stellaires comprises entre 2 et 3 mètres par seconde, correspondant à un trio de planètes ayant des périodes de révolution de 8,67, 31,6 et 197 jours, pour des masses comprises entre 10 et 18 fois celle de la Terre (de l'ordre de celle de Neptune). La planète interne serait essentiellement rocheuse, la médiane composée d'un mélange de roches et de gaz, tandis que la planète exté-*

rieure aurait une structure massive faite de roches et de glace. En outre, cette dernière semble située près de la limite intérieure de la zone d'habitabilité. Pour compléter cette superbe découverte, le télescope SPITZER *a mis en évidence une ceinture d'astéroïdes autour de l'étoile, donnant à HD 69830 des caractéristiques assez voisines de celles du Système solaire.*

CHAPITRE 6

Les extraterrestres croient-ils aux humains ?

« Téléphoner — maison... »

ET, the Extra-Terrestrial,
film de Steven Spielberg, 1982

Depuis l'Antiquité, la place de la Terre n'a cessé de s'excentrer dans l'Univers. Après des siècles de géocentrisme, Nicolas Copernic (1473-1543) place notre planète en révolution autour du Soleil, troisième composante par sa distance, après Mercure et Vénus. À la suite de l'adoption du système héliocentrique, les progrès de l'astronomie banalisent le Soleil lui-même, pour ne le considérer que comme une étoile sans intérêt spécifique parmi la multitude des astres de la Galaxie. Celle-ci est l'objet d'études importantes, dès le XVIII*e siècle. Thomas Wright (1711-1786) émet un certain nombre d'idées novatrices sur la nature stellaire de la Voie lactée. Reprenant les travaux de Wright, Emmanuel Kant (1724-1804) publie en 1755, dans la* Théorie du ciel, *une explication plus complète où la Voie lactée est constituée « d'une disposition systématique d'étoiles autour d'un plan fondamental » ; il la désigne par le terme générique de « monde des mondes ». Cette théorie est développée dans les* Lettres cosmologiques *publiées en 1761 à Leipzig par Johann Henrich Lambert (1728-1777), répartissant à peu près les étoiles entre deux plans parallèles, avec le Soleil situé dans une région proche du centre de l'immense système stellaire. En 1785, William Herschel (1738-1822), dénombrant les étoiles visibles dans son* *télescope, remarque que la densité stellaire s'accroît en s'approchant du plan de la Voie lactée. Cette constatation lui permet de supposer que des millions d'étoiles à peu près uniformément réparties forment une couche très mince, comprise entre deux surfaces presque planes, parallèles et rapprochées, mais prolongées sur d'immenses distances.*

Comme nous l'avons vu au chapitre 3 (« Un groupe d'univers »), les étoiles de la Galaxie sont confinées dans un disque mince, la Voie lactée, d'un diamètre de l'ordre de 100 000 années-lumière. La Terre est située à 33 années-lumière au-dessus (ou au-dessous) de son plan médian, animée de différents mouvements, dont les plus évidents sont la rotation et la révolution autour du Soleil. Le Système solaire se déplace dans la ronde galactique à une distance de 30 000 années-lumière du centre de la Galaxie, à une vitesse d'environ 220 kilomètres par seconde. Cependant si la dynamique de notre système galactique nous est familière, nous ne savons toujours pas aujourd'hui si, parmi les 200 milliards d'étoiles qui le peuplent, nous sommes ou non la seule civilisation à tourner dans cette immense structure, même si les recherches entreprises à ce jour donnent des résultats encourageants sur l'occurrence du phénomène vie, la composition chimique du milieu interstellaire, le nombre de systèmes exoplanétaires, etc.

Dans cette quête, les recherches les plus rigoureuses se heurtent au sottisier de l'exobiologie, largement alimenté par un certain nombre d'arguties, de questions absurdes ou de paradoxes destinés plus à susciter l'intérêt médiatique qu'à apporter des éléments significatifs ; c'est pourquoi nous ne les abordons que succinctement dans ce chapitre, notamment en évoquant les témoignages d'engins suspects observés dans l'atmosphère terrestre depuis une soixantaine d'années, les fameuses soucoupes volantes. En revanche, nous développons l'ensemble des travaux menés dans la détection de signaux artificiels provenant de l'espace (programme SETI*). L'« écoute » d'une civilisation lointaine nous amène à nous interroger sur la possibilité pour une autre civilisation potentielle de repérer notre monde terrestre, et jusqu'à quelle distance (cette* *question est d'ailleurs formulée dans le titre*[1] *de ce chapitre). À partir de la célèbre interrogation d'Enrico Fermi : « Où sont-ils ? », nous tentons, d'un point de vue probabiliste (faute de mieux), une évaluation du nombre et de la fréquence des civilisations potentielles dans la Galaxie.*

Notre propos ne s'appuie sur aucune démarche ontologique ; il n'est alimenté que par les progrès accomplis dans toutes les branches de la science touchant de près ou de loin à l'exobiologie. Néanmoins, les perspectives de la vie extraterrestre sont également stimulées par le brassage des idées les plus ancrées scientifiquement, avec des hypothèses regardées par le passé avec méfiance, voire rejetées sans appel. Il est indiscutablement plus aisé d'aborder ce thème aujourd'hui que par le passé, au bénéfice de l'évolution sociologique de la pensée scientifique de ces dernières décennies. Sorti du contexte de l'après-guerre, et débarrassé de l'opposition dogmatique pour-contre et des sempiternels manichéismes croyance-athéisme ou encore cartésianisme-empirisme, le débat sur la vie extraterrestre semble enfin quelque peu dépassionné.

Comme nous l'avons souligné dans le premier chapitre, la simple préoccupation exobiologique fut historiquement une source de suspicion, voire de condamnation. La communauté scientifique a néanmoins abouti, sous la pression et la reconnaissance de l'intérêt croissant pour la recherche de la vie extraterrestre, à la création en 1982 d'une 51e commission, au sein de l'Union astronomique internationale (UAI), baptisée « Bio-astronomie, la recherche de la vie extraterrestre », dont le programme comporte sept thèmes majeurs :

— *la recherche de planètes autour d'autres étoiles ;*
— *l'étude de ces planètes et de leur habitabilité ;*
— *la détection de signaux radio extraterrestres ;*
— *la recherche de molécules organiques dans l'espace ;*
— *la détection d'une activité biologique, même au stade primitif ;*

1. Cette citation est de Pierre Légaré, *Maux de tête*, Stanké, 2000.

— *la recherche de manifestations de civilisations évoluées ;*

— *la collaboration avec d'autres organisations internationales.*

Cette commission comprend de nos jours plusieurs centaines d'astronomes de nombreux pays ; ceux-ci ont obtenu en quelques années les résultats considérables que nous présentons ici. Malgré ces succès, il reste toujours à convaincre les bailleurs de fonds pour mener à bien les recherches, car, à de rares exceptions, les politiques sont généralement sourds aux requêtes des scientifiques, même dans des domaines vitaux comme la médecine ou la biologie. Pourtant, chercher la vie ailleurs, c'est aussi s'interroger sur nos propres origines et sur notre sort futur.

À l'écoute de l'Univers

En 1959, deux physiciens, Giuseppe Cocconi et Philip Morrisson, publient dans la revue britannique *Nature*[2] un article intitulé « Searching for Interstellar Communications » dans lequel ils montrent que les radiotélescopes modernes ont atteint une sensibilité suffisante pour capter les signaux émis par une éventuelle civilisation extraterrestre disposant d'un savoir-faire similaire au nôtre. Les deux auteurs supposent logiquement que les signaux devraient être captés à la fréquence de 1 420,4 mégahertz, correspondant à la longueur d'onde de 21 centimètres de l'émission de l'hydrogène neutre, l'élément de loin le plus abondant dans l'Univers. Quelques mois plus tard, le radioastronome Frank Drake, aidé de deux étudiants, commence le premier programme de recherche systématique de signaux extraterrestres artificiels au radiotélescope de Green Bank en Virginie *(figure 38)*. Selon Drake, une civilisation disposant d'une instrumentation analogue à la nôtre peut capter les signaux terrestres jusqu'à 20 années-lumière[3]. Il entreprend donc

2. *Nature*, vol. 184, n° 4690, p. 844.

3. Frank Drake a publié un livre sur ce sujet : *Is Anyone Out There ?*, Delta, 1994.

Figure 38 — Le radiotélescope de 33 mètres de diamètre de Green Bank (Virginie). Avec cet instrument, Frank Drake entreprit le projet *OZMA* en 1960.

d'« écouter » toutes les étoiles contenues dans une sphère ayant un tel rayon : c'est ainsi que débute le projet *OZMA*, du nom du personnage principal du livre *Ozma of Oz* de L. Frank Baum. Les deux premières étoiles choisies par Drake sont τ Ceti (constellation de la Baleine), étoile naine située à 12 années-lumière, et ε Eridani (Eridan), autre naine à 11 années-lumière. Bien qu'au cours des années suivantes le projet *OZMA* n'ait pas donné de résultats, Drake ne s'est pas découragé et, soutenu par la NASA, il a lancé le programme *SETI (Search for Extra Terrestrial Intelligence).*

SETI, est-ce si tôt ?

SETI vise essentiellement à augmenter la bande des fréquences favorables et à multiplier le nombre de sources à écouter. La bande choisie se situe dans le domaine des ondes décimétriques, dont les fréquences sont comprises entre 1 et 10 gigahertz. En deçà, le rayonnement propre du ciel est trop intense, dû notamment aux étoiles, aux nébuleuses, aux galaxies et aux quasars qui sont de puissants émetteurs radio et risquent de perturber d'éventuels signaux. Au-delà, nous tombons dans les domaines de la bande FM, puis dans les ondes millimétriques, la vapeur d'eau, enfin le rayonnement infrarouge. En outre, en raison de nombreuses émissions parasites liées aux multiples phénomènes atmosphériques ou à l'activité humaine, la fenêtre d'exploration doit être la plus étroite possible, quitte à la multiplier sur de nombreux canaux récepteurs. Ainsi, avec une largeur de canal de réception de 0,1 hertz, on peut espérer qu'une émission venant de l'espace peut être détectée, à condition de pouvoir sortir du bruit de fond global du dispositif de réception… et de pouvoir analyser les 100 milliards de canaux de 0,1 hertz de large nécessaires pour couvrir la bande 1-10 gigahertz ! Devant l'ampleur de la tâche, la NASA apporte parcimonieusement son concours technologique et financier, et réalise un dispositif permettant d'analyser simultanément 8 257 536 canaux de 1 hertz de large ; ce n'est déjà pas si mal, car une source quelconque observée pendant une demi-heure à raison de 8 257 536 canaux par seconde donne une masse de près de 15 milliards de données à analyser, soit véritablement la recherche d'une aiguille dans une botte de foin[4]. Malgré la bien faible probabilité de trouver un bon signal sur le bon canal au bon moment reçu de la bonne étoile visée (!), le programme prévoit d'observer 1 000 étoiles dans un rayon de 100 années-lumière.

Le programme *SETI* a commencé en fanfare le 12 octobre 1992 au radiotélescope d'Arecibo dans l'île de Porto Rico, grande parabole de 300 mètres de diamètre, placée dans un cratère naturel d'origine volcanique. Au cours des mois qui suivent, 24 étoiles seulement ont été observées avant que le radiotélescope de Goldstone, avec son « assiette » de 24 mètres, ne prenne le relais, le Congrès américain réduisant progressivement les crédits à une peau de chagrin. Faute d'une mobilisation et d'un intérêt quelconque des politiques (air connu), *SETI* serait passé à la trappe si le projet *Phoenix* n'avait vu le jour. En 1984, l'institut SETI est fondé sur le principe de la loi régissant les associations, disposant de fonds privés, essentiellement par mécénat. En rachetant le matériel construit par la NASA, *Phoenix* s'installe en 1995 au foyer du radiotélescope de 64 mètres de Parkes en Australie, puis au radiotélescope de Nançay, en France. La Planetary Society, fondée par Carl Sagan (1934-1996), fédère aussi bien les idées que les finances, en grande partie grâce à la célébrité médiatique de l'astronome, qui n'hésite pas à associer à ses recherches son collègue soviétique Iosif S. Chklovski (1916-1985), malgré les tensions politiques consécutives à la Guerre froide. De cette manière, *SETI* dépasse les clivages et les contingences de la politique terrestre.

À ce jour (fin 2006), aucune émission prometteuse en provenance du cosmos ne semble avoir été reçue. Le fait de ne pas avoir détecté de signaux extraterrestres conduisit les instances politiques et les responsables scientifiques fondamentalistes à ne plus financer de telles recherches, surtout dans un monde où les maîtres mots

4. Jean Heidmann, *Intelligences extraterrestres*, Odile Jacob, 1996.

sont efficacité et productivité. Devant une telle frilosité, un programme aussi original que remarquable voit le jour sous le nom de *SETI@home*. Pour analyser l'avalanche de données provenant des grands radiotélescopes, il est tout simplement proposé aux internautes volontaires d'utiliser simplement l'état de veille de leurs ordinateurs personnels. Ainsi, à partir d'un programme de traitement du signal fourni, il suffit de télécharger une part des données et de laisser tourner le programme tout en effectuant d'autres tâches[5]. À l'heure actuelle, plus de 5 millions de volontaires, répartis sur tout le globe, participent à ce projet de grande envergure. C'est la première fois qu'une collaboration scientifique aussi vaste est entreprise.

Il est évidemment facile de critiquer les nombreuses failles de *SETI*, comme l'ont fait les politiciens cherchant à réduire puis à supprimer les crédits du programme. En particulier, il est indéniable que les radiotélescopes fouillent le ciel lointain de façon extrêmement sélective. Les critères retenus sont toujours liés à *ce que nous ferions avec une technologie plus avancée, mais que nous sommes en état d'imaginer aujourd'hui*, autrement dit, à l'intérieur d'une bulle géomorphique dont il est difficile de s'abstraire. Les contraintes nécessaires destinées à réduire le champ d'investigation, qui demeure cependant extraordinairement vaste, ont pour conséquence de limiter celui-ci à la surface d'une pièce de monnaie placée à plusieurs kilomètres de distance, quand il y a un paysage entier à décrypter. Il est donc possible que de nombreuses informations nous échappent ; un astronome enfermé dans sa coupole a une probabilité bien moindre d'observer un phénomène surprenant qu'un promeneur ou un randonneur sur un terrain dégagé. On peut toujours imaginer un radioastronome essayant de capter un message au radiotélescope de Nançay, tandis que la gendarmerie de

5. Pendant que ces lignes sont rédigées sous traitement de texte, l'ordinateur dispose de nombreuses ressources non utilisées pour analyser en même temps toutes sortes d'autres données.

Neuvy-sur-Barangeon (à côté de Nançay) serait au même moment en alerte car une soucoupe volante aurait atterri à proximité. Au moins, si des petits hommes verts rôdent à proximité du radiotélescope, ils seront rapidement détectés par le rayonnement thermique de leur corps ; en outre, si E.T. veut « téléphoner — maison », il risque de provoquer de sérieuses interférences avec son portable sur la chaîne d'acquisition numérique du radiotélescope.

Allo, à l'eau ?

Dans le chapitre 3 (« Un groupe d'univers »), nous avons dressé la liste des composés détectés à ce jour dans l'espace, allant de l'hydrogène moléculaire à des molécules sophistiquées comme le glycolaldéhyde, dont la structure pourrait permettre par combinaison de produire des composés plus complexes comme le glucose ou le ribose, un des composants de l'ADN. Le radical hydroxyle OH est l'un des éléments les plus fréquents dans l'espace, dont l'émission à 17,6 centimètres de longueur d'onde est très proche de celle de l'hydrogène à 21,1 centimètres. Entre l'étude des variations de ce radical au sein des étoiles variables supergéantes et l'observation du contenu en hydrogène des galaxies, ce petit domaine de longueur d'onde intermédiaire est communément appelé *point d'eau*[6] ou *trou de l'eau*. Les exobiologistes concentrent leurs efforts pour tenter de capter des émissions radio dans cette fenêtre encadrée par les deux précurseurs H et OH de l'eau, l'élément indispensable à toute forme de vie, l'hydrogène étant la composante la plus abondante dans l'Univers. La difficulté majeure de la réception d'éventuels signaux dans cette fenêtre provient de la richesse en vapeur d'eau de l'atmosphère terrestre, faisant ainsi écran à ce domaine de longueur d'onde ; le choix des bandes de fréquences d'observation est donc très restreint. C'est pourquoi, dans le domaine millimétrique, les télescopes spécialisés sont maintenant installés dans des régions où la teneur en vapeur d'eau est la plus faible. C'est le cas

6. Emmanuel Davoust, *Silence au point d'eau*, Teknea, 1988.

des 64 radiotélescopes du *Atacama Large Millimeter Array (ALMA)*, installés à 5 200 mètres d'altitude sur le plateau du Chajnantor au-dessus de San Pedro de Atacama au Chili (voir le chapitre précédent et la *figure 35*), où l'hygrométrie est extrêmement basse.

Découverte fortuite

Le rayonnement cosmologique à 3 °K, qui baigne l'Univers depuis le Big Bang, affecte également toutes les longueurs d'onde par son « bruit » radio. Toutes ces contraintes nécessitent de jongler sur des domaines de longueur d'onde bien étroits. Cependant, cette recherche d'une aiguille-signal dans la botte de foin des fréquences a parfois des conséquences aussi inattendues qu'importantes sur le plan de l'astrophysique. C'est ainsi qu'en 1963 Nicolaï Kardashev, à l'Institut Sternberg de Moscou, étudie deux radio-sources au spectre très large, susceptibles de contenir un grand nombre d'informations : CTA 21 et CTA 102[7]. Cette dernière s'avère être variable sur une période d'une centaine de jours, et fait immédiatement l'objet de nombreux communiqués de presse triomphants sur l'air de *on a eu le contact*. Tous les espoirs sont cependant déçus par l'identification optique d'un noyau compact de galaxie de magnitude 17, à l'endroit précis de la source, avec un décalage spectral très confortable $z = 1{,}037$ (soit une distance de plus de 3 milliards d'années-lumière) ; ce mouvement de fuite des galaxies lié à l'expansion de l'Univers est parfaitement incompatible avec une émission radio d'origine artificielle. Les enseignements tirés de cette histoire vont d'abord inciter les astronomes à faire des vérifications très méticuleuses de l'origine, du contenu et de la signification de leurs résultats, et ensuite à développer l'étude de ces mystérieux objets dont fait partie CTA 102, baptisés ultérieurement *quasars*, capables d'avoir des rayonnements optiques et radio aussi intenses que ceux des galaxies, pour des dimensions n'excédant pas les noyaux de ces dernières.

7. Jean Heidmann, *Intelligences extraterrestres*, Odile Jacob, 1996.

Du point de vue de Sirius

Dans la recherche de signaux extraterrestres telle qu'elle est menée par le programme *SETI*, une approche particulièrement intéressante consiste tout simplement à inverser l'interrogation : des extraterrestres auraient-ils quelque raison de supposer qu'une forme de vie plus ou moins évoluée existe autour du Soleil, une étoile jaune bien banale ? Et si oui, comment et jusqu'à quelle distance est-elle détectable ? Fort de l'hypothèse pluraliste, nous adoptons en quelque sorte *un point de vue de Sirius*, certainement moins voltairien, mais plus astronomique, pour essayer de voir si nous sommes perceptibles par une autre civilisation disposant d'une technologie similaire à la nôtre. Si la réponse est positive, il suffira donc de retourner l'argument pour pouvoir faire preuve d'un optimisme raisonnable.

Détection dynamique

Pour une civilisation située à 32,6 années-lumière de nous, c'est-à-dire à une distance telle que l'amplitude de l'orbite de la Terre serait vue sous un angle d'un dixième de seconde d'arc, le Soleil n'est qu'une faible étoile jaune perçue à l'œil nu à la limite de visibilité avec une magnitude visuelle 4,79, les magnitudes dans le bleu et l'ultraviolet ne différant guère. Un astronome de cette contrée le classerait comme une étoile naine jaune, correspondant au type spectral G 2 V, avec une température de surface de 5 800 °C. Il noterait que son mouvement propre par rapport aux autres étoiles est de l'ordre de 20 kilomètres par seconde vers une région de la Galaxie située à 57 degrés de latitude et 22 degrés de longitude galactique. Ces caractéristiques ne permettent pas à un savant extraterrestre de supposer que la vie existe autour de cette petite et bien faible étoile. Seules les variations dynamiques induites sur le Soleil par la révolution de Jupiter sont suffisantes pour mettre cette planète en évidence. La masse du Soleil est de 2×10^{30} kilogrammes, celle de Jupiter 1 050 fois inférieure, et celle de la Terre 330 000 fois moindre. En outre, la masse de Jupiter est égale au double de la masse de toutes les autres planètes réunies, provoquant une oscillation du Soleil sur une amplitude de 12,5 mètres par seconde avec une période de 12 ans. Pour Saturne, l'amplitude n'est que de 2,7 mètres par seconde avec une période de 30 ans. Actuellement, les meilleurs instruments terrestres donnent une précision de l'ordre de 2 mètres par seconde ; c'est pourquoi les autres composantes géantes du Système solaire seraient bien difficiles à mettre en évidence. Quant à la Terre, il faut y renoncer, son action sur les oscillations solaires se limitant à quelques centimètres par seconde, celle-ci se confondant en outre avec l'agitation thermique du gaz de l'atmosphère solaire. Néanmoins, la seule présence de Jupiter susciterait déjà un intérêt particulier chez notre lointain collègue, même s'il devait en conclure qu'avec une température voisine de – 180 degrés une vie jovienne ou saturnienne est fort peu probable.

Détection directe, transits et occultations

Même en disposant d'une technologie très sophistiquée, Jupiter serait extrêmement difficile à détecter directement à 32,6 années-lumière car il ne s'éloigne du Soleil que de 0,25 seconde d'arc à sa plus grande élongation, en étant 10 millions de fois plus faible que celui-ci. L'éclat de la Terre étant encore 100 fois plus faible que celui de Jupiter, celle-ci se situant au mieux à 0,05 seconde d'arc du Soleil, il n'est pas envisageable de l'apercevoir. Cependant, en utilisant la méthode des transits, pour peu que notre observateur soit situé à proximité du plan du Système solaire, Jupiter sera découvert lors de ses occultations du disque du Soleil, provoquant une variation de son éclat de 0,01 magnitude tous les 14 ans, ce que les instruments terrestres actuels sont capables de détecter. La Terre produit une occultation annuelle identique, mais d'une amplitude ne dépassant pas 0,000 1 magnitude, totalement indécelable avec la technologie actuelle.

L'émission radioélectrique

Un simple radar antédiluvien est capable de recevoir un signal émis à plusieurs milliers d'années-lumière, c'est-à-dire dans les limites d'une sphère comprenant plusieurs dizaines de millions d'étoiles. Les premières expériences de radioastronomie remontent à la fin de la Seconde Guerre mondiale en utilisant un modèle de radar allemand appelé « Würzburg », consistant en une parabole de 7,50 mètres de diamètre, fonctionnant sur la fréquence de 600 mégahertz (50 centimètres de longueur d'onde). Ces radars militaires furent transformés par l'adjonction d'une monture équatoriale, de manière à compenser la rotation de la Terre lors d'une acquisition de signal. Ces instruments permirent de détecter les premières radio-sources en provenance de la Galaxie, ainsi que les émissions d'objets beaucoup plus lointains. Aujourd'hui, les radiotélescopes ont des surfaces collectrices de plusieurs centaines de mètres carrés, comme les instruments de Nançay (France), Parkes (Australie) ou encore Arecibo (Porto Rico). Équipés de chaînes d'amplification extrêmement efficaces, ils peuvent recevoir et analyser un signal dont l'intensité résultante est celle des émissions cumulées de radio et télévision émises par la Terre à plus de 100 années-lumière. En outre, si la planète source est en rotation et en révolution, les variations périodiques d'intensité, ainsi que le décalage des fréquences du signal par effet Doppler-Fizeau, permettent à nos extraterrestres de déduire sans trop de difficulté la vitesse de rotation et les dimensions de notre planète, ainsi que sa distance et son mouvement autour du Soleil. De cette manière, ils peuvent constater que nous circulons dans la zone d'habitabilité du Soleil. Ainsi, du point de vue de Sirius, la Terre est un bon candidat pour héberger des formes vivantes et intelligentes.

Par l'augmentation graduelle de son intensité au cours du temps, l'émission radioélectrique de la Terre trahit quotidiennement un peu plus notre présence dans la Galaxie ; celle-ci s'accroît chaque année d'environ 1 %. Depuis les balbutiements des premières émissions radio il y a un siècle (ou 100 révolutions de la Terre), un extraterrestre patient aurait ainsi de quoi s'interroger sur les causes de cette montée en puissance. Outre le développement technologique de l'humanité, cette augmentation pourrait aussi être la conséquence d'une colonisation de notre planète par une civilisation disposant d'une technologie avancée, qu'elle implanterait progressivement sur notre planète pour émettre dans l'espace. En disposant d'une antenne de réception bien adaptée et calée sur les bonnes fréquences, nos lointains espions seraient certainement très étonnés de recevoir nos émissions radio et télévision émises par le passé. Ainsi, nos voisins distants de 32,6 années-lumières découvrent en ce moment les débuts de l'exploration spatiale par les humains, en ayant suivi notre débarquement sur la Lune il y a quelques années terrestres.

Probabilités et statistiques

Les astronomes de Sirius, tout comme ceux de la Terre, ne peuvent sans doute que s'aider du calcul de probabilités pour spéculer sur le nombre de civilisations extraterrestres intelligentes capables de communiquer dans la Galaxie. Il présente l'avantage de développer un raisonnement où la logique et la rigueur se complètent, et d'analyser séparément la cohérence d'un certain nombre de paramètres. En novembre 1961, Frank Drake réunit dix scientifiques (dont Carl Sagan et le chimiste Melvin Calvin) au radiotélescope de Green Bank et propose la « formule de Green Bank » (qui allait devenir par la suite l'équation de Drake, en hommage à l'astronome) :

$$\mathbf{N = R_* \times f_p \times n_e \times f_l \times f_i \times f_c \times L}$$

— **N** est le nombre de civilisations extraterrestres dans la Galaxie, émettant des signaux détectables à l'aide de nos radiotélescopes ;

— $\mathbf{R_*}$ est le taux de formation d'étoiles annuel dans notre Galaxie ;

— $\mathbf{f_p}$ est la fraction d'étoiles ayant un système planétaire ;

— $\mathbf{n_e}$ est le nombre de planètes et de satellites par système possédant les conditions favorables à la vie ;

— $\mathbf{f_l}$ est la fraction de ces planètes où la vie s'est effectivement développée ;

— $\mathbf{f_i}$ est la fraction de planètes où l'évolution a abouti à une forme de vie intelligente ;

— $\mathbf{f_c}$ est la fraction de ces planètes où une vie intelligente est capable de communication dans l'espace et intéressée à le faire ;

— **L** est la durée de vie moyenne de ces civilisations évoluées.

Chaque terme de l'équation de Drake[8] mérite à lui seul une analyse approfondie où le subjectif, bien que tenant une place non négligeable, doit être minimisé. Cette équation a cependant un intérêt réel par le découpage qu'elle propose d'une vaste question en une suite de facteurs. Les découvertes et les progrès scientifiques permettent petit à petit d'affiner certains paramètres, et de s'approcher progressivement d'un résultat plausible.

Le taux de formation d'étoiles $\mathbf{R_*}$ est relativement bien connu ; chaque année, une quantité de gaz de l'ordre de 3 à 5 fois la masse du Soleil se transforme en étoiles dans notre Galaxie. En général, ces astres sont de masse inférieure au Soleil ; il est donc raisonnable d'admettre que, chaque année, une dizaine d'étoiles voient le jour : $\mathbf{R_*} = 10$.

Nous avons vu au chapitre précédent que le nombre de systèmes extrasolaires découverts ne cesse de croître. Au 1er novembre 2006, on comptait 210 systèmes planétaires, dont 20 sont multiples. Ces détections indiquent qu'au moins 10 % des étoiles sont accompagnées d'au moins une planète. Extrapolée à toute la Galaxie, celle-ci contiendrait au moins 10 milliards de planètes. Les masses des planètes détectées vont de 7 masses terrestres (0,023 Jupiter) à 17 masses de Jupiter. La barre inférieure provient de la limite actuelle de la précision instrumentale. La barre supérieure est fixée

8. Cette équation est souvent baptisée *paramétrisation de l'ignorance*.

par la définition même d'une planète ; au-delà, un corps a une source d'énergie propre due à une activité thermonucléaire centrale, c'est donc une étoile. En choisissant la valeur la plus pessimiste, nous pouvons ainsi admettre que $\mathbf{f_p} = 0,1$.

L'estimation du nombre $\mathbf{n_e}$ de planètes propices à la vie dans chaque système est directement liée à l'accroissement du nombre de planètes extrasolaires détectées. Pour le seul Système solaire, nous avons $\mathbf{n_e} = 1$ (la Terre) ; cependant, il n'est pas actuellement exclu que des formes de vie se soient développées ailleurs, notamment sur Mars. Parmi les systèmes planétaires détectés autour des étoiles, environ 10 % des planètes sont situées dans la zone d'habitabilité (définie au chapitre précédent). Cependant, les planètes ayant des masses inférieures à celle de Saturne n'ont pas encore été détectées en raison de leur petitesse, bien que les simulations effectuées par des astronomes concluent que les étoiles de type solaire peuvent avoir un cortège allant de une à quatre planètes telluriques situées dans leur zone d'habitabilité respective. Comme ce type d'étoiles constitue environ 80 % des astres de la Galaxie, nous pouvons admettre raisonnablement que chacune d'elles a au moins un compagnon propice au développement de la vie (et dont 10 % auraient une masse au moins égale à celle de Saturne), ce qui conduit à proposer $\mathbf{n_e} = 1$.

La quantité $\mathbf{f_l}$ est encore plus délicate à évaluer. Quelle est la proportion de planètes propices à la vie où celle-ci va effectivement se développer ? Avec la Terre, ce chiffre est supérieur à zéro, c'est déjà mieux que rien. Combien de ces petits riens forment-ils un tout ? Comme nous l'avons vu précédemment, il n'est pas absurde de supposer que des formes de vie prébiotique puissent se trouver sur Europe, l'un des quatre principaux satellites de Jupiter, ou sous la croûte de Titan, le plus gros des satellites de Saturne, bien que ces deux satellites se situent en dehors de la zone d'habitabilité du Soleil, et que les observations du sol de Titan, effectuées par le module *Huygens* en janvier 2005, n'aient actuellement apporté aucune preuve tangible d'une vie « macroscopique ». Les dernières analyses du sol martien montrent que l'eau était présente sur sa surface il y a un milliard d'années, et serait maintenant enfouie, ne laissant subsister que de la glace. Ces conditions suggèrent que des formes de vie ont pu se développer sur Mars dans un lointain passé.

Si nous sommes seuls sur la Terre, par rapport à Mars, Europe et Titan, la statistique n'est que de 25 %. Si la vie est détectée sur Mars, cette valeur grimpe à 50 %, pour atteindre 75 % si le vivant existe sur Europe et 100 % s'il existe aussi sur Titan. Faute d'arguments concernant Europe et Titan, soyons raisonnables et formons l'hypothèse que la vie ne sera détectée que sur Mars (vraisemblablement sous une forme fossilisée, au mieux à l'état végétatif) ; ainsi on a $\mathbf{f_l} = 0{,}5$ pour le Système solaire. À ce stade de l'évaluation, le nombre de planètes potentielles dans la Galaxie est déjà très important. En court-circuitant le taux de formation d'étoiles ($\mathbf{R_*}$) et en admettant que $\mathbf{f_p} = 0{,}1$, $\mathbf{n_e} = 1$ et que $\mathbf{f_l} = 0{,}5$, on obtient 5 milliards de cas favorables ! Ces perspectives ont donc de quoi réjouir les partisans de l'exobiologie.

Pour qu'une vie intelligente se développe, un milieu parfaitement régulé temporellement est indispensable. On imagine mal le Soleil se comporter comme une étoile variable par des sursauts lumineux et thermiques, et parvenant à offrir néanmoins un contexte favorable au vivant sur Terre. L'homme est le résultat d'un long cheminement qui a pris plus de 3 milliards d'années pour que la vie passe du stade de la bactérie à celui d'organisme multicellulaire, et plusieurs centaines de millions d'années supplémentaires pour atteindre notre développement actuel. Si l'on peut prétendre que la naissance d'une vie primitive est une opération simple et peut-être rapide, l'évolution de la conscience est un processus, sinon improbable, du moins de très longue haleine. Il demande une très grande stabilité de l'environnement afin que les organismes vivants aient le temps d'évoluer, et une certaine fréquence d'accidents pour que ceux-ci deviennent plus divers et plus complexes en passant au crible de l'implacable sélection naturelle[9]. Les varia-

9. Charles Frankel, *La Vie sur Mars*, Seuil, coll. « Science ouverte », 1999.

tions lentes du milieu ont joué un rôle important, au titre de l'évolution, c'est pourquoi la dégradation rapide des conditions sur Mars est sans doute à l'origine de sa désertification, comme nous l'avons vu précédemment.

On peut ainsi prendre en considération la fertilité du milieu pour que la vie se développe dans un double contexte de lenteur et d'accueil. Mais si ces conditions sont nécessaires, sont-elles pour autant suffisantes ? Combien de planètes ayant abrité le vivant vont-elles finir par héberger des vies « intelligentes », capables de communiquer et désireuses de le faire ? Dans le cas précis du Système solaire, en considérant le couple Terre-Mars, nous pouvons affirmer que nous sommes la seule forme intelligente, ce qui conduirait à poser que $\mathbf{f_i} = 0{,}5$. Si une forme vivante existe sur Mars, celle-ci est restée au stade le plus rudimentaire. Il est donc logique de considérer qu'une période de temps très importante est nécessaire pour parvenir à une vie évoluée, comme nous l'avons souligné dans le chapitre 2 (« Les idées claires »).

La majorité des exoplanètes détectées dans les zones d'habitabilité sont gazeuses, rendant leur nature physique peu compatible avec le développement d'un vivant avancé. En revanche, chacune d'elles peut avoir un ou plusieurs satellites telluriques en orbite, sur lesquels la persistance des conditions physico-chimiques permet à la vie d'atteindre un stade de développement au moins identique au nôtre. Bien que ces satellites soient actuellement indétectables avec la technologie disponible, il n'est pas déraisonnable de spéculer sur cette possibilité. C'est pourquoi, tout en restant d'un optimisme mesuré, nous proposons $\mathbf{f_i} \cong 1$.

La proportion de planètes, où une civilisation a pu développer des moyens de communication et a souhaité entrer en contact avec nous est encore plus spéculative. Une nouvelle fois, nous devons nous résigner à prendre la Terre en exemple et à examiner de nouveau notre histoire. 5 millions d'années environ nous séparent des premiers hominiens. Au cours de cette longue période, il a fallu que l'*Homo sapiens* passe par tous les méandres de l'évolution, depuis la fabrication des premiers outils de survie, jusqu'à la domestication des ondes électromagnétiques, indispensables à la communication. Dans ce lent cheminement, un dénominateur commun persiste dans le comportement social d'ethnies n'ayant eu par le passé aucun contact : la volonté de se situer par tous les moyens possibles dans l'espace et le temps. Toutes les civilisations terrestres ont accordé une place importante à l'astronomie. Que ce soient les Grecs, les Chinois, les Précolombiens des hauts plateaux des Andes, les navigateurs maoris qui ont colonisé les chapelets d'îles, de la Nouvelle-Zélande à l'île de Pâques, ou encore les Indiens et les Aborigènes, toutes ces civilisations gardent les traces d'un patrimoine et d'un intérêt crucial pour l'astronomie. Au cours du temps, chaque civilisation interprète à sa manière la voûte céleste suivant un art divinatoire où les configurations planétaires, les apparitions spectaculaires de comètes ou de novae sont les signes tangibles de la volonté des dieux, auxquels il convient d'obéir. Il s'instaure ainsi une relation directe avec des entités « supérieures » dont on cherche à comprendre les messages, et qui reçoivent en réponse des offrandes, des sacrifices, des migrations facilitées par le repérage céleste, etc. Il est hors de propos de discuter ici du caractère inné ou acquis de tels comportements ; en revanche, comme le souligne le premier chapitre (« Existe-t-il d'autres mondes ? »), l'interrogation rémanente de la réalité de la vie extraterrestre a pris progressivement le pas sur la sacralisation céleste qu'en avaient nos lointains ancêtres. Dans cette perspective, on peut considérer que cette démarche est une caractéristique propre à la majorité des civilisations avancées ; nous proposons $\mathbf{f_c} = 1$.

La dernière quantité à estimer, et ce n'est certainement pas la plus aisée, est le terme **L** (exprimé en années) qui caractérise la durée moyenne de vie d'une civilisation évoluée. Comme pour les autres déterminations, notre propre expérience vient à notre aide. Il y a maintenant un siècle environ que nous sommes à même d'utiliser les ondes électromagnétiques pour émettre et recevoir des informations ; on a donc une valeur minimale évidente : **L** = 100 ans. Ce chiffre augmente tout en restant dépendant des contingences humaines : combien de temps notre civilisation va-t-elle durer avant sa disparition, soit par une catastrophe naturelle, soit par autodestruction ? La Terre se volatilisera au plus tard dans 4 milliards d'années, lorsque le Soleil, ayant consumé son hydrogène et son hélium, commencera à se dilater pour devenir une géante rouge, atteignant l'orbite de Mars. D'ici là, si nous n'avons pas disparu, nous aurons sans doute trouvé une autre planète d'accueil. En outre, d'autres phénomènes brutaux peuvent survenir, comme la collision d'un astéroïde ou d'une comète avec la Terre, provoquant une extinction majeure des espèces, comme il y a 65 millions d'années. Il faut aussi tenir compte d'un comportement sociologique important : c'est surtout depuis que l'homme est capable d'une autodestruction totale par ses propres inventions guerrières qu'il a acquis une certaine « sagesse » (ou un certain instinct de conservation). Jadis, la mort frappait par les épidémies et les guerres en causant des pertes effroyables. Depuis la Seconde Guerre mondiale, le nombre de morts tend à décroître ; cet instinct de conservation assure donc une pérennité. Dans le cas le plus pessimiste où nous disparaîtrions tous demain, la valeur inférieure **L** = 100 permettrait de conclure que le nombre de civilisations extraterrestres détectables dans la Galaxie n'est pas nul.

> « L'humanité est en rodage. Y a-t-il possibilité de refouler la barbarie et vraiment civiliser les humains ? Pourra-t-on poursuivre l'hominisation et l'humanisation ? Sera-t-il possible de sauver l'humanité en l'accomplissant ? Rien n'est assuré, y compris le pire. »
>
> Edgar Morin, *L'Identité humaine*, Seuil

Il n'est pas exclu non plus qu'une intelligence avancée cesse de se manifester dans l'Univers, pour des raisons de sécurité ou de désintérêt pour le monde extérieur. Elle peut souhaiter, pour des raisons qui lui sont propres, rester indétectable et interrompre toute activité, électromagnétique ou autre, qui risquerait d'attirer l'attention. La Terre elle-même émet depuis quelques dizaines d'années des ondes radio modulées qui trahissent notre présence.

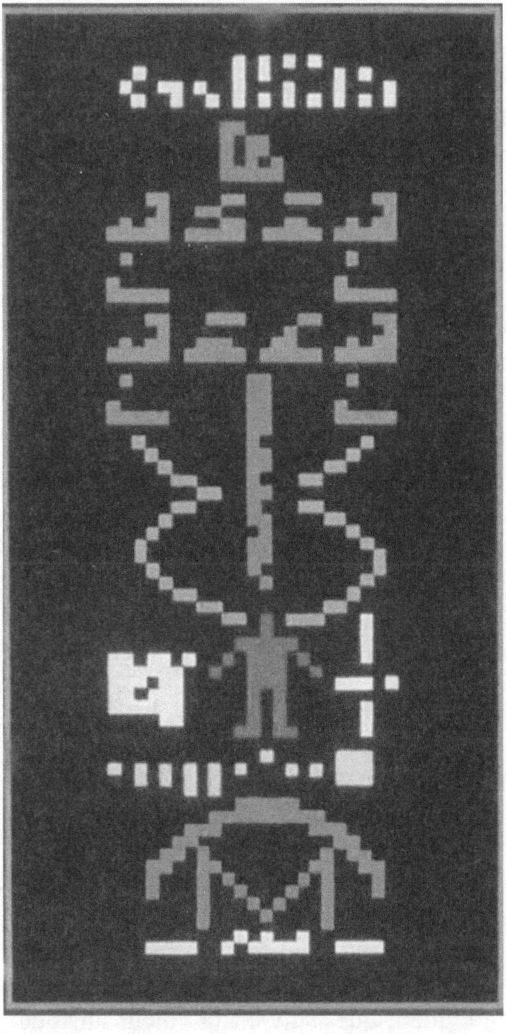

Figure 39 — Le message envoyé depuis Arecibo en 1974
à destination de la constellation d'Hercule

Depuis les années 1960, les satellites de télécommunication ne se privent pas d'envoyer au cosmos des émissions variées, maintenant recevables par plusieurs centaines d'étoiles. Un message direct, avec toute la puissance du radiotélescope d'Arecibo, fut expédié vers un groupe d'étoiles de la constellation d'Hercule en 1974 *(figure 39)*. Cette expérience, conduite par Frank Drake, ne fut pas renouvelée en raison de son caractère trop hasardeux, les bailleurs de fonds du Congrès américain y voyant avant tout un gaspillage financier. On peut donc conjecturer à l'infini sur la valeur de ce fameux terme **L**.

Maintenant que nous avons estimé les termes de la formule de Drake en essayant de donner à chacun d'eux une valeur, sinon exacte, tout du moins cohérente, voyons maintenant à quoi nous aboutissons. Avec :

$$\mathbf{R_*} = 10,\quad \mathbf{f_p} = 0{,}1,\quad \mathbf{n_e} = 1,\quad \mathbf{f_l} = 0{,}5,\quad \mathbf{f_i} = 1,\quad \mathbf{f_c} = 1, \mathbf{L} = 100,$$

le nombre de civilisations extraterrestres qui pourraient se manifester actuellement autour de nous est :

$$\mathbf{N} = 10 \times 0{,}1 \times 1 \times 0{,}5 \times 1 \times 1 \times 100 = 50.$$

Il y aurait ainsi, outre les Terriens, 49 civilisations repérables à tout moment dans la Galaxie ; c'est déjà un résultat encourageant pour espérer établir un contact. Cependant, si toute civilisation naissante survit et communique en moyenne pendant un millénaire (**L** = 1 000), mais avec $\mathbf{f_i}$ = 0,1 et $\mathbf{f_c}$ = 0,1, avec **N** = 5 il n'y en aurait plus que 4 potentiellement détectables. Cette évaluation, malgré ses nombreux aspects arbitraires, se veut optimiste.

Il est bien évident que, suivant la valeur attribuée à tel ou tel paramètre, le nombre de civilisations potentielles varie considérablement ; l'équation de Drake ne repose que sur un ensemble de « si » conditionnels, qui ont cependant l'intérêt d'ouvrir la voie à des conjectures. Chacun peut donner aux paramètres les valeurs qu'il croit opportunes ; le pessimiste peut très facilement déduire que nous sommes seuls dans l'Univers, avec **N** = 1 ! Carl Sagan[10] aboutit à **N** = 10 en posant **L** = 100. On peut conclure que la seule détection d'une vie extraterrestre, ne serait-ce que sur Mars, joue déjà un rôle de premier plan dans cette évaluation, car elle contrôle l'estimation du terme $\mathbf{f_l}$ dans l'équation. La recherche du vivant dans le Système solaire contribue ainsi à une information fondamentale qui permet de mieux cerner la probabilité des mondes habités, même si on ne découvre que de modestes bactéries. L'importance de l'équation de Drake est soulignée par Evry Schatzman[11] : « Le plus remarquable et le plus captivant est peut-être que l'on puisse poser les problèmes, même si on ne sait pas encore les résoudre. »

Du bon usage des voyages interplanétaires

> « Accueillir des extraterrestres, c'est sûr que ça pourrait être extraordinaire, mais tout à coup qu'ils nous volent nos emplois ? »
>
> Pierre Légaré, *Mots de tête*, Stanké, 2000

Nous venons de passer en revue d'une part les tentatives de communication avec des civilisations extraterrestres par la réception et l'envoi de signaux dans la Galaxie à l'aide des radiotélescopes, et d'autre part une approche statistique et probabiliste du nombre de civilisations potentielles. Un nouveau volet de cette quête concerne les voyages interplanétaires, soit à destination de la Terre, soit au départ de celle-ci. On peut aussi bien développer à l'infini la motivation poussant une civilisation à s'expatrier (notamment, est-ce une volonté innée ou une nécessité de survie ?), que discuter de sa longévité moyenne, afin de savoir si elle aurait matériellement le

---

10. Carl Sagan, *Cosmic Connection ou l'Appel des étoiles*, Seuil, coll. « Science ouverte », 1975.

11. Evry Schatzman, *Les Enfants d'Uranie*, Seuil, coll. « Science ouverte », 1986.

temps d'acquérir la technologie nécessaire à l'entreprise de tels voyages. Dans cette suite d'interrogations, on postule que toutes les civilisations extraterrestres ont une évolution identique ; faute de mieux, on leur attribue globalement une démarche miroir de notre humanité (à supposer que celle-ci ait un comportement uniforme, ce qui est loin d'être le cas). Certes, rien n'empêche d'imaginer une société idéale qui aura cultivé les valeurs d'élévation spirituelle et intellectuelle, échappant à toutes les formes de racisme, de lutte des classes ou de recherche de domination. C'est peut-être une raison suffisante pour que des extraterrestres préfèrent nous éviter, nous mettant ainsi en quelque sorte en quarantaine. Si l'on peut admettre l'universalité de la quête de contact avec d'autres civilisations, on ne peut exclure l'idée que, du point de vue de Sirius, les Terriens soient à fuir comme la peste.

Dans cette aventure cosmique, les connaissances sont bien fragmentaires, en particulier en ce qui concerne la possibilité physiologique des voyages intersidéraux ou la physique des engins (dimension, propulsion, etc.). Au cours des décennies passées, d'éminents scientifiques ont fait preuve de scepticisme, tel Ernest Esclangon (1876-1954), membre de l'Académie des sciences et directeur honoraire de l'observatoire de Paris, qui écrit en 1950 dans l'*Almanach des sciences*[12] un article bien pessimiste :

> « Nous ne croyons pas que la vie soit réellement possible à bord de projectiles astronautiques livrés aux seules forces de gravitation. L'absence de pesanteur apparente y créerait des conditions d'existence si éloignées de celles pour lesquelles nous sommes organisés, que la vie humaine, tout au moins, serait incapable de s'y adapter et de s'y maintenir [...] L'homme est présomptueux. Il oublie souvent qu'il n'est pas qu'un pur esprit ; qu'il est l'esclave d'une organisation biologique d'ensemble dont le cerveau, générateur d'intelligence et de pensée, n'est qu'un

12. Éditions de Flore et la Gazette des lettres.

constituant limité ; vivant et agissant en dehors de sa conscience et de sa volonté, cette organisation ne saurait se plier à tous les caprices de son imagination et de son génie. »

Sur le plan de la physique et de l'astrophysique, rien ne semble s'opposer aux voyages lointains ; ce n'est qu'une question de technologie et d'adaptation de l'homme à l'environnement spatial. En revanche, les ressources économiques et matérielles prennent une importance considérable.

Nicolas Prantzos présente le plus large éventail des questions et des réponses à de telles entreprises, en faisant appel aussi bien aux données scientifiques accumulées qu'à leur extrapolation en science-fiction [13]. Il ouvre la route des étoiles, et décrit aussi bien les vaisseaux dont la vitesse peut approcher celle de la lumière, qu'il résout les problèmes énergétiques et souligne les effets relativistes sur la physiologie des passagers. Il résume les différents projets destinés à supplanter les fusées conventionnelles, beaucoup trop gourmandes en carburant, tel le projet *Orion*, développé par le physicien Freeman Dyson, constitué d'un vaisseau compact de 20 000 tonnes propulsé par des charges à fission nucléaire, qui pourrait mettre moins d'un siècle pour atteindre l'étoile α du Centaure. Plus avant-gardiste, le projet *Daedalus* est constitué d'un vaisseau de 190 mètres de long, à deux étages, alimenté par l'énergie de fusion des isotopes d'éléments légers (deutérium et hélium 3), pompés directement dans les atmosphères de planètes rencontrées en route (notamment Jupiter). Il serait capable d'atteindre le dixième de la vitesse de la lumière, atteignant les étoiles proches en moins de 50 ans. Beaucoup plus efficace, l'antimatière résoudrait largement la question des besoins énergétiques ; l'annihilation d'un gramme d'électrons (de charge négative) et de positrons (identiques à l'électron, mais de charge positive) correspond à la puissance d'une bombe atomique de 20 kilotonnes.

13. Nicolas Prantzos, *Voyages dans le futur*, Seuil, coll. « Science ouverte », 1998.

Cependant, nous avons tout à apprendre, aussi bien pour produire ce type d'énergie que pour la stocker.

Les projets futuristes d'aéronefs équipés de voiles solaires sont également prometteurs. Les particules éjectées par le Soleil produisent un « vent » pouvant pousser une immense voile dans l'espace, comme le font les alizés sur les catamarans. Ce moyen efficace faciliterait les déplacements dans le Système solaire, à moindre frais de carburant ; quant au retour vers la Terre, il suffit d'« affaler » la voile pour que la gravitation reprenne le dessus et inverse la trajectoire. D'autres moyens de transport toujours plus rapides sont également envisagés, permettant de naviguer à travers la Galaxie, et dans le Groupe local, à des vitesses proches de la lumière ; cependant, les effets liés à la relativité prennent une importance croissante. Un astronaute rentrant sur Terre après un voyage de six mois à la vitesse de la lumière retrouverait sa famille vieillie d'environ 2 millions d'années ! Dans la géométrie de l'Univers, la composante temporelle est dépendante de la dynamique (et réciproquement) ; actuellement, aucun physicien n'est parvenu à la désolidariser. Les progrès de la médecine et l'amélioration des conditions de vie ont pour effet d'augmenter régulièrement notre espérance de vie. Néanmoins, il est utopique de supposer que celle-ci puisse être compatible avec les voyages intersidéraux, même si les processus vitaux peuvent être un jour ralentis par hibernation. S'il est vraisemblable que nous voyagerons plus loin et plus vite dans un futur proche, en revanche nous demeurerons encore longtemps tributaires de la durée du trajet.

Ô Solitude !

« *O Solitude, my sweetest choice*
Places devoted to the night,
Remote from tumult, and from noise,
How you my restless thoughts delight!
O Heavens! what content is mine,
To see those trees which have appear'd
From the nativity of Time,

And which all ages have rever'd,
To look to-day as fresh and green,
As when their beauties first were seen! »[14]

Katherine Philips (1632-1664), musique
d'Henry Purcell (1659-1695)

Si les astronomes sont en général plutôt optimistes sur la pluralité des mondes, les biologistes se montrent nettement plus réservés. Dans ce vaste débat, un point unit les partisans et les détracteurs de la vie extraterrestre : les arguments utilisés dans un sens ou dans l'autre sont actuellement d'ordre statistique, et les grands concepts astrophysiques, de la révolution copernicienne à la relativité générale, ne sont ici d'aucune utilité. Cette confrontation des idées atteint son apogée dans le célèbre *paradoxe de Fermi*.

Être prix Nobel de physique n'empêche pas de s'intéresser à la recherche des civilisations extraterrestres. Cependant, ce qui n'est peut-être qu'une simple interrogation de bon aloi, peut prendre valeur de parole d'évangile, surtout dans le contexte politique des années 1950. Lors d'une visite au laboratoire militaire de Los Alamos aux États-Unis, le physicien Enrico Fermi (1901-1954) engagea une discussion sur les voyages intersidéraux, alimentée à l'époque par les vagues d'observations de soucoupes volantes, et sur l'existence d'hypothétiques extraterrestres :

> « L'Univers contient des milliards d'étoiles. Beaucoup de ces étoiles ont des planètes, où se trouvent de l'eau liquide et une atmosphère. Des composés organiques y sont synthétisés ; ils s'assemblent pour former des systèmes autoreproducteurs. L'être vivant le plus simple évolue par sélection naturelle,

14. « Ô que j'aime la solitude ! / Que ces lieux consacrés à la nuit, / Éloignés du monde et du bruit, / Plaisent à mon inquiétude ! / Mon Dieu ! que mes yeux sont contents / De voir ces bois, qui se trouvèrent / À la nativité du temps, / Et que tous les siècles révérèrent, / Être encore aussi beaux et verts, / Qu'aux premiers jours de l'univers ! »

se complexifie jusqu'à donner des créatures pensantes. La civilisation, la science et la technologie suivent. Ces individus voyagent vers d'autres planètes et d'autres étoiles, et finissent par coloniser toute la Galaxie. Des gens aussi merveilleusement évolués sont évidemment attirés par un endroit aussi beau que la Terre. Alors, si cela s'est bien produit ainsi, ils ont dû débarquer sur Terre. Où sont-ils ? »

Selon le livre des astrophysiciens Iosif Chklovski et Carl Sagan, dont est extrait le texte ci-dessus[15], Fermi aurait posé la question « Où sont-ils ? » afin de faire prévaloir « Pourquoi nous ne les voyons pas ? », plutôt que « Quand entrerons-nous en contact ? »

Parmi les interlocuteurs de Fermi se trouvent un certain nombre de physiciens originaires de Hongrie et ayant émigré aux États-Unis lors de l'invasion de leur pays par les nazis. Parmi eux, Zoltan Bay (1900-1992) initia l'étude radar de la Lune et contribua à définir le mètre à partir de la vitesse de la lumière, Dennis Gabor (1900-1979, réfugié à Londres), inventeur de l'holographie et prix Nobel de physique 1971, Eugene Wigner (1902-1995) et Leo Szilard (1878-1964), tous deux pionniers de la fission nucléaire. Wigner et Szilard font partie du *Project Manhattan* de construction de la bombe atomique, ainsi que John von Neumann (1903-1957), mathématicien, physicien, inventeur de la théorie des jeux et de l'ordinateur, et Edward Teller (né en 1908), l'un des futurs spécialistes de la bombe H. Devant cette profusion de grosses têtes venues de Hongrie, Szilard, qui manie aussi bien l'humour que les électrons, donne une réponse très personnelle à l'interrogation de Fermi[16] :

---

15. I.S. Shklovskii et Carl Sagan, *Intelligent Life in the Universe*, New York, Random House, 1966.

16. Voir l'étude détaillée de Nicolas Witkowski : « Un Martien parmi d'autres : Leo Szilard », in *Une histoire sentimentale des sciences*, Seuil, coll. « Science ouverte », 2003.

> « Un vaisseau spatial venu de Mars a atterri à Budapest vers 1900. Il est reparti peu après mais, comme il était surchargé, il a dû laisser sur Terre les Martiens les moins talentueux. »

Dans ce débat, les scientifiques excluent d'emblée l'origine extraterrestre des OVNIs, dont la réalité leur semble improbable. Cependant, dans le contexte de la Guerre froide et craignant que ceux-ci soient en fait une arme de haute technologie des Soviétiques, les observations en tous genres de phénomènes célestes ou atmosphériques, météorites, nuages lenticulaires, oiseaux en migration, etc., sont encouragées, à l'instigation des services secrets occidentaux. Sous l'impulsion de Fermi, les chercheurs de Los Alamos effectuent une série de calculs assez peu différents de ceux de la formule de Drake (décrite ci-dessus), afin d'évaluer le nombre possible de civilisations dans la Galaxie. Pour eux, le Soleil est né il y a 4,5 milliards d'années, à une époque où la Galaxie avait déjà 8 milliards d'années. Au cours de cette longue période, la vie aurait donc eu largement le temps de se développer autour des étoiles plus anciennes que le Soleil, atteignant un degré de technologie tel qu'elle aurait eu largement la possibilité de se répandre jusqu'à nous. Dès l'instant où une civilisation parvient à maîtriser les voyages interstellaires, Fermi estime qu'il ne lui aurait fallu que quelques dizaines ou quelques centaines de millions d'années pour se répandre dans la Voie lactée et y repérer toutes les autres formes de vie. En considérant un âge de la Galaxie de l'ordre de 12 milliards d'années, cette durée de « colonisation galactique » est très courte, ce qui permet au physicien d'en déduire que, si plusieurs civilisations ont effectivement émergé, au moins l'une d'entre elles a déjà dû arriver jusqu'à nous et nous visiter plusieurs fois par le passé. Les physiciens en concluent donc que, s'il y a une intelligence extraterrestre, la Terre a dû être visitée plusieurs fois au cours de son histoire.

L'argumentation de Fermi repose sur quatre éléments. Tout d'abord, plusieurs civilisations, dont la nôtre, ont atteint un niveau de développement suffisant pour envisager de communiquer à travers l'espace. D'autre part, les voyages intersidéraux sont réalisables par des civilisations plus avancées que les humains. Ensuite, certaines d'entre elles y sont parvenues et se répandent dans la Galaxie. Enfin, la colonisation galactique représente une entreprise relativement rapide, pouvant s'achever en quelques dizaines ou quelques centaines de millions d'années, soit une fraction négligeable de l'âge de la Galaxie.

Les arguments avancés par Fermi ont suscité de nombreuses réactions, même tardives. Le planétologue américain Michael Hart, dans un article[17] paru vingt ans plus tard, considère qu'« il n'y a pas d'être intelligent hors de la Terre », car l'absence de traces d'extraterrestres sur Terre implique nécessairement que nous sommes la seule civilisation technologique dans la Galaxie. Pour étayer son propos, Hart reprend les idées de Fermi. Tout d'abord il affirme qu'une civilisation un peu avancée peut aisément construire des engins susceptibles de coloniser l'espace. Ensuite, pour réfuter l'idée que les extraterrestres ne sont pas venus sur Terre en raison du retard technologique et/ou culturel des Terriens, il fait remarquer que n'importe quelle civilisation est attirée par l'exploration et/ou la colonisation de mondes nouveaux, tels les Espagnols puis les Portugais débarquant dans le Nouveau Monde à la suite de Christophe Colomb[18]. À l'argument suivant lequel les extraterrestres n'auraient pas le temps de visiter l'environnement de toutes les étoiles de la Galaxie, Hart répond qu'une civilisation avancée peut coloniser l'ensemble de la Galaxie en 1,3 milliard d'années, à la seule condition de voyager au moins au dixième de la vitesse de la lumière. Notre Galaxie étant âgée de 10 milliards d'années (la valeur de Fermi a été revue à la baisse par les astronomes[19]), des extraterrestres évolués auraient néanmoins largement eu le temps d'en faire le tour. Dans ce cas, pourquoi des

---

17. Michael Hart, in *Quarterly Journal of the Royal Astronomical Society*, vol. 16, 1975, p. 128.

18. Cet argument est discutable ; les Chinois, malgré une connaissance très avancée de la navigation, ne se sont jamais lancés dans des expéditions lointaines suivies.

19. Dominique Proust et Christian Vanderriest, *Les Galaxies et la structure de l'Univers*, Seuil, coll. « Points Sciences », 1997/2003.

extraterrestres seraient-ils venus dans un passé aussi « récent » (il y a moins de 5 000 ans), comme pourraient en témoigner certains sites archéologiques inexpliqués, et pourquoi n'auraient-ils pas laissé de traces plus tangibles de leur séjour terrestre ? Hart en conclut que nous sommes la première civilisation dans la Galaxie, et que toutes les recherches dans ce domaine sont du temps et de l'argent perdus ; dans l'avenir, seuls nos descendants terriens iront coloniser l'espace.

La réplique de Laurence Cox, dans un article de 1976[20], développe et contredit point par point les affirmations de Hart. Tout d'abord, la colonisation interstellaire est extrêmement difficile, ne serait-ce que par les distances à parcourir et le choix des étoiles à visiter, d'où l'importance d'un contact radio avant d'entreprendre un voyage. Ensuite, une civilisation peut éviter de coloniser la Terre dans le souci de ne pas perturber notre développement par une intervention extérieure. Cox justifie aussi qu'une civilisation ne peut entreprendre de coloniser l'espace que si sa population est stable. Dans le cas de la Terre, si la population double tous les 30 ans, sachant que nous sommes 7 milliards d'humains, le « poids » des humains (pour une moyenne de 60 kilogrammes par individu) atteindrait 4×10^{41} kilogrammes en l'an 5000, soit une masse supérieure à celle de la Galaxie ! Pour assurer sa survie, une civilisation doublant son effectif au moins tous les 20 000 ans doit nécessairement s'implanter sur d'autres planètes. Dans le cas contraire, il n'est pas nécessaire de coloniser à tout prix ; une civilisation peut venir de proche en proche nous observer afin de suivre notre propre développement.

> « L'homme sait enfin qu'il est seul dans l'immensité indifférente de l'Univers où il a émergé par hasard. Non plus que son destin, son devoir n'est écrit nulle part. À lui de choisir entre le Royaume et les ténèbres. »
>
> Jacques Monod, *Le Hasard et la nécessité*

---

20. Laurence Cox, in *Quarterly Journal of the Royal Astronomical Society*, vol. 17, 1976, p. 201.

Faisant suite à la question de Fermi, qui n'aurait sans doute pas eu autant d'écho si elle ne s'était pas déroulée dans le saint des saints de Los Alamos, Carl Sagan réfute la solidité de ses fondements. Selon l'astronome, si Fermi donne un âge correct au Soleil (4,7 milliards d'années), l'évolution galactique indique que l'effondrement gravitationnel de la Galaxie la fait passer d'une sphère de gaz à la galette d'étoiles que nous observons en 10 milliards d'années environ, soit 5 milliards d'années avant la formation du Soleil ; le temps de colonisation serait donc non négligeable par rapport à l'âge de la Galaxie. D'autre part, l'aptitude d'une civilisation technologiquement plus avancée que nous, capable de voyager dans l'espace-temps et de coloniser rapidement la Galaxie, relève de la pure spéculation. L'analyse des populations stellaires de la Galaxie, notamment l'étude des étoiles situées dans une sphère de 150 années-lumière de rayon, est très instructive. Celles-ci sont très majoritairement contemporaines du Soleil, et par conséquent les systèmes planétaires détectés, ou ceux qui le seront autour de ces étoiles, sont globalement contemporains du Système solaire. Les étoiles plus âgées (de Population II) sont d'ailleurs nettement moins nombreuses dans notre proche environnement. Si des civilisations se sont développées dans notre voisinage, leur durée d'évolution doit être à peu près identique à la nôtre.

Entre les arguments de Hart tordant le cou à toutes les spéculations exobiologiques, la réplique de Cox et les arguments de Sagan, le débat s'envenime dans les années 1980, élevant les propos de Fermi en paradigme. En outre, les arguments sociologiques prennent progressivement le pas sur les arguments scientifiques, sans d'ailleurs plus de succès. On envisage en particulier des moyens de locomotion interstellaires autoreproductibles par robotisation ; ainsi, une civilisation source pourrait se disséminer dans la Galaxie indépendamment de son propre destin et, tels des lapins, se reproduire à un taux suffisamment rapide pour que son passage sur Terre soit inéluctable[21]. L'astronome John Ball avait suggéré en 1973 que les

21. Dans une série d'articles, le mathématicien Franck Tipler suppose qu'une civilisation hypothétique est capable de construire des machines dites

extraterrestres pouvaient éviter d'interférer avec nous, comme le font les entomologistes avec les insectes, se contentant de nous observer comme nous le faisons d'une fourmilière. Michael Papagianis, qui est l'un des fondateurs de la commission 51 de l'Union astronomique internationale, « Search for Extraterrestrial Life », a longuement examiné la ceinture des astéroïdes entre Mars et Jupiter, à la recherche d'éventuelles cités spatiales, en supposant que ce serait le meilleur endroit pour s'installer et observer le Système solaire sans éveiller l'attention. Dans ce but, il a étudié les images prises en 1983 par le satellite *IRAS*, et recherché d'éventuelles émissions infrarouges anormales provenant d'objets de cette ceinture. Faute de résultats, la NASA n'a pas renouvelé son contrat. On voit clairement que, dans ces suites d'arguments favorables ou non, le débat est loin d'être clos.

Des observations suspectes ?

Le paradoxe de Fermi a été formulé suite à un large débat alimenté, à la fin de la Seconde Guerre mondiale, par des observations visuelles multiples d'objets volants non identifiés (OVNIs), effectuées par des centaines de personnes dans toutes les contrées du monde. Le sujet OVNI est extraordinairement vaste par la profusion de livres et d'écrits publiés, allant du délire et de l'escroquerie, jusqu'aux analyses les plus pertinentes. Avec un recul de plus d'un demi-siècle, ce dossier, demeuré longtemps sulfureux, peut être maintenant abordé[22] dans un contexte (presque) dépassionné.

---

de *Von Neumann* (du nom du mathématicien hongrois qui a imaginé ces engins en 1951) autoreproductibles. Elles pourraient coloniser la Galaxie en un temps relativement court, indépendamment du destin de la civilisation qui les a fabriquées.

22. Un des auteurs de ce livre (D.P.) a analysé dans les années 1980 des dossiers d'observations suspectes pour la Défense nationale.

Sous la coupe des soucoupes

Historiquement, le phénomène OVNI est entré dans l'actualité dès 1947, par les observations multiples effectuées au sol ou en avion. De nombreux témoins évoquent des disques ou des cigares lumineux, se déplaçant à des vitesses inimaginables et s'immobilisant brusquement. D'autres assistent à des atterrissages et restent en général temporairement paralysés. Un troisième groupe de témoins décrit des êtres, généralement de petite taille, évoluant à proximité de leur engin spatial. Certains détails sont mentionnés de manière récurrente dans les observations, mais la suggestion et la contamination médiatique ne peuvent être écartées. Cette vague d'observations après la Seconde Guerre mondiale correspond à différents évènements particulièrement marquants, tels que le développement rapide de l'aviation militaire et commerciale (donc la possibilité de multiplier les observations aériennes), le début de la Guerre froide, etc.

Les partisans du phénomène le rattachent à un certain nombre d'évènements marquants remontant à la plus haute Antiquité. Le prophète Ézéchiel (VIe siècle avant notre ère) décrit dans le prologue de son Livre, une vision fréquemment associée à la description d'une soucoupe volante[23]. Outre les observations jalonnant l'histoire comme les objets cylindriques aperçus dans le ciel de Nuremberg le 14 avril 1561, on trouve également au sol des traces tangibles que les adeptes attribuent au passage des extraterrestres, telles les *lignes de Nazca* au Pérou, prises pour des pistes d'atterrissage d'OVNIs. Des représentations picturales et lapidaires sont aussi interprétées comme celles d'engins spatiaux ou d'astronautes extraterrestres, que ce soient les tableaux de Jérome Bosch (1450-1516) ou la dalle gravée de Palenque au Mexique[24]. De même, une

---

23. Un célèbre *negro spiritual* s'intitule *Ezechiel Saw the Wheel.*

24. Parmi les meilleurs ouvrages traitant du sujet, François Biraud et Jean-Claude Ribes (tous les deux astronomes) ont publié en 1970 *Le Dossier des civilisations extraterrestres* (Fayard).

colonie d'extraterrestres aurait déplacé sur plusieurs kilomètres les *moais* de l'île de Pâques, depuis leur carrière aux pieds du volcan Rano Raraku, par télékinésie, après un découpage de la roche par des rayons laser[25]. Les études archéologiques montrent que tous ces sites, ces mégalithes et ces représentations sont indubitablement d'origine terrestre.

Les OVNIs divisent rapidement le public en partisans et en détracteurs véhéments. Au-delà du sensationnel, la polémique prend souvent le pas au nom d'une logique qui se veut cartésienne en rejetant le phénomène en bloc, s'opposant aux convaincus, armés de preuves naturellement indiscutables. En outre, de nombreux plaisantins « s'amusent » à fabriquer de toutes pièces des « preuves » d'atterrissage de soucoupes volantes[26]. Dans la passion du débat, il est difficile de faire la part des choses, même lorsque des commissions d'enquête sont lancées. De nombreux rapports de gendarmerie ont été établis avec sérieux et conscience, mais la fréquente méconnaissance des paramètres physiques et dynamiques est une source d'erreurs importantes ; bien peu de personnes savent, par exemple, que le disque de la pleine lune est caché par un bouton de chemise tendu à bout de bras. Ainsi, l'évaluation des grandeurs indispensables à l'interprétation des observations (distance, vitesse, direction, etc.) ne peut guère être prise en compte. En outre, la recherche spatiale apporte son lot d'OVNIs « naturels » sous forme de fusées, satellites, débris variés, dont certains peuvent, par exemple, être plus brillants que Vénus, et disparaître brutalement en entrant dans le cône d'ombre de la Terre. Ces erreurs d'observa-

25. Le livre de Louis Pauwels et Jacques Bergier, *Le Matin des magiciens* (Le Livre de Poche, 1964), connut à l'époque de sa sortie, grâce à des arguties de ce type, un immense succès.

26. Un des plus célèbres escrocs, Georges Adamski, tenait un café-restaurant près de l'observatoire du mont Palomar en Californie. Il recevait la visite d'extraterrestres atterrissant à bord de leurs soucoupes volantes et porteurs de messages de paix et d'humanité. Si l'intention était noble, les astronomes travaillant à quelques encablures de là ne voyaient jamais rien passer dans le ciel.

tion complètent depuis les années 1960 le catalogue déjà long des vols d'oiseaux, ballons-sondes, foudre en boule, nuages lenticulaires, étoiles ou planètes, phénomènes atmosphériques, etc. À ces observations erronées s'opposent celles, nettement plus rares et moins aisées à interpréter ou à écarter, des professionnels du ciel, qu'ils soient pilotes d'avion, contrôleurs aériens ou astronomes (tel Clyde Tombaugh, le découvreur de Pluton). Le propre de l'esprit scientifique consiste à s'intéresser à *tous* les phénomènes observables, dégagés de toutes les pressions sociales et idéologiques.

Les soucoupes boivent la tasse

Les commissions d'enquête mises sur pied au cours des années ont toutes conclu que *la très grande majorité* des observations d'OVNIs relevaient de phénomènes naturels. Aux États-Unis, le *Project Blue Book* publie ses conclusions le 1er mai 1956 en ces termes :

> « Il n'existe absolument aucune preuve que les phénomènes observés représentent des forces ennemies[27]. Il n'existe aucune preuve qu'ils soient des véhicules interplanétaires. Il n'existe absolument aucune preuve qu'ils représentent des développements technologiques dépassant la portée de nos connaissances scientifiques actuelles. Il n'existe absolument aucune preuve qu'ils constituent le moindre danger pour notre pays. »[28]

Une nouvelle étude incluant la participation de scientifiques est confiée en 1966 par l'US Air Force à un comité de l'université du Colorado, dont l'astronome Edward Uhler Condon (1902-1974) prend la direction. Condon est un éminent physicien qui fit partie du projet *Manhattan* pour la mise au point de la bombe atomique lors de la Seconde Guerre mondiale. Le problème majeur (et sans doute en était-il de même pour le *Project Blue Book*) est que la CIA

27. Nous sommes en pleine Guerre froide.
28. Michel Carrouges, *Les Apparitions de Martiens*, Fayard, 1963.

est fortement impliquée dans l'élaboration de ce rapport[29], notamment dans l'analyse des documents photographiques, suscitant la démission de plusieurs membres du comité. À la même époque, l'URSS établit une commission similaire, le comité Stolyarov, dont les conclusions ont disparu dans la nature. Face au manque d'impartialité du comité Condon, des astronomes protestent, dont Carl Sagan, Clyde Tombaugh ou J. Allen Hynek, astronome et professeur à l'université d'Arizona. Le dossier est pourtant intéressant car, à partir d'environ 12 000 observations effectuées en 21 ans, 91 sont retenues comme très difficiles à élucider ; finalement, 61 cas sur ces 91 sont déclarés expliqués. Entre-temps, des astronautes ont tourné autour de la Terre, dans le cadre des projets *Mercury*, *Gemini* puis *Apollo*, visant à envoyer un homme sur la Lune. Dans le rapport final (31 octobre 1968), il est d'ailleurs précisé qu'en raison de l'entraînement reçu par les astronautes, les observations qu'ils ont effectuées doivent être considérées avec le plus grand soin. Les conclusions du rapport Condon sont les suivantes : d'abord, aucun OVNI observé et analysé ne représente une quelconque menace ; ensuite, il n'y a aucune preuve que, parmi les observations non expliquées, nous ayons affaire à des développements technologiques plus avancés que nos connaissances actuelles ; enfin, il n'y a aucune preuve que les observations non expliquées soient des engins extraterrestres.

Le rapport final conclut ainsi :

> « 90 % des rapports d'observation d'OVNIs ont été interprétés comme des phénomènes connus. L'étude effectuée pendant les vingt et une dernières années n'a rien apporté de plus aux connaissances scientifiques. Rien ne justifie de poursuivre cette étude. »

---

29. La note de trois pages de la CIA du 22 février 1967, référence F-1975-03653, relate la visite du comité Condon au centre d'analyse photographique de la CIA (le NPIC), dans lequel il est bien précisé que Condon ne devra jamais prononcer le nom de la CIA.

Ce rapport (un véritable pavé) ne prend aucunement en compte les observations ayant résisté à toutes les analyses, qui mériteraient pourtant une étude approfondie des scientifiques. En France, une commission rattachée au CNES et basée à Toulouse, le GEPAN (« Groupe d'études des phénomènes aérospatiaux non identifiés »), devenu en 1988 le SEPRA (« Service d'expertise des phénomènes de rentrées atmosphériques »), a travaillé sur les observations d'OVNIs et a publié des rapports très complets, dans lesquels plusieurs cas restent inexpliqués[30]. Depuis les années 1960, le problème s'est compliqué avec le nombre relativement important de fusées et de satellites qui sont détruits par combustion dans les hautes couches atmosphériques, et dont les débris retombent sur Terre. De même, certains satellites artificiels, équipés de réflecteurs, peuvent prêter à confusion ; ce fut le cas du réseau *Irridium*, dont les apparitions dans le ciel, prévues par les éphémérides, permettaient d'admirer des lueurs atteignant souvent l'éclat de la pleine Lune. Ces phénomènes, particulièrement spectaculaires, peuvent créer la confusion chez les observateurs ; ils n'expliquent cependant pas tout.

Actuellement, les rapports d'observations ne recevant pas d'explication ne font pas l'objet d'investigations plus approfondies, laissant entières les questions de leur réalité, de leur nature et de leur origine. Le débat a été tellement agité par les médias, les commissions dites officielles soumises aux différents contextes sociaux et politiques, qu'il s'est largement décrédibilisé. En outre, il est de toute façon faussé par le clivage irraisonné qu'entraîne un acte de foi (ou de refus) : croire ou ne pas croire aux visites d'extraterrestres, au sens mystique. La majorité des scientifiques se désintéressent du sujet, ne pouvant de toute façon y consacrer du temps et investir des crédits dans un domaine devenu sulfureux à force de surenchère. Evry Schatzman[31], le père de l'astrophysique en

30. Pour des raisons budgétaires, cet organisme a été dissous en 2004.

31. Evry Schatzman, *Les Enfants d'Uranie*, Seuil, coll. « Science ouverte », 1986.

France, situe la question OVNI au niveau de la psychanalyse et l'associe globalement à une mythologie. Depuis *La Guerre des mondes* de Wells, l'image de la soucoupe volante venant sur Terre est associée à un péril pour l'humanité, sauf dans le film *Le Jour où la Terre s'arrêta*[32], lorsque le brave Klaatu, après avoir posé sa soucoupe à Washington, aide un éminent scientifique en corrigeant sur son tableau les équations décrivant l'espace-temps. En 1970, les astronomes François Biraud et Jean-Claude Ribes[33] concluaient à une « dérobade » (c'est leur propre terme) des autorités officielles et des commissions d'enquête ; plus de trente ans après, on peut conclure que la probabilité d'un phénomène réel est *très* faible (mais non nulle), et qu'en tout état de cause *rien* ne permet d'établir un lien quelconque avec des extraterrestres.

Sommes-nous visités ?

Nous recherchons des preuves irréfutables permettant d'affirmer que nous ne sommes pas seuls dans l'Univers. L'interprétation objective d'un phénomène aérien dépend des progrès scientifiques accomplis. Actuellement, la très grande majorité des observations visuelles, des échos radar ou des détails suspects sur des documents photographiques, trouvent une explication « naturelle ». Cependant, pour un certain nombre de cas, l'état actuel des connaissances ne permet pas de conclure ; accepter cette limite au-delà de laquelle une analyse perd toute sa pertinence est une question d'honnêteté intellectuelle.

Par-delà les observations aériennes, avons-nous des indices sérieux laissant soupçonner des visites d'extraterrestres passées ou présentes ? Nous avons déjà évoqué les représentations lapidaires, tels les *moais* de l'île de Pâques, auxquels les recherches archéologiques sur le terrain attestent définitivement une origine terrestre.

---

32. Réalisateur : Robert Wise, 1951 ; le rôle de Klaatu est joué par Michael Rennie.

33. François Biraud et Jean-Claude Ribes, *Le Dossier des civilisations extraterrestres*, Fayard, 1970.

Les travaux en paléontologie ont permis de mettre au jour des ossements d'espèces exotiques antérieures aux différentes extinctions ; malgré l'absence de « descendance », leur origine terrestre est bien établie. La surveillance à haute résolution de notre globe par les satellites en orbite permet à la fois d'améliorer nos connaissances de phénomènes aériens mal connus (formation et évolution des tornades par exemple) et de cartographier le moindre arpent de terre dans des buts aussi bien militaires que civils. Malgré tous les moyens mis en œuvre et qui ne cessent de croître, force est de reconnaître qu'actuellement *rien* ne permet d'affirmer que des extraterrestres sont venus sur Terre dans un passé lointain ou récent.

On peut gloser à l'infini sur la morphologie, la sociologie, la mentalité des extraterrestres ; ont-ils suivi au cours des millénaires une évolution semblable à la nôtre, qui nous a fait passer de mammifère poilu à l'une des rares espèces à peau lisse, à l'instar de la baleine, de l'éléphant, du porc et du rat taupier ?[34] Une autre variété d'interrogations concerne leur comportement lors d'un débarquement terrestre. Tous les archétypes ont été envisagés, depuis la plus grande agressivité jusqu'à une sagesse digne des plus respectables gourous. On a même soulevé l'hypothèse que les grandes épidémies de l'histoire résultent de contaminations répétées et délibérées en provenance de l'espace, que ce soit la peste, la grippe ou le virus de la pneumonie atypique (SRAS). Toutes ces spéculations ont au moins l'avantage de stimuler l'imagination. Il est même possible que ces interrogations à répétition soient finalement susceptibles d'alimenter un inconscient collectif où la réalité de la vie extraterrestre tient une place importante.

Dans le célèbre film *2001 : l'odyssée de l'espace*, les extraterrestres se signalent aux humains par des monolithes déposés sur la Terre, sur la Lune et autour de Jupiter (Saturne dans le livre d'Arthur Clarke), mais ils n'apparaissent jamais. Dans *Solaris*, publié en 1961 par le romancier polonais Stanislaw Lem, les explorateurs terriens

34. Édouard Launet, *Au fond du labo à gauche*, Seuil, coll. « Science ouverte », 2004.

découvrent la planète *Solaris* qui tourne autour d'une étoile en corrigeant elle-même sa trajectoire grâce à une entité intelligente très avancée. Contrairement à la Terre, l'océan qui recouvre entièrement cette planète n'est pas le générateur des premières formes du vivant ; il est lui-même intelligent. Le problème consiste donc à établir une communication entre les explorateurs, l'entité et l'océan. Le roman met ainsi en évidence l'extrême difficulté de communication lorsque l'écart intellectuel est considérable, malgré une bonne volonté réciproque. Il en est de même dans *Les Xipéhuz* de Rosny aîné, déjà évoqué au premier chapitre, où une forme de vie est décrite sans aucun point commun avec la nôtre.

Pour illustrer cette difficulté de contact avec une autre civilisation, le célèbre physicien Richard Feynman (1918-1988) soulève un problème très simple consistant à expliquer à des extraterrestres la notion de gauche et de droite[35] :

> « Imaginez que nous soyons en train de parler à un Martien ou à quelqu'un de très éloigné, par téléphone. Nous ne pouvons lui envoyer aucun objet réel pour qu'il l'inspecte ; par exemple, si nous pouvions envoyer de la lumière, nous pourrions lui envoyer une lumière droite polarisée et dire : "Ceci est la lumière polarisée circulaire droite ; regardez la manière dont elle agit." Mais nous ne pouvons rien lui donner, nous ne pouvons que lui parler. Il est très éloigné, ou dans un endroit bizarre, et il ne peut voir ce que nous voyons. Par exemple, nous ne pouvons pas dire : "Regardez la Grande Ourse ; regardez comment les étoiles sont disposées. Ce que nous voulons dire par 'droite' est..." Nous ne pouvons que lui téléphoner.
>
> Nous voulons maintenant lui dire tout ce que nous sommes. Bien sûr, nous commençons d'abord par définir des nombres et disons "Tic, tic, deux, tic, tic, tic, trois...", de telle sorte que progressivement il puisse comprendre quelques mots, etc.

35. Richard Feynman, *Cours de physique*, *Mécanique 2*, chap. 52, « Symétrie dans les lois physiques », Dunod, 1999.

Après un certain temps, nous pouvons devenir très intimes et il dit : "À quoi ressemblez-vous donc ?" Nous nous mettons à nous décrire et disons : "Bien, nous avons un mètre quatre-vingts de haut." Il dit : "Attendez un instant, qu'est-ce que c'est un mètre quatre-vingts ?" Est-il possible de lui dire ce que c'est qu'un mètre quatre-vingts ? Certainement ! Nous disons : "Vous connaissez le diamètre d'un atome d'hydrogène — nous sommes grands comme 17 milliards d'atomes d'hydrogène !" Ceci est possible parce que les lois de la physique ne sont pas invariantes par changement d'échelle et donc nous pouvons définir une longueur absolue. Et ainsi nous définissons la taille de notre corps, et nous lui disons quelle est la forme générale — il y a des excroissances avec cinq renflements dépassant à chaque extrémité, etc. ; il nous suit, et nous terminons de décrire notre apparence extérieure probablement sans rencontrer de difficultés particulières. Il dessina même un modèle de notre personne au fur et à mesure. Il dit : "Ah ! vous êtes certainement de très jolis individus et maintenant qu'y a-t-il à l'intérieur ?" Nous nous mettons alors à décrire les divers organes à l'intérieur, et nous arrivons au cœur, nous en décrivons avec soin la forme et disons : "Mettez le cœur sur le côté gauche." Il dit : "Euh... le côté gauche ?" Notre problème est alors de lui décrire de quel côté le cœur doit se trouver sans qu'il ait jamais vu ce que nous voyons, et sans que nous puissions jamais lui montrer aucun objet illustrant ce que nous entendons par "droite" — aucun objet de référence qui soit "droit". Pouvons-nous y parvenir ? »

Le problème de la communication n'est donc pas évident, et peut s'avérer aussi délicat qu'expliquer la structure d'une fugue de Jean-Sébastien Bach à un sourd, ou les couleurs de l'arc-en-ciel à un aveugle de naissance. Nous soulignions dans le chapitre 2 (§ « Du troisième homme au troisième type ») les difficultés multiples liées à un contact entre les civilisations en insistant sur toutes les différences sensorielles pouvant être sources d'incompréhension. Il est indéniable qu'il faudra faire preuve de patience et surtout manifester sagesse et bonne volonté.

La recherche raisonnable d'un contact raisonné

Nous avons décrit le programme *SETI* et l'espoir raisonné de capter un signal radio provenant d'une civilisation extraterrestre. Les progrès de l'observation optique ont, pour leur part, permis une ébauche de réponse au paradoxe de Fermi : il peut y avoir des extraterrestres sur quelques-unes des 210 planètes extrasolaires aujourd'hui détectées. Cette réponse est d'ailleurs un argument suffisant pour donner à *SETI* toute sa raison d'être. Outre la radioastronomie, de nombreuses branches scientifiques ont maintenant une raison suffisante pour s'associer à cette quête.

Les connaissances en biologie, en paléontologie et en génétique ont déjà contribué de manière substantielle à la définition même de la vie et des différentes formes que celle-ci peut prendre dans la variété des organismes, encore inconnus dans les années 1970. De même, des domaines *a priori* éloignés du sujet comme l'ethnologie peuvent enrichir le débat par la connaissance de la grande variété culturelle des civilisations. Jusqu'au début du XVIIe siècle, nous campions dans un anthropocentrisme dogmatique que seuls Copernic, Kepler et Galilée ont pu ébranler. Nous savons maintenant que la Terre n'est pas le centre du monde, mais une banale planète tournant autour d'une non moins banale étoile dans une banale galaxie ; il n'est donc pas étonnant que nous peinions à attirer l'attention d'un quelconque extraterrestre en quête de contact. Mais nous avons tout de même une intelligence qui nous a permis de développer une technologie déjà évoluée. Malheureusement, nous ignorons totalement comment cette intelligence est apparue ; le peu que nous savons se décrit en termes d'évolution à partir d'un processus inconnu dans son déroulement, et apparu plutôt tardivement comparé à l'âge du cosmos. Sans Jupiter qui a éjecté vers l'extérieur du Système solaire un bon nombre d'astéroïdes menaçants, nous ne serions peut-être pas là. Sans la Lune qui a stabilisé l'axe de rotation et le climat de notre planète, nous n'existerions probablement pas. Sans la collision relativement récente entre la Terre et un astéroïde d'une dizaine de kilomètres de diamètre qui a provoqué la disparition des dinosaures, les mammifères n'auraient jamais pu s'émanciper et les hommes apparaître[36].

À ce jour, l'exobiologie nous laisse sur notre faim. Quelques espoirs sont nés récemment de la découverte de l'eau à la surface de Mars, mais on ne risque pas grand-chose à parier que les formes de vie que l'on trouvera dans le Système solaire, sur Mars, Europe ou Titan, ne seront pas plus évoluées que celle d'une bactérie. En ce qui concerne la recherche de signaux dans l'espace, il est bien évident que même s'il était possible, d'un coup de baguette magique, d'« écouter » toutes les étoiles de la Galaxie sur toutes les fréquences souhaitées, l'absence éventuelle de signal n'indique pas forcément l'absence d'extraterrestres, mais simplement le fait que leurs moyens de communication ne se font pas selon les mêmes modes que les nôtres ; il reste à les imaginer. Dans ce but, deux projets de radiotélescopes géants sont actuellement en cours de développement, *ATA* et *SKA*.

Le projet ATA

Tel le phénix, le programme *SETI* renaît de ses cendres budgétaires grâce à l'opiniâtreté de quelques astronomes que le sujet passionne. Le projet *ATA (Allen Telescope Array)* prévoit la construction de 350 paraboles de 6 mètres de diamètre à l'observatoire de Hat Creek en Californie *(figure 40)*. En principe, les astronomes du programme *SETI* devraient dès 2007 pouvoir utiliser les 32 premières antennes pour la recherche de signaux extraterrestres avec une prédilection toute particulière pour Chara, la deuxième étoile la plus brillante de la constellation des Chiens de Chasse, distante de 27 années-lumière. Cet astre présente des caractéristiques analogues à celles du Soleil, c'est-à-dire une garantie de longévité et de stabilité suffisante pour qu'une vie puisse se développer, suivant les

36. Charles Frankel, *La Mort des dinosaures. L'hypothèse cosmique*, Masson, 1996.

Figure 40 — Les 350 antennes prévues du programme *ATA* à Hat Creek (Californie)

critères détaillés dans le chapitre 5 (« Signes de vie »). En outre, l'atmosphère d'une telle étoile est relativement riche en éléments tels que le fer, le carbone et l'oxygène, ingrédients nécessaires à la formation d'une planète. Les autres étoiles cibles sont HD 10307 dans Andromède, distante de 42 années-lumière, HD 211415 dans la Grue à 44 années-lumière, 18 Scorpion à 46 années-lumière, et la célèbre 51 Pegasi à 50 années-lumière. Étant donné leurs distances, toutes ces étoiles ont déjà été arrosées par les émissions électromagnétiques provenant de la Terre ; il n'est donc pas totalement exclu que d'autres civilisations y connaissent déjà notre existence.

Ces étoiles cibles sont réputées pour ne pas varier d'éclat au-delà de 3 %, une des conditions essentielles au développement de la vie dans la zone d'habitabilité. Les divers critères de sélection limitent à 17 129 le nombre d'étoiles qui seront observées dans le cadre du programme *ATA*. Dans cet échantillon, 75 % des étoiles se trouvent à moins de 500 années-lumière, et 215 à moins de 50 années-lumière. En outre, les astronomes pensent que la région favorable au développement de la vie dans la Galaxie se situe dans une « super-zone d'habitabilité », à 25 000 années-lumière de distance de son centre. Plus près, l'instabilité des astres, le rayonnement émis par les supernovae représentent un danger pour l'évolution de la vie ; au-delà, le manque d'éléments lourds ne favorise guère la formation des planètes telluriques. Le Système solaire se trouve exactement dans cette région favorable, ainsi que 10 % des étoiles de la Galaxie : tous les espoirs sont donc permis.

Le projet SKA

En radioastronomie, pour recevoir un signal faible, il faut voir grand. Avec une surface totale d'un million de mètres carrés, *SKA (Square Kilometer Array)* sera le plus grand télescope jamais construit pour la radioastronomie, et permettra d'obtenir deux ordres de grandeur supplémentaires dans la sensibilité des instruments qui peuvent détecter des ondes centimétriques et métriques. Travaillant dans un domaine de fréquences s'étendant entre 100 mégahertz et 25 gigahertz, il sera à même d'analyser à raison

Figure 41 — Vue des antennes contenues dans les « tuiles » du concept européen de *SKA*

de 10^{15} opérations par seconde, un flot de données atteignant un térabyte[37] par minute. Il pourra étudier aussi bien les émissions naturelles provenant des galaxies, des quasars et des étoiles, que les éventuels signaux émis par de lointaines civilisations. La sensibilité de *SKA* permettra de recevoir des émissions d'intensité identique à celle de la télévision et des radars terrestres.

La surface collectrice, totalisant donc 1 million de mètres carrés, sera partiellement concentrée dans une région de 5 kilomètres de diamètre, dont l'emplacement terrestre est encore en cours de négociation au sein d'une vaste communauté scientifique représentant plus de quinze pays. En outre, un ensemble de radiotélescopes, pouvant être distants les uns des autres de plusieurs milliers de kilomètres, travailleront en « synthèse d'ouverture » *(figure 41)*, de façon à assurer la simultanéité spatiale et temporelle des signaux reçus par des liaisons à fibre optique, permettant aussi les échanges en temps réel des données entre les différents sites. Grâce à cette répartition exceptionnelle des antennes, les astronomes pourront également construire des images radio à haute résolution de portions du ciel allant de 1 degré carré (4 fois la surface de la pleine Lune) à 200 degrés carrés. Cette configuration permettra d'effectuer des mesures d'interférométrie à très longue base avec une résolution jamais atteinte à ce jour, notamment pour la détection des disques protoplanétaires et des exoplanètes de la taille de la Terre. La mise en opération progressive de l'instrument est envisagée vers 2016 et devrait être complète vers 2020, sans dépasser un cahier des charges de 1 000 euros le mètre carré.

Deux bouteilles dans l'océan cosmique : les sondes *Voyager*

Outre les tentatives de contact par la réception et l'émission de signaux radio, la volonté d'établir des liens avec d'autres civilisations s'est également manifestée en apposant des témoignages de

37. 1 téra = 1 000 milliards.

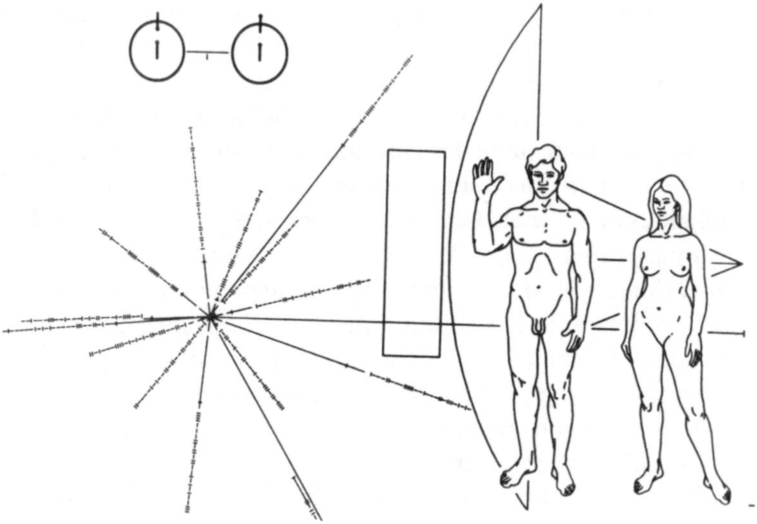

Figure 42 — Plaque apposée sur les sondes spatiales *Pioneer 10* et *11*

notre existence sur les sondes spatiales lancées à travers le Système solaire. Un premier « envoi » a eu lieu en 1972 et un deuxième en 1973 lorsque deux plaques identiques furent posées sur les sondes américaines *Pioneer 10* et *11*, représentant sommairement le Système solaire, l'atome d'hydrogène, la position de la Terre par rapport aux principaux pulsars, et les silhouettes d'un homme et d'une femme nus, ces derniers ayant résisté à l'orthodoxie puritaine de ceux qui voyaient là une incitation à la pornographie cosmique *(figure 42)*. Après s'être approchées de Jupiter et Saturne, les deux sondes ont continué leur course vers les espaces infinis, cessant d'émettre en 1995. Pour la première fois de notre histoire, deux machines construites de la main de l'homme ont dépassé l'orbite de Pluton à la fin de l'année 1988.

Le 20 août et le 5 septembre 1977 sont lancées deux nouvelles sondes spatiales appelées *Voyager*, contenant cette fois-ci un disque vidéo. Au cas où elles rencontreraient d'autres civilisations, quelque part dans l'espace et le temps, sur chaque disque ont été stockées, dans le plus élémentaire des langages, le binaire, 118 photographies de notre planète, 90 minutes de « bruits de la Terre », ainsi que des salutations en soixante langages différents, dont celui de la baleine. Les images témoignent de notre monde actuel : paysages, villes, faune, flore, insectes, véhicules divers, ainsi qu'un violon, un quatuor à cordes et une partition. Pour la partie sonore : vent, pluie, éruption volcanique, pas, moteurs, baisers, cris d'animaux, etc., ont été également enregistrés, en compagnie de bruits volontairement organisés de Bach, Beethoven, Mozart, Chuck Berry, etc., et des chants traditionnels des peuples du monde[38]. Le choix de l'harmonie musicale, comme ambassadeur de notre planète à destination d'hypothétiques civilisations extraterrestres, n'est certainement pas un hasard. Il traduit, à l'aide de cette frêle bouteille lancée dans la mer intergalactique, la volonté d'établir un trait d'union avec de lointaines civilisations, véritable espéranto cosmique.

Le 12 août 2006, *Voyager 1* se trouvait à 14,8 milliards de kilomètres de la Terre, soit plus de deux fois la distance de Pluton. Cette distance correspond au franchissement du « choc terminal », autrement dit la région où les particules éjectées des couches hautes de l'atmosphère du Soleil et propulsées dans l'espace à des vitesses supersoniques (vent solaire) ralentissent pour se mélanger aux particules provenant du milieu interstellaire, marquant la fin de l'héliosphère, autrement dit de la zone d'influence du Soleil. La sonde continue sa course éperdue à la vitesse de 60 000 kilomètres à l'heure vers la constellation d'Ophiuchus, tandis que *Voyager 2* part en direction du Capricorne *(figure 43)*. Disposant d'une énergie de 320 watts, elles restent en contact radio avec la Terre, les messages mettant près de 16 heures à nous parvenir ; elles devraient pouvoir

---

38. Dominique Proust, *L'Harmonie des sphères*, Seuil, coll. « Science ouverte », 2001.

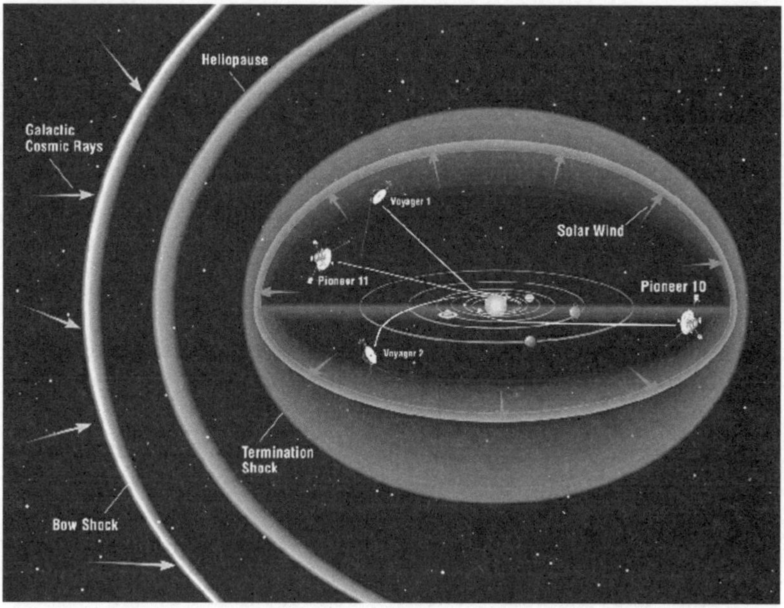

Figure 43 — Les trajectoires des sondes *Pioneer* et *Voyager*

émettre jusqu'en 2020. Dans la Petite Ourse se trouve actuellement, à 17 années-lumière de nous, une minuscule étoile, bien plus froide que le Soleil, probablement aussi bien plus âgée. Les astronomes l'appellent AC+79.3888. Dans 40 000 ans, cet astre se trouvera, en raison de son mouvement propre dans notre Galaxie, à 3 années-lumière du Soleil, et à moins d'une année des deux *Voyager*. Les travaux théoriques suggèrent qu'une telle étoile peut être accompagnée de planètes de la taille de Jupiter ou Saturne.

Existe-t-il une vie intelligente sur une planète du système AC+79.3888 ? Sera-t-elle assez évoluée pour recueillir le message ? Quel que soit notre avenir, ce disque représente cependant le témoignage tangible et peut-être éternel d'une civilisation ayant essayé, l'espace d'un temps ou le temps d'un espace, de s'harmoniser avec d'autres formes de vie éventuelles, dans l'immensité de l'Univers.

L'espoir de la vie

La recherche de la vie dans l'Univers est l'un des domaines scientifiques les plus prometteurs, au moins par les moyens mis en jeu et les performances croissantes. Si son succès n'est pas assuré dans un avenir immédiat, il demeure intellectuellement prévisible, et sera très certainement l'évènement majeur que connaîtra l'humanité depuis que l'homme a pris conscience de sa relation directe avec l'Univers dont il est issu :

> « J'ai refait tous mes calculs, ce projet est totalement irréalisable, il ne me reste plus qu'une chose à faire : le réaliser. »
>
> Pierre Latécoère (1883-1943)

Depuis la Terre, nous recherchons la vie ailleurs en utilisant une technologie en continuel progrès. Cependant, nous sommes souvent contraints d'avancer à tâtons, à l'aide d'hypothèses pouvant s'avérer arbitraires. Les fréquences balayées sont-elles les bonnes ? Les radiotélescopes sont-ils assez sensibles ? Les récepteurs sont-ils adéquats ? Savons-nous analyser correctement les signaux reçus ? En un mot, notre stratégie est-elle la bonne ? Les astronomes ne cessent de confronter leurs idées sur toutes ces questions. Que les fenêtres d'investigation soient le « trou de l'eau » ou les fréquences de l'hydrogène neutre, l'entreprise est menée en accord avec l'éventail le plus large de nos connaissances ; elle se heurte à de nombreuses inconnues, ne serait-ce que l'impossibilité, temporaire ou non, des extraterrestres à émettre, soit qu'ils utilisent des fréquences différentes, soit à cause d'une incompatibilité avec notre capacité humaine de perception. Bien entendu, il est possible de développer à l'infini ce thème qui mêle non seulement la science dans ses multiples domaines, mais aussi la philosophie et la sociologie. Dans le pire des cas, nous sommes réellement seuls dans l'Univers, provisoirement ou définitivement, ce qui ressusciterait l'angoisse pascalienne des infinis silencieux. Très heureusement,

Figure 44 — La Terre : une planète encore habitable

les résultats obtenus à ce jour, notamment dans la détection des exoplanètes, encouragent les astronomes à poursuivre leurs efforts vers la recherche de vies lointaines.

Dans le premier chapitre de ce livre, nous évoquions l'affirmation totalement gratuite d'Épicure (– 341 / – 270), dans sa *Lettre à Hérodote*, sur l'existence d'autres mondes :

> « Il existe une infinité de mondes similaires ou différents du nôtre. [...] Nous devons croire que, dans tous ces mondes, il existe des créatures vivantes, des plantes et toutes choses que nous trouvons en ce monde. »

À défaut de lui donner totalement raison, les astronomes peuvent, vingt-trois siècles plus tard, confirmer l'existence d'une multiplicité de mondes. Les années à venir vont apporter une impressionnante moisson de résultats. Tout d'abord nous sommes à la veille d'obtenir les premières images montrant des planètes extrasolaires ayant les dimensions de la Terre. L'étape suivante mettra en évidence des formes de vie par la signature spectrale de l'activité biologique. Enfin, dans un futur raisonnablement proche, nous aurons des images assez fines pour percevoir le détail des planètes lointaines, ainsi qu'une spectroscopie suffisamment résolue pour enfin affirmer que la vie existe, ou non, ailleurs. En attendant, la *figure 44* nous montre une belle planète bleue où, de manière certaine, la vie est apparue il y a des centaines de millions d'années. Le vœu le plus immédiat que l'on puisse raisonnablement formuler est que nous prenions enfin conscience de ce patrimoine terrestre, afin de ne pas détruire trop tôt la preuve que la vie est apparue au moins une fois dans l'Univers.

Bibliographie

ANTONIADI (E.M.), *L'Astronomie égyptienne*, Gauthier-Villars, 1934.

ARRHENIUS (Svante), *Le Destin des étoiles*, Félix Alcan, 1921.

ASIMOV (Isaac), *Y a-t-il de la vie sur les autres planètes ?*, Flammarion, 1990.

L'Astronomie, bulletin de la Société astronomique de France, vol. 115, juin 2001.

ATTALI (Jacques), *Blaise Pascal ou le Génie français*, Fayard, 2000.

BARROW (John) et Joseph SILK, *The Left Hand of Creation*, Penguin Books, 1985.

BENEST (Daniel), *Les Planètes*, Seuil, coll. « Points Sciences », 1996.

BENNETT (J.O.), *Life in the Universe*, Addison Wesley, 2003.

BERTOUT (Claude), *Mondes lointains,* Flammarion, 2003.

BIOT (J.-B.), *Études sur l'astronomie indienne et l'astronomie chinoise*, Librairie scientifique et technique Albert Blanchard, 1969.

BIRAUD (François) et Jean-Claude RIBES, *Le Dossier des civilisations extraterrestres*, Fayard, 1970.

BOQUET (F.), *Histoire de l'astronomie*, Payot, 1925.

BOSTROM (Nick), *Anthropic Bias*, Routledge, 2002.

BRACK (André) et François RAULIN, *L'Évolution chimique et les origines de la vie*, Masson, 1991.

BRACK (André) et Paul MATHIS, *La Chimie du vivant, de la protéine à la photosynthèse*, Le Pommier, coll. « Quatre à quatre », 2000.

BRAGUE (Rémi), *La Sagesse du monde*, Fayard, 1999.

— *Introduction au monde grec*, Éd. de la Transparence, 2005.

BROWN (David), *Mesopotamian Planetary Astronomy-Astrology*, Groningen, Styx, 2000.

BRUNET (Pierre) et Aldo MIELI, *Histoire des sciences. Antiquité*, Payot, 1935.

BRUNO (Giordano), *L'Infini, l'Univers et les mondes*, Berg International, 1987.

CAPELLA (Martianus), *Astronomie*, trad. par André Le Bœuffle, Burillier, 1998.
CARLE (Glenn C.), Deborah E. SCHWARTZ et Judith L. HUNTINGTON, *Exobiology in the Solar System : The Proceedings of a Symposium Held in August 1988*, NASA, 1992.
CASOLI (Fabienne) et Thérèse ENCRENAZ, *Planètes extrasolaires,* Belin-Pour la Science, 2005.
CAZENAVE (Michel) (dir.), *De la science à la philosophie. Y a-t-il une unité de la connaissance ?*, Albin Michel et France-Culture, 2005.
CECCATY (M. de), *La Vie, de la cellule à l'homme*, Seuil, 1962.
CHELLA-FLORES (J.), *The New Science of Astrobiology*, Kluwer Academic Publishers, 2001.
CLARK (Stuart), *Life on Other Worlds and How to Find It*, Springer / Praxis, 2000.
CROVISIER (Jacques) et Thérèse ENCRENAZ, *Les Comètes*, Belin-CNRS Éditions, 1995.
DANCHIN (Antoine), *Une aurore de pierre. Aux origines de la vie*, Seuil, coll. « Science ouverte », 1990.
DARLING (David), *Life Everywhere*, Basic Books, 2001.
DAUMAS (Maurice) (dir.), *Histoire de la science*, Gallimard, « Encyclopédie de la Pléiade », 1957.
DAVIES (P.C.W.), *Are We Alone ? Philosophical Implications of the Discovery of Extraterrestrial Life*, Penguin, 1995.
DAVOUST (Emmanuel), *Silence au point d'eau*, Teknea, 1988.
DEAMER (D.W.) et Gail R. FLEISCHAKER, *Origins of Life : The Central Concepts*, Jones & Bartlett Publishers, 1994.
DE DUVE (Christian), *Vital Dust : Life as a Cosmic Imperative*, Basic Books, 1995.
DELSEMME (Armand), *Les Origines cosmiques de la vie*, Flammarion, coll. « Champs », 1994.
DEMBSKI (William), *The Design Inference*, Cambridge University Press, 1998.
DICK (Stephen J.), *La Pluralité des mondes*, Actes Sud, 1989.
— *Life on Other Worlds : The Twentieth-Century Extraterrestrial Life Debate*, Cambridge University Press, 1998.
— *The Biological Universe : The Twentieth-Century Extraterrestrial Life Debate and the Limits of Science*, Cambridge University Press, 1999.
DOYLE (Laurance R.), *Circumstellar Habitable Zones : Proceedings of the First International Conference*, Travis House Publications, 1996.

DRAKE (Frank), *Is Anyone out There ?*, Delta, 1994.
DREYER (J.L.E.), *A History of Astronomy from Thales to Kepler*, Dover, 1953.
ENCRENAZ (Thérèse), *À la recherche de l'eau dans l'Univers*, Belin-Pour la Science, 2004.
FELDEN (Marceau), *Et si l'homme était seul dans l'Univers ?*, Grasset, 1994.
FERRIS (Timothy), *Histoire du cosmos, de l'Antiquité au Big Bang*, Hachette, 1992.
FEYNMAN (Richard), *Cours de physique*, Dunod, 1999.
FONTENELLE (B. de), *Entretiens sur la pluralité des mondes*, Gérard & C°, 1973.
FRANKEL (Charles), *La Mort des dinosaures. L'hypothèse cosmique*, Masson, 1996.
— *La Vie sur Mars*, Seuil, coll. « Science ouverte », 1999.
GALLANT (Roy A.), *National Geographic Picture Atlas of Our Universe*, National Geographic Society, Washington, DC, 1980.
GARGAUD (Muriel), Philippe CLAES et Hervé MARTIN (dir.), *Des atomes aux planètes habitables*, Presses universitaires de Bordeaux, 2005.
GARGAUD (Muriel), Didier DESPOIS et Jean-Paul PARISOT (dir.), *L'Environnement de la Terre primitive*, Presses universitaires de Bordeaux, 2001.
GILMOUR (Lain) et Mark A. SEPHTON, *An Introduction to Astrobiology*, Cambridge University Press, 2004.
GIOVANNELLI (Franco), *International Workshop on the Bridge Between the Big Bang and Biology, Stromboli, Italie*, Consiglio Nazionale delle Ricerche, 2001.
GONZALEZ (Guillermo) et Jay W. RICHARDS, *The Privileged Planet : How Our Place in the Cosmos Is Designed for Discovery*, Regnery, 2004.
GOULD (Stephen Jay), *Le Sourire du flamant rose*, Seuil, coll. « Science ouverte », 1988.
GRIBBIN (John R.) et Mary GRIBBIN, *Stardust*, Allen Lane, The Penguin Press, 2000.
HARRISON (Edward), *Le Noir de la nuit*, Seuil, coll. « Points Sciences », 1990.
HEIDMANN (Jean), *Au-delà de notre Voie lactée*, Hachette, 1979.
— *La Vie dans l'univers*, Hachette, 1990.
— *Intelligences extra-terrestres*, Odile Jacob, coll. « Opus », 1996.

HEIDMANN (Jean) et Michael J. KLEIN, *Bioastronomy : The Search for Extraterrestrial Life, the Exploration Broadens. Proceedings of the Third International Symposium on Bioastronomy, Held at Val Cenis, Savoie, France, 18-23 June 1990*, Lecture Note in Physics, Springer, 1991.
HORNECK (Gerda) et C. BAUMSTART-KHAN, *Astrobiology, the Quest of the Conditions of Life*, Springer, 2002.
HOSKINS (Michael A.), *William Herschel and the Construction of the Heavens*, Londres, Oldbourne, 1963.
HOYLE (Fred) et Chandra WICKRAMASINGHE, *Life on Mars ? The Case for a Cosmic Heritage*, Clinical Press, 1997.
HYNEK (J. Allen), *Les OVNIs, mythe ou réalité ?*, Belfond, 1974.
JACQUARD (Albert), *La Légende de la vie*, Flammarion, 1999.
JAKOSKY (Bruce M.), *The Search for Life on Other Planets*, Cambridge University Press, 1998.
KUPIEC (Jean-Jacques) et Pierre SONIGO, *Ni Dieu ni gène*, Seuil, coll. « Science ouverte », 2000.
LAGRANGE (Pierre), *La Rumeur de Roswell*, La Découverte, 1996.
— *Sont-ils parmi nous ?*, Gallimard, 1999.
LAUNET (Édouard), *Au fond du labo à gauche*, Seuil, coll. « Science ouverte », 2004.
LEMONICK (Michael D.), *Other Worlds : The Search for Life in the Universe*, Simon & Schuster, 1998.
LÉVY-LEBLOND (Jean-Marc), « La flamme de Bruno », revue *Alliage*, nº 40, 2000.
LOMBARDI (Anna-Maria), *Kepler, le musicien du ciel*, dossier *Pour la Science*, nº 8, août-novembre 2001.
MARX (Georges), *Bioastronomy : The Next Steps, Proceedings of the 99th Colloquium of the International Astronomical Union Held in Balaton, Hungary, 22-27 June 1987*, D. Reidel, 1988.
MAUREL (Marie-Christine), *La Naissance de la vie. De l'évolution prébiotique à l'évolution biologique*, Diderot, coll. « Pavages », 1997.
MAYOR (Michel) et Pierre-Yves FREI, *Les Nouveaux Mondes du cosmos*, Seuil, coll. « Science ouverte », 2001.
MESLIN (Michel), Alain PROUST et Ysé TARDAN-MASQUELIER, *Les Religions, la médecine et l'origine de la vie*, Odile Jacob, 2001.
MICHEL (P.-H.), *La Cosmologie de Giordano Bruno*, Hermann, 1962.
NOVIKOV (Igor) et Alexander SHAROV, *Hubble*, Flammarion, 1985.
PARKER (Barry R.), *Alien Life : The Search for Extraterrestrials and Beyond*, Plenum Trade, 1998.

PONNAMPERUMA (Cyril), Julian CHELA-FLORES et François RAULIN, *Chemical Evolution. Physics of the Origin and Evolution of Life, Proceedings of the Fourth Trieste Conference on Chemical Evolution, Trieste, Italy, 4-8 September 1995*, Kluwer Academic, 1996.

PRANTZOS (Nicolas), *Voyages dans le futur*, Seuil, coll. « Science ouverte », 1998.

PROUST (Dominique), *L'Harmonie des sphères*, Seuil, coll. « Science ouverte », 2001.

PROUST (Dominique) et Jacques BREYSACHER, *Les Étoiles*, Seuil, coll. « Points Sciences », 1996.

PROUST (Dominique) et Christian VANDERRIEST, *Les Galaxies et la structure de l'Univers*, Seuil, coll. « Points Sciences », 1997 / 2003.

RAULIN (François), *Voyage aux sources du vivant*, Pocket, 1991.

— *La Vie dans le cosmos*, Flammarion, coll. « Dominos », 1994.

RAULIN (François), Florence RAULIN-CERCEAU et Jean SCHNEIDER, *Bioastronomie*, Presses universitaires de France, coll. « Que sais-je ? », nº 3316, 1997.

RAULIN-CERCEAU (Florence), *À l'écoute des planètes*, Ellipse, 2006.

RAULIN-CERCEAU (Florence), Pierre LÉNA et Jean SCHNEIDER (dir.), *Sur les traces du vivant*, Le Pommier, 2002.

REEVES (Hubert), *Patience dans l'azur*, Seuil, coll. « Points Sciences », 1988.

— *L'Heure de s'enivrer*, Seuil, coll. « Points Sciences », 1992.

— *Poussières d'étoiles*, Seuil, coll. « Points Sciences », 1994.

REEVES (Hubert), Joël de ROSNAY, Yves COPPENS et Dominique SIMONNET, *La Plus Belle Histoire du monde. Le secret de nos origines*, Seuil, 1996.

RICHARDS (Graham), *La Chimie*, Belin-Pour la Science, 1989.

ROSNAY (Joël de), *L'Aventure du vivant*, Seuil, coll. « Points Sciences », 1988.

— *Les Origines de la vie, de l'atome à la cellule*, Seuil, coll. « Points Sciences », 1996.

RUPPELT (Edward J.), *Face aux soucoupes volantes*, France-Empire, 1961.

SAGAN (Carl), *Cosmic Connection ou l'Appel des étoiles*, Seuil, coll. « Science ouverte », 1975.

— *Murmurs of Earth*, Random House, 1978.

— *Cosmos*, Mazarine, 1981.

— *Pale Blue Dot*, Random House, 1994.

SANTOS (N.C.), Michel MAYOR, Didier QUELOZ et S. UDR, « Extra-Solar Planets », revue *The Messenger*, nº 110, 2002, p. 32, European Southern Observatory.

SCHATZMAN (Evry) (dir.), *Astronomie*, Gallimard, « Encyclopédie de la Pléiade », 1962.

— *Les Enfants d'Uranie*, Seuil, coll. « Science ouverte », 1986.

SCHOPENHAUER (Arthur), *Philosophie et science*, Le Livre de Poche, 2001.

SCHULZE-MAKUCH (Dirk) et Louis N. IRWIN, *Life in the Universe*, Springer, 2004.

SHKLOVSKII (I.S.) et Carl SAGAN, *Intelligent Life in the Universe*, New York, Random House, 1966.

SONIGO (Pierre) et Isabelle STENGERS, *L'Évolution*, Eyrolles, 2003.

SWIFT (David W.), *SETI Pioneers : Scientists Talk About Their Search for Extraterrestrial Intelligence*, University of Arizona Press, 1990.

TATON (René) (dir.), *Histoire générale des sciences*, Presses universitaires de France, 1958.

THOMAS (Paul J.), Christopher F. CHYBA et Christopher P. MCKAY, *Comets and the Origin and Evolution of Life*, Springer, 1997.

VAN HAMM (Jean) et Ted BENOIT, *L'Étrange Rendez-vous*, Blake & Mortimer Éditions, Bruxelles, 2000.

VERDET (Jean-Pierre), *Penser l'Univers*, Gallimard, 1998.

VIDAL-MADJAR (Alfred), *Il pleut des planètes*, Hachette, 1999.

VIDAL-NAQUET (Pierre), *L'Atlantide. Petite histoire d'un mythe platonicien*, Les Belles Lettres, 2005.

WARD (Peter Douglas) et Donald BROWNLEE, *Rare Earth : Why Complex Life Is Uncommon in the Universe*, Copernicus, 2000.

— *Life As We Do Not Know It*, Viking, 2005.

WEBB (Stephen), *Where Is Everybody ?*, Copernicus, 2002.

WITKOWSKI (Nicolas) (dir.), *Dictionnaire culturel des sciences*, Seuil-Éd. du Regard, 2001.

WITKOWSKI (Nicolas), *Une histoire sentimentale des sciences*, Seuil, coll. « Science ouverte », 2003.

Table

CRÉDITS PHOTOGRAPHIQUES

Centre de recherche astronomique de Lyon : fig. 16. – **Cosmos / SPL :** ESA : fig. 26 ; ESO : fig. 15 ; Lynette Cook : fig. 39 ; NASA : fig. 8, 44. – **DR :** fig. 17, 18, 28, 30. – **ESA :** fig. 19. – **ESO :** fig. 14, 15, 21, 31, 36, 37. – **Ifremer :** fig. 12. – **Isaac Gary :** fig. 40. – **JAXA :** fig. 10. – **Jean Schneider / Cyril Dedieu :** fig. 32, 33, 34. – **M. Mayor / D. Queloz / DR :** fig. 29. – **Mary Evans Picture Library :** fig. 3, 4. – **NASA :** fig. 42 ; JPL : fig. 8 ; JPL-Caltech : fig. 9 ; JPL-Caltech / USGS / Cornell : fig. 25 ; JPL / Cornell / Texas A and M / ZUMA / Corbis : fig. 24 ; JPL / Walt Feimer : fig. 43. – **NRAO / AUI :** fig. 38 ; ESO : fig. 35. – **Photothèque R. Magritte-Adagp, Paris 2007 :** fig. 5. – **Roger Viollet :** fig. 2 ; Albert Harlingue : fig. 1. – **SKA / © W.J. Kleppe :** fig. 41. – **Université de Laval,** Québec / DR : fig. 13.

RÉALISATION : CURSIVES, PARIS
IMPRESSION : CORLET, CONDÉ-SUR-NOIREAU (14110)
DÉPÔT LÉGAL : JANVIER 2007. N° 81712 (97054)
IMPRIMÉ EN FRANCE